应用型本科高校系列教材

《线性代数及其应用》解析与提高

主编 施露芳 张 丽 谭雪梅

西安电子科技大学出版社

内 容 简 介

本书是与马倩等编著的《线性代数及其应用》(西安电子科技大学出版社出版)配套使用的辅导教材.

本书内容包括线性方程组与矩阵、方阵的行列式、向量空间与线性方程组解的结构、相似矩阵与二次型. 每章包括教学基本要求、内容概要、知识结构图、要点剖析、释疑解难、典型例题解析、自测题.

本书可作为线性代数课程的同步辅导书和其习题课的教材，也可作为学生自学或考研的辅导书，对线性代数相关工作的从业人员也有一定的参考作用.

图书在版编目（CIP）数据

《线性代数及其应用》解析与提高 / 施露芳，张丽，谭雪梅主编. -- 西安 ：西安电子科技大学出版社，2024. 9. -- ISBN 978-7-5606-7407-0

Ⅰ. O151.2

中国国家版本馆 CIP 数据核字第 2024TS0918 号

策　　划　杨丕勇
责任编辑　杨丕勇
出版发行　西安电子科技大学出版社（西安市太白南路 2 号）
电　　话　(029) 88202421　88201467　　邮　　编　710071
网　　址　www. xduph. com　　电子邮箱　xdupfxb001@163. com
经　　销　新华书店
印刷单位　广东虎彩云印刷有限公司
版　　次　2024 年 9 月第 1 版　2024 年 9 月第 1 次印刷
开　　本　787 毫米×1092 毫米　1/16　印张　11.5
字　　数　269 千字
定　　价　32.00 元
ISBN 978-7-5606-7407-0
XDUP 7708001-1
＊＊＊如有印装问题可调换＊＊＊

前 言

随着社会的不断进步与高新技术的不断发展，数学作为一门具有高度抽象性、严谨逻辑性和广泛应用性的学科，其在培养学生综合素养方面的作用日益明显，使得社会各界对高等院校的数学教育愈加关注. 为了培养学生面向世界的宽宏视野，帮助学生树立正确的世界观、人生观、价值观和职业观，使其能正确运用马克思主义理论分析并解决问题，帮助学生树立正确的爱国意识，为建设科技强国、人才强国做出贡献，本书编者凝聚团队成员多年来的教学研究成果，以满足信息时代创新人才培养需求为目的，适应信息时代在线教育的教材建设需要，编著了本书.

“线性代数”是普通高等院校理工类和经管类相关专业的一门重要基础课程. 在计算机算法分析与设计、图形图像处理等课程中，矩阵、向量、线性变换是必要的基础知识. 线性代数也是一种数学建模方法. 通过对线性代数的学习，可以进一步培养学生的抽象思维能力和严密的逻辑推理能力，为今后的学习和研究打下坚实的理论基础.

线性代数的主要内容包括线性方程组、矩阵、行列式、向量空间，以及方阵的特征值和二次型等. 线性代数内容抽象，概念和定理多，且环环相扣、相互渗透. 本书力求突出对教学内容的概括和提炼、对知识要点的剖析、对解题方法的归纳、对典型例题的分析和总结，体现数学思想与方法，注重培养学生的抽象思维能力、计算能力、分析问题和解决问题的能力.

本书每章的教学基本要求部分是根据理工类和经济管理类本科线性代数课程的教学基本要求确定的，这部分用“理解”“了解”或“掌握”“会”等表示要求程度上的差异；内容概要部分详细归纳出了每一章的基本概念、定理、性质、主要方法以及它们之间的相互关系，便于学生从结构上系统理解、掌握、记忆学习内容；知识结构图给出了每章内容之间的结构关系，便于学生从整体上掌握知识间的逻辑结构关系；要点剖析部分对每一章的学习要点和基本知识点进行了深入剖析，对解题方法进行了归纳，以加深学生对基本概念、基本定理、基本方法的理解和掌握；释疑解难部分对学生在学习中遇到的典型疑难问题进行了分析、纠错和解答，以帮助学生纠正学习中易犯的错误，解答学生学习中的疑问；典型例题解析部分按题型的难易进行分类，力求把对基本概念的理解、对基本理论的运用、对基本方法的掌握、对解题技能的培养融入典型题型的范例中；每章还配有自测题，并给出了提示和答案，以帮助学生课后练习.

本书的第 1、2 章由施露芳编写，第 3 章由谭雪梅编写，第 4 章由张丽编写. 全书由施露芳统稿、定稿. 本书的编写是武汉城市学院线性代数课程建设项目工作的一部分，学院的领导十分关心和支持课程的建设工作，教务处给本书的编写工作提供了大力帮助. 余胜春教授对本书给予了指导，公共课部数理教学中心的老师们对本书提出了许多宝贵的意见和建议. 在此一并表示衷心的感谢!

由于编者水平有限，书中难免存在不足之处，敬请专家、读者批评指正.

编　者

2024 年 5 月

目　　录

第 1 章
线性方程组与矩阵

一、教学基本要求

(1) 理解矩阵的概念.
(2) 了解单位矩阵、对角矩阵、三角矩阵、对称矩阵、反对称矩阵以及它们的性质.
(3) 掌握矩阵的加法、数乘、乘法、转置以及它们的运算规律，了解方阵的幂的性质.
(4) 理解分块矩阵的概念.
(5) 掌握分块矩阵的加法、数乘、乘法和转置运算.
(6) 掌握分块对角矩阵的定义及性质.
(7) 理解线性方程组的概念，会用消元法解简单的线性方程组.
(8) 掌握矩阵的初等变换并会用矩阵的初等行变换求解线性方程组.
(9) 理解逆矩阵的概念，掌握逆矩阵的性质.
(10) 掌握用矩阵的初等变换求逆矩阵及求解矩阵方程.

二、内 容 概 要

(一) 矩阵的定义

1. 矩阵的概念

我们称 m 行、n 列的数表

$$\begin{matrix} a_{11} & a_{12} & \cdots & a_{1n} \\ a_{21} & a_{22} & \cdots & a_{2n} \\ \vdots & \vdots & & \vdots \\ a_{m1} & a_{m2} & \cdots & a_{mn} \end{matrix}$$

为 $m\times n$ 矩阵，简称为**矩阵**，表示为

$$A=\begin{pmatrix} a_{11} & a_{12} & \cdots & a_{1n} \\ a_{21} & a_{22} & \cdots & a_{2n} \\ \vdots & \vdots & & \vdots \\ a_{m1} & a_{m2} & \cdots & a_{mn} \end{pmatrix},$$

简记为 $A=(a_{ij})_{m\times n}$、$A=(a_{ij})$ 或 $A_{m\times n}$. 其中，a_{ij} 表示 A 中第 i 行、第 j 列的元素.

2. 几个常用的特殊矩阵

(1) n 阶方阵：$n\times n$ 矩阵(行数和列数相同的矩阵).

(2) 行矩阵：$1\times n$ 矩阵(又叫作行向量)，记为

$$A=(a_1, a_2, \cdots, a_n)$$

(3) 列矩阵：$m\times 1$ 矩阵(又叫作列向量)，记为

$$B=\begin{pmatrix} a_1 \\ a_2 \\ \vdots \\ a_n \end{pmatrix}.$$

(4) **零矩阵**：所有元素为 0 的矩阵，记为 O.

(5) **上(下)三角矩阵**：如果 n 阶方阵 $A=(a_{ij})$ 中的元素满足条件 $a_{ij}=0(i>j)(i, j=1, 2, \cdots, n)$，即 A 的主对角线以下的元素全为 0，则称 A 为 n 阶上三角矩阵，即

$$A=\begin{pmatrix} a_{11} & a_{12} & \cdots & a_{1n} \\ 0 & a_{21} & \cdots & a_{2n} \\ \vdots & \vdots & & \vdots \\ 0 & 0 & \cdots & a_{nn} \end{pmatrix}.$$

如果 n 阶方阵 $A=(a_{ij})$ 中元素满足条件 $a_{ij}=0(i>j)(i, j=1, 2, \cdots, n)$，即 A 的主对角线以上的元素全为零，则称 A 为 n 阶下三角矩阵，即

$$A=\begin{pmatrix} a_{11} & 0 & \cdots & 0 \\ a_{21} & a_{22} & \cdots & 0 \\ \vdots & \vdots & & \vdots \\ a_{n1} & a_{n2} & \cdots & a_{nn} \end{pmatrix}.$$

上三角矩阵与下三角矩阵统称为三角矩阵.

(6) 对角阵：对角线元素为 $\lambda_1, \lambda_2, \cdots, \lambda_n$，其余元素为 0 的方阵，记为

$$A=\begin{pmatrix} \lambda_1 & 0 & \cdots & 0 \\ 0 & \lambda_2 & \cdots & 0 \\ \vdots & \vdots & & \vdots \\ 0 & 0 & \cdots & \lambda_n \end{pmatrix}=\mathrm{diag}(\lambda_1, \lambda_2, \cdots, \lambda_n).$$

显然，对角矩阵既是上三角矩阵，也是下三角矩阵.

(7) 单位阵：对角线元素为 1，其余元素为 0 的方阵，记为

$$E_n=\begin{pmatrix} 1 & 0 & \cdots & 0 \\ 0 & 1 & \cdots & 0 \\ \vdots & \vdots & & \vdots \\ 0 & 0 & \cdots & 1 \end{pmatrix}_n.$$

(8) **数量阵**：主对角线上的元素全相等的对角矩阵，如

$$\begin{pmatrix} c & 0 & \cdots & 0 \\ 0 & c & \cdots & 0 \\ \vdots & \vdots & & \vdots \\ 0 & 0 & \cdots & c \end{pmatrix}_n .$$

(二) 矩阵的运算

1. 矩阵的同型与相等

设矩阵 $\boldsymbol{A}=(a_{ij})_{m\times n}$，$\boldsymbol{B}=(b_{ij})_{k\times\lambda}$，若 $m=k$，$n=\lambda$，则 $\boldsymbol{A}$ 与 $\boldsymbol{B}$ 是同型矩阵. 若 $\boldsymbol{A}$ 与 $\boldsymbol{B}$ 为同型矩阵，且对应的元素相等，即 $a_{ij}=b_{ij}$，则称矩阵 $\boldsymbol{A}$ 与 $\boldsymbol{B}$ 相等，记作 $\boldsymbol{A}=\boldsymbol{B}$.

当两个矩阵从型号到元素完全一样时，才能说两个矩阵相等.

2. 矩阵的加、减法

设 $\boldsymbol{A}=(a_{ij})_{m\times n}$，$\boldsymbol{B}=(b_{ij})_{m\times n}$ 都是 $m\times n$ 矩阵，则**加法**定义为

$$\boldsymbol{A}+\boldsymbol{B}=\begin{pmatrix} a_{11}+b_{11} & a_{12}+b_{12} & \cdots & a_{1n}+b_{1n} \\ a_{21}+b_{21} & a_{22}+b_{22} & \cdots & a_{2n}+b_{2n} \\ \vdots & \vdots & & \vdots \\ a_{m1}+b_{m1} & a_{m2}+b_{m2} & \cdots & a_{mn}+b_{mn} \end{pmatrix}.$$

说明　只有当两个矩阵是同型矩阵时，两个矩阵才能进行加法运算.

由于矩阵的相加体现为其元素的相加，因而矩阵的加法运算与普通数的加法运算有相同的运算律.

矩阵的加法满足如下运算规律：

交换律：$\boldsymbol{A}+\boldsymbol{B}=\boldsymbol{B}+\boldsymbol{A}$；

结合律：$(\boldsymbol{A}+\boldsymbol{B})+\boldsymbol{C}=\boldsymbol{A}+(\boldsymbol{B}+\boldsymbol{A})$.

设 $\boldsymbol{A}=(a_{ij})_{m\times n}$，称矩阵

$$\begin{pmatrix} -a_{11} & -a_{12} & \cdots & -a_{1n} \\ -a_{21} & -a_{22} & \cdots & -a_{2n} \\ \vdots & \vdots & & \vdots \\ -a_{m1} & -a_{m2} & \cdots & -a_{mn} \end{pmatrix}$$

为 $\boldsymbol{A}$ 的**负矩阵**，记作 $-\boldsymbol{A}$，且

$$\boldsymbol{A}+(-\boldsymbol{A})=(-\boldsymbol{A})+\boldsymbol{A}=\boldsymbol{0}.$$

由此可定义矩阵的**减法**运算：

$$\boldsymbol{A}-\boldsymbol{B}=\boldsymbol{A}+(-\boldsymbol{B})$$

3. 数乘运算

设 λ 是数，$\boldsymbol{A}=(a_{ij})_{m\times n}$ 是 $m\times n$ 矩阵，则**数乘**定义为

$$\lambda\boldsymbol{A}=\begin{pmatrix} \lambda a_{11} & \lambda a_{12} & \cdots & \lambda a_{1n} \\ \lambda a_{21} & \lambda a_{22} & \cdots & \lambda a_{2n} \\ \vdots & \vdots & & \vdots \\ \lambda a_{m1} & \lambda a_{m2} & \cdots & \lambda a_{mn} \end{pmatrix}$$

故数 λ 与矩阵 $\boldsymbol{A}$ 的乘积就是 $\boldsymbol{A}$ 中所有元素都乘以数 λ.

矩阵的数乘运算具有普通数的乘法所具有的运算律：

(1) $(\lambda\mu)\boldsymbol{A}=\lambda(\mu)\boldsymbol{A}$；

(2) $(\lambda+\mu)\boldsymbol{A}=\lambda\boldsymbol{A}+\mu\boldsymbol{A}$；

(3) $\lambda(\boldsymbol{A}+\boldsymbol{B})=\lambda\boldsymbol{A}+\lambda\boldsymbol{B}$.

矩阵相加与数乘矩阵合起来，统称为矩阵的**线性运算**.

4. 乘法运算

设 $\boldsymbol{A}=(a_{ij})_{m\times k}$，$\boldsymbol{B}=(b_{ij})_{k\times n}$，则规定 $\boldsymbol{AB}=(c_{ij})_{m\times n}$. 其中，$c_{ij}=a_{i1}b_{1j}+a_{i2}b_{2j}+\cdots+a_{ik}b_{kj}(i=1, 2, \cdots, m; j=1, 2, \cdots, n)$.

由此可知，只有当左矩阵 $\boldsymbol{A}$ 的列数与右矩阵 $\boldsymbol{B}$ 的行数相等时，$\boldsymbol{AB}$ 才有意义，而且矩阵 $\boldsymbol{AB}$ 的行数为 $\boldsymbol{A}$ 的行数，$\boldsymbol{AB}$ 的列数为 $\boldsymbol{B}$ 的列数，而矩阵 $\boldsymbol{AB}$ 中的元素是由左矩阵 $\boldsymbol{A}$ 中某一行元素与右矩阵 $\boldsymbol{B}$ 中某一列元素对应相乘再相加而得到的.

故矩阵乘法与普通数的乘法有所不同. 一般地，有：

(1) 不满足交换律，即 $\boldsymbol{AB}\neq\boldsymbol{BA}$.

(2) 在 $\boldsymbol{AB}=\boldsymbol{O}$ 时，不能得出 $\boldsymbol{A}=\boldsymbol{O}$ 或 $\boldsymbol{B}=\boldsymbol{O}$，因而也不满足消去律，即如果 $\boldsymbol{AB}=\boldsymbol{CB}$，$\boldsymbol{B}\neq\boldsymbol{O}$，不一定能推出 $\boldsymbol{A}=\boldsymbol{C}$.

特别地，若矩阵 $\boldsymbol{A}$ 与 $\boldsymbol{B}$ 满足 $\boldsymbol{AB}=\boldsymbol{BA}$，则称 $\boldsymbol{A}$ 与 $\boldsymbol{B}$ 可交换，此时 $\boldsymbol{A}$ 与 $\boldsymbol{B}$ 必为同阶方阵，任何 n 阶方阵 $\boldsymbol{A}$ 与 n 阶单位矩阵总是可交换的.

矩阵乘法满足结合律、分配律及与数乘的结合律，即

(1) $(\boldsymbol{AB})\boldsymbol{C}=\boldsymbol{A}(\boldsymbol{BC})$；

(2) $\lambda(\boldsymbol{AB})=(\lambda\boldsymbol{A})\boldsymbol{B}=\boldsymbol{A}(\lambda\boldsymbol{B})$；

(3) $\boldsymbol{A}(\boldsymbol{B}+\boldsymbol{C})=\boldsymbol{AB}+\boldsymbol{AC}$，$(\boldsymbol{B}+\boldsymbol{C})\boldsymbol{A}=\boldsymbol{BA}+\boldsymbol{CA}$；

(4) $\boldsymbol{A}_{m\times n}\boldsymbol{E}_n=\boldsymbol{E}_m\boldsymbol{A}_{m\times n}=\boldsymbol{A}_{m\times n}$；

(5) $\boldsymbol{O}_{m\times s}\boldsymbol{A}_{s\times n}=\boldsymbol{O}_{m\times n}$，$\boldsymbol{A}_{m\times s}\boldsymbol{O}_{s\times n}=\boldsymbol{O}_{m\times n}$.

5. 方阵的幂与多项式方阵

设 $\boldsymbol{A}$ 为 n 阶方阵，则规定 $\boldsymbol{A}^m=\underbrace{\boldsymbol{AA}\cdots\boldsymbol{A}}_{m\text{个}}$. 特别地，$\boldsymbol{A}^0=\boldsymbol{E}$. 显然，$\boldsymbol{A}^k\boldsymbol{A}^l=\boldsymbol{A}^{k+l}$，$(\boldsymbol{A}^k)^l=\boldsymbol{A}^{kl}$（$k$、$l$ 为非负整数），于是

$$\left.\begin{aligned}&(\boldsymbol{AB})^k=\boldsymbol{A}^k\boldsymbol{B}^k\\&(\boldsymbol{A}+\boldsymbol{B})^2=\boldsymbol{A}^2+2\boldsymbol{AB}+\boldsymbol{B}^2\\&(\boldsymbol{A}+\boldsymbol{B})(\boldsymbol{A}-\boldsymbol{B})=\boldsymbol{A}^2-\boldsymbol{B}^2\end{aligned}\right\}\boldsymbol{A}、\boldsymbol{B}\text{ 可交换时成立.}$$

又若 $f(x)=a_mx^m+a_{m-1}x^{m-1}+\cdots+a_1x+a_0$，则规定

$$f(\boldsymbol{A})=a_m\boldsymbol{A}^m+a_{m-1}\boldsymbol{A}^{m-1}+\cdots+a_1\boldsymbol{A}+a_0\boldsymbol{E},$$

称 $f(\boldsymbol{A})$ 为 $\boldsymbol{A}$ 的方阵多项式，它也是一个 n 阶方阵.

6. 矩阵的转置

设 $\boldsymbol{A}$ 为一个 $m\times n$ 矩阵，把 $\boldsymbol{A}$ 中的行与列互换，得到一个 $n\times m$ 矩阵，称为 $\boldsymbol{A}$ 的转置矩阵，记为 $\boldsymbol{A}^{\mathrm{T}}$. 转置运算满足以下运算律：

$$(\boldsymbol{A}^{\mathrm{T}})^{\mathrm{T}}=\boldsymbol{A},\ (\boldsymbol{A}+\boldsymbol{B})^{\mathrm{T}}=\boldsymbol{A}^{\mathrm{T}}+\boldsymbol{B}^{\mathrm{T}},\ (k\boldsymbol{A})^{\mathrm{T}}=k\boldsymbol{A}^{\mathrm{T}},\ (\boldsymbol{AB})^{\mathrm{T}}=\boldsymbol{B}^{\mathrm{T}}\boldsymbol{A}^{\mathrm{T}}.$$

由转置运算给出的对称矩阵、反对称矩阵的定义如下：

设 $\boldsymbol{A}$ 为一个 n 阶方阵，若 $\boldsymbol{A}$ 满足 $\boldsymbol{A}^{\mathrm{T}}=\boldsymbol{A}$，则称 $\boldsymbol{A}$ 为对称矩阵，若 $\boldsymbol{A}$ 满足 $\boldsymbol{A}^{\mathrm{T}}=-\boldsymbol{A}$，则称 $\boldsymbol{A}$ 为反对称矩阵．

7. 几个运算结果

(1) $(a_1, a_2, \cdots, a_n)\begin{pmatrix} b_1 \\ b_2 \\ \vdots \\ b_n \end{pmatrix} = a_1 b_1 + a_2 b_2 + \cdots + a_n b_n$；

(2) $\begin{pmatrix} a_1 \\ a_2 \\ \vdots \\ a_n \end{pmatrix}(b_1, b_2, \cdots, b_n) = \begin{pmatrix} a_1 b_1 & a_1 b_2 & \cdots & a_1 b_n \\ a_2 b_1 & a_2 b_2 & \cdots & a_2 b_n \\ \vdots & \vdots & & \vdots \\ a_n b_1 & a_n b_2 & \cdots & a_n b_n \end{pmatrix}$；

(3) 设 $\boldsymbol{\Lambda} = \begin{pmatrix} \lambda_1 & 0 & \cdots & 0 \\ 0 & \lambda_2 & \cdots & 0 \\ \vdots & \vdots & & \vdots \\ 0 & 0 & \cdots & \lambda_n \end{pmatrix} = \mathrm{diag}(\lambda_1, \lambda_2, \cdots, \lambda_n)$，则

$$\boldsymbol{\Lambda}^k = \begin{pmatrix} \lambda_1^k & 0 & \cdots & 0 \\ 0 & \lambda_2^k & \cdots & 0 \\ \vdots & \vdots & & \vdots \\ 0 & 0 & \cdots & \lambda_n^k \end{pmatrix} = \mathrm{diag}(\lambda_1^k, \lambda_2^k, \cdots, \lambda_n^k).$$

（三）分块矩阵

1. 分块矩阵的概念与运算

矩阵分块法是用若干条横线和若干条竖线将矩阵分割成几个小矩阵．例如：

$$\boldsymbol{A} = \begin{pmatrix} a_{11} & a_{12} & a_{13} & a_{14} \\ a_{21} & a_{22} & a_{23} & a_{24} \\ a_{31} & a_{32} & a_{33} & a_{34} \end{pmatrix}$$

可按以下方式进行分块，每块均为小矩阵：

$$\boldsymbol{A}_{11} = \begin{pmatrix} a_{11} & a_{12} \\ a_{21} & a_{22} \end{pmatrix},$$

$$\boldsymbol{A}_{12} = \begin{pmatrix} a_{13} & a_{14} \\ a_{23} & a_{24} \end{pmatrix},$$

$$\boldsymbol{A}_{21} = (a_{31} \quad a_{32}),$$

$$\boldsymbol{A}_{22} = (a_{33} \quad a_{34}).$$

则 $\boldsymbol{A} = \begin{pmatrix} \boldsymbol{A}_{11} & \boldsymbol{A}_{12} \\ \boldsymbol{A}_{21} & \boldsymbol{A}_{22} \end{pmatrix}$．

2. 矩阵分块法的运算及性质

1）加法

设 $\boldsymbol{A}=\begin{pmatrix}\boldsymbol{A}_{11} & \cdots & \boldsymbol{A}_{1r}\\ \vdots & & \vdots\\ \boldsymbol{A}_{s1} & \cdots & \boldsymbol{A}_{sr}\end{pmatrix}$，$\boldsymbol{B}=\begin{pmatrix}\boldsymbol{B}_{11} & \cdots & \boldsymbol{B}_{1r}\\ \vdots & & \vdots\\ \boldsymbol{B}_{s1} & \cdots & \boldsymbol{B}_{sr}\end{pmatrix}$，则

$$\boldsymbol{A}+\boldsymbol{B}=\begin{pmatrix}\boldsymbol{A}_{11}+\boldsymbol{B}_{11} & \cdots & \boldsymbol{A}_{1r}+\boldsymbol{B}_{1r}\\ \vdots & & \vdots\\ \boldsymbol{A}_{s1}+\boldsymbol{B}_{s1} & \cdots & \boldsymbol{A}_{sr}+\boldsymbol{B}_{sr}\end{pmatrix}.$$

2）数乘

设 $\boldsymbol{A}=\begin{pmatrix}\boldsymbol{A}_{11} & \cdots & \boldsymbol{A}_{1r}\\ \vdots & & \vdots\\ \boldsymbol{A}_{s1} & \cdots & \boldsymbol{A}_{sr}\end{pmatrix}$，$\lambda$ 是数，则

$$\lambda\boldsymbol{A}=\begin{pmatrix}\lambda\boldsymbol{A}_{11} & \cdots & \lambda\boldsymbol{A}_{1r}\\ \vdots & & \vdots\\ \lambda\boldsymbol{A}_{s1} & \cdots & \lambda\boldsymbol{A}_{sr}\end{pmatrix}.$$

3）乘法

设 $\boldsymbol{A}_{m\times l}=\begin{pmatrix}\boldsymbol{A}_{11} & \cdots & \boldsymbol{A}_{1t}\\ \vdots & & \vdots\\ \boldsymbol{A}_{s1} & \cdots & \boldsymbol{A}_{st}\end{pmatrix}$，$\boldsymbol{B}_{l\times n}=\begin{pmatrix}\boldsymbol{B}_{11} & \cdots & \boldsymbol{B}_{1r}\\ \vdots & & \vdots\\ \boldsymbol{B}_{t1} & \cdots & \boldsymbol{B}_{tr}\end{pmatrix}$，其中，$\boldsymbol{A}_{i1}$，$\boldsymbol{A}_{i2}$，…，$\boldsymbol{A}_{it}$ 的列数分别等于 $\boldsymbol{B}_{1j}$，$\boldsymbol{B}_{2j}$，…，$\boldsymbol{B}_{tj}$ 的行数，则

$$\boldsymbol{A}_{m\times l}\boldsymbol{B}_{l\times n}=\boldsymbol{C}_{m\times n},$$

其中，$\boldsymbol{C}=\begin{pmatrix}\boldsymbol{C}_{11} & \cdots & \boldsymbol{C}_{1r}\\ \vdots & & \vdots\\ \boldsymbol{C}_{s1} & \cdots & \boldsymbol{C}_{sr}\end{pmatrix}$；$\boldsymbol{C}_{ij}=\sum\limits_{k-1}^{t}\boldsymbol{A}_{ik}\boldsymbol{B}_{kj}$，$i=1, 2, \cdots, s$，$j=1, 2, \cdots, r$.

4）转置

设 $\boldsymbol{A}=\begin{pmatrix}\boldsymbol{A}_{11} & \cdots & \boldsymbol{A}_{1r}\\ \vdots & & \vdots\\ \boldsymbol{A}_{s1} & \cdots & \boldsymbol{A}_{sr}\end{pmatrix}$，则

$$\boldsymbol{A}^{\mathrm{T}}=\begin{pmatrix}\boldsymbol{A}_{11}^{\mathrm{T}} & \cdots & \boldsymbol{A}_{s1}^{\mathrm{T}}\\ \vdots & & \vdots\\ \boldsymbol{A}_{1r}^{\mathrm{T}} & \cdots & \boldsymbol{A}_{sr}^{\mathrm{T}}\end{pmatrix}.$$

5）分块对角阵的性质

(1) 设 $\boldsymbol{A}=\begin{pmatrix}\boldsymbol{A}_1 & \boldsymbol{O} & \cdots & \boldsymbol{O}\\ \boldsymbol{O} & \boldsymbol{A}_2 & \cdots & \boldsymbol{O}\\ \vdots & \vdots & & \vdots\\ \boldsymbol{O} & \boldsymbol{O} & \cdots & \boldsymbol{A}_s\end{pmatrix}$，其中 $\boldsymbol{A}$，$\boldsymbol{A}_1$，…，$\boldsymbol{A}_s$ 均为方阵，则

$$A^k=\begin{pmatrix} A_1^k & O & \cdots & O \\ O & A_2^k & \cdots & O \\ \vdots & \vdots & & \vdots \\ O & O & \cdots & A_s^k \end{pmatrix}.$$

（2）若 A 可逆，则

$$A^{-1}=\begin{pmatrix} A_1^{-1} & O & \cdots & O \\ O & A_2^{-1} & \cdots & O \\ \vdots & \vdots & & \vdots \\ O & O & \cdots & A_s^{-1} \end{pmatrix}.$$

3. 几个矩阵分块的应用

（1）设 $A=\begin{pmatrix} a_{11} & a_{12} & \cdots & a_{1n} \\ a_{21} & a_{22} & \cdots & a_{2n} \\ \vdots & \vdots & & \vdots \\ a_{m1} & a_{m2} & \cdots & a_{mn} \end{pmatrix}$，则有以下结论：

矩阵按行分块：记 $a_i^{\mathrm{T}}=(a_{i1}, a_{i2}, \cdots, a_{in})$，$i=1, 2, \cdots, m$，则 $A=\begin{pmatrix} a_1^{\mathrm{T}} \\ a_2^{\mathrm{T}} \\ \vdots \\ a_m^{\mathrm{T}} \end{pmatrix}$.

矩阵按列分块：记 $a_j=\begin{pmatrix} a_{1j} \\ a_{2j} \\ \vdots \\ a_{mj} \end{pmatrix}$，$j=1, 2, \cdots, n$，则 $A=(a_1, a_2, \cdots, a_n)$.

（2）线性方程组的表示.

设 $\begin{cases} a_{11}x_1+a_{12}x_2+\cdots+a_{1n}x_n=b_1 \\ a_{21}x_1+a_{22}x_2+\cdots+a_{2n}x_n=b_2 \\ \qquad\qquad\vdots \\ a_{m1}x_1+a_{m2}x_2+\cdots+a_{mn}x_n=b_m \end{cases}$，若记

$$A=\begin{pmatrix} a_{11} & a_{12} & \cdots & a_{1n} \\ a_{21} & a_{22} & \cdots & a_{2n} \\ \vdots & \vdots & & \vdots \\ a_{m1} & a_{m2} & \cdots & a_{mn} \end{pmatrix},\ x=\begin{pmatrix} x_1 \\ x_2 \\ \vdots \\ x_n \end{pmatrix},\ b=\begin{pmatrix} b_1 \\ b_2 \\ \vdots \\ b_n \end{pmatrix},$$

则线性方程组可表示为 $Ax=b$.

若记 $A=\begin{pmatrix} a_1^{\mathrm{T}} \\ a_2^{\mathrm{T}} \\ \vdots \\ a_m^{\mathrm{T}} \end{pmatrix}$，则线性方程组可表示为 $\begin{pmatrix} a_1^{\mathrm{T}} \\ a_2^{\mathrm{T}} \\ \vdots \\ a_m^{\mathrm{T}} \end{pmatrix}x=b$ 或 $a_i^{\mathrm{T}}x=b$（$i=1, 2, \cdots, m$）.

若记 $\boldsymbol{A}=(\boldsymbol{a}_1, \boldsymbol{a}_2, \cdots, \boldsymbol{a}_n)$，则线性方程组可表示为 $(\boldsymbol{a}_1, \boldsymbol{a}_2, \cdots, \boldsymbol{a}_n)\begin{pmatrix} x_1 \\ x_2 \\ \vdots \\ x_n \end{pmatrix}=\boldsymbol{b}$ 或 $x_1\boldsymbol{a}_1+x_2\boldsymbol{a}_2+\cdots+x_n\boldsymbol{a}_n=\boldsymbol{b}$.

(3) 矩阵相乘的表示.

设 $\boldsymbol{A}=\begin{pmatrix} \boldsymbol{a}_1^{\mathrm{T}} \\ \boldsymbol{a}_2^{\mathrm{T}} \\ \vdots \\ \boldsymbol{a}_m^{\mathrm{T}} \end{pmatrix}_{m\times l}$，$\boldsymbol{B}_{l\times n}=(b_1, b_2, \cdots, b_n)$，则

$$\boldsymbol{AB}=\begin{pmatrix} \boldsymbol{a}_1^{\mathrm{T}}b_1 & \boldsymbol{a}_1^{\mathrm{T}}b_2 & \cdots & \boldsymbol{a}_1^{\mathrm{T}}b_n \\ \boldsymbol{a}_2^{\mathrm{T}}b_1 & \boldsymbol{a}_2^{\mathrm{T}}b_2 & \cdots & \boldsymbol{a}_2^{\mathrm{T}}b_n \\ \vdots & \vdots & & \vdots \\ \boldsymbol{a}_m^{\mathrm{T}}b_1 & \boldsymbol{a}_m^{\mathrm{T}}b_2 & \cdots & \boldsymbol{a}_m^{\mathrm{T}}b_n \end{pmatrix}.$$

设 $\boldsymbol{A}_{m\times s}=(\boldsymbol{a}_1, \boldsymbol{a}_2, \cdots, \boldsymbol{a}_s)$，$\boldsymbol{B}_{s\times n}=\begin{pmatrix} \boldsymbol{\beta}_1^{\mathrm{T}} \\ \boldsymbol{\beta}_2^{\mathrm{T}} \\ \vdots \\ \boldsymbol{\beta}_s^{\mathrm{T}} \end{pmatrix}$，则

$$\boldsymbol{AB}=\boldsymbol{a}_1\boldsymbol{\beta}_1^{\mathrm{T}}+\boldsymbol{a}_2\boldsymbol{\beta}_2^{\mathrm{T}}+\cdots+\boldsymbol{a}_s\boldsymbol{\beta}_s^{\mathrm{T}}.$$

其中，$\boldsymbol{a}_i$ 是 $m\times 1$ 矩阵，$\boldsymbol{\beta}_i^{\mathrm{T}}$ 是 $1\times n$ 矩阵，$\boldsymbol{a}_i\boldsymbol{\beta}_i^{\mathrm{T}}(i=1, 2, \cdots, s)$ 是 $m\times n$ 矩阵.

(4) 对角阵与矩阵相乘.

$$\boldsymbol{\Lambda}_m\boldsymbol{A}_{m\times n}=\begin{pmatrix} \lambda_1 & & & \\ & \lambda_2 & & \\ & & \ddots & \\ & & & \lambda_m \end{pmatrix}\begin{pmatrix} \boldsymbol{a}_1^{\mathrm{T}} \\ \boldsymbol{a}_2^{\mathrm{T}} \\ \vdots \\ \boldsymbol{a}_m^{\mathrm{T}} \end{pmatrix}=\begin{pmatrix} \lambda\boldsymbol{a}_1^{\mathrm{T}} \\ \lambda\boldsymbol{a}_2^{\mathrm{T}} \\ \vdots \\ \lambda\boldsymbol{a}_m^{\mathrm{T}} \end{pmatrix},$$

$$\boldsymbol{A}_{m\times n}\boldsymbol{\Lambda}_m=(\boldsymbol{a}_1, \boldsymbol{a}_2, \cdots, \boldsymbol{a}_n)\begin{pmatrix} \lambda_1 & & & \\ & \lambda_2 & & \\ & & \ddots & \\ & & & \lambda_n \end{pmatrix}\begin{pmatrix} \boldsymbol{a}_1^{\mathrm{T}} \\ \boldsymbol{a}_2^{\mathrm{T}} \\ \vdots \\ \boldsymbol{a}_m^{\mathrm{T}} \end{pmatrix}=(\lambda\boldsymbol{a}_1, \lambda\boldsymbol{a}_2, \cdots, \lambda\boldsymbol{a}_n).$$

(四) 矩阵的初等变换与初等方阵

1. 初等变换

矩阵的下列三种变换称为矩阵的**初等行变换**：

(1) 交换矩阵的两行(交换 i、j 两行，记为 $r_i\leftrightarrow r_j$)；

(2) 以一个非零数 k 乘以矩阵的某一行(第 i 行乘以数 k，记为 $r_i\times k$)；

(3) 把矩阵的某一行的 k 倍加到另一行(第 j 行乘以 k 加到 i 行，记为 r_i+kr_j).

把定义中的"行"换成"列"，即得矩阵的**初等列变换**的定义(相应记号中把 r 换成 c)．初等行变换与初等列变换统称为**初等变换**．

注意：对矩阵施行初等变换时，变换过程用"→"连接前后矩阵．

2．矩阵的等价

若矩阵 $\boldsymbol{A}$ 经过有限次初等变换变成矩阵 $\boldsymbol{B}$，则称矩阵 $\boldsymbol{A}$ 与 $\boldsymbol{B}$ **等价**，记为 $\boldsymbol{A}\sim\boldsymbol{B}$(或 $\boldsymbol{A}\to\boldsymbol{B}$)．

矩阵之间的等价关系具有下列基本性质：

(1) 反身性：$\boldsymbol{A}\sim\boldsymbol{A}$；

(2) 对称性：若 $\boldsymbol{A}\sim\boldsymbol{B}$，则 $\boldsymbol{B}\sim\boldsymbol{A}$；

(3) 传递性：若 $\boldsymbol{A}\sim\boldsymbol{B}$，$\boldsymbol{B}\sim\boldsymbol{C}$，则 $\boldsymbol{A}\sim\boldsymbol{C}$．

初等变换是矩阵理论中一个常用的运算，而且最常见的是用矩阵的初等行变换把矩阵化成阶梯形矩阵，最后化为行简化的阶梯形矩阵．

一般地，称满足下列条件的矩阵为**行阶梯形矩阵**：

(1) 零行(元素全为零的行)位于矩阵的下方；

(2) 各非零行的非零首元(从左至右第一个不为零的元素)的列标随着行标的增大而严格增大(或说其列标一定不小于行标)．

行阶梯形矩阵的特征是：可画一条阶梯线，线下方的元素均为0，每层台阶的高度只有一行，阶数即为非零行的行数，阶梯线的竖线后的第一个元素是非零首元．

一般地，我们称满足下列条件的阶梯形矩阵为**行最简形矩阵**：

(1) 各非零行的非零首元都是1；

(2) 每个非零首元所在列的其余元素都是0．

一般地，称满足下列条件的阶梯形矩阵为**标准形**．其特点是矩阵的左上角为一个单位矩阵，其余元素为0．

3．初等方阵

由单位矩阵 $\boldsymbol{E}$ 经过一次初等变换得到的矩阵称为初等矩阵．

三种初等变换对应三种初等矩阵．

(1) 互换 $\boldsymbol{E}$ 的第 i，j 行(列)，得到的初等矩阵记为 $\boldsymbol{E}(i,j)$，即

$$\boldsymbol{E}(i,j)=\begin{pmatrix}1&&&&&&&&\\&\ddots&&&&&&&\\&&1&&&&&&\\&&&0&\cdots&1&&&\\&&&&1&&&&\\&&&\vdots&\ddots&\vdots&&&\\&&&&&1&&&\\&&&1&\cdots&0&&&\\&&&&&&1&&\\&&&&&&&\ddots&\\&&&&&&&&1\end{pmatrix}\begin{matrix}\\\\\\ \text{第 } i \text{ 行}\\\\\\\\ \text{第 } j \text{ 行}\\\\\\\\\end{matrix}.$$

第 i 列　　　第 j 列

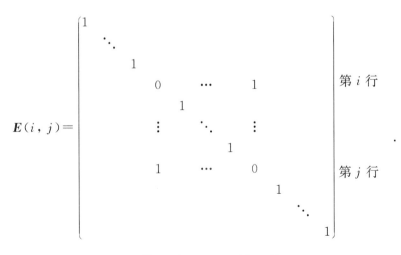

(2) 用非零常数 k 乘以 $\boldsymbol{E}$ 的第 i 行(列)，得到的初等矩阵记为 $\boldsymbol{E}(i(k))$，即

$$\boldsymbol{E}(i(k))=\begin{pmatrix}1&&&&\\&\ddots&&&\\&&k&&\\&&&\ddots&\\&&&&1\end{pmatrix}\text{第 } i \text{ 行}.$$

第 i 列

(3) 将 $\boldsymbol{E}$ 的第 j 行乘以数 k 加到第 i 行上(或 $\boldsymbol{E}$ 的第 i 列乘以数 k 加到第 j 列上)，得到的初等矩阵记为 $\boldsymbol{E}(i,j(k))$，即

$$\boldsymbol{E}(i,j(k))=\begin{pmatrix}1&&&&&&\\&\ddots&&&&&\\&&1&\cdots&k&&\\&&&\ddots&\vdots&&\\&&&&1&&\\&&&&&\ddots&\\&&&&&&1\end{pmatrix}\begin{matrix}\\\\\text{第 } i \text{ 行}\\\\\text{第 } j \text{ 行}\\\\\\\end{matrix}.$$

第 i 列　第 j 列

初等矩阵有下列性质：

(1) 初等矩阵的转置矩阵仍为初等矩阵；

(2) 初等矩阵都可逆，且它们的逆矩阵也都是初等矩阵，即

$\boldsymbol{E}(i,j)^{-1}=\boldsymbol{E}(i,j)$，$\boldsymbol{E}(i(k))^{-1}=\boldsymbol{E}(i(k^{-1}))$，$\boldsymbol{E}(i,j(k))^{-1}=\boldsymbol{E}(i,j(-k))$.

4. 初等变换与初等方阵的关系

定理 1　用初等矩阵左乘 $\boldsymbol{A}$，相当于对 $\boldsymbol{A}$ 施行一次相应的初等行变换；用初等矩阵右乘 $\boldsymbol{A}$，相当于对 $\boldsymbol{A}$ 施行一次相应的初等列变换.

定理 2　对于任意一个 $m\times n$ 矩阵 $\boldsymbol{A}$，一定存在 m 阶可逆矩阵 $\boldsymbol{P}$ 和 n 阶可逆矩阵 $\boldsymbol{Q}$，使得 $\boldsymbol{PAQ}=\begin{pmatrix}\boldsymbol{E}_r&\boldsymbol{O}\\\boldsymbol{O}&\boldsymbol{O}\end{pmatrix}$.

推论　$m\times n$ 矩阵 $\boldsymbol{A}\sim\boldsymbol{B}$ 的充要条件是存在 m 阶可逆矩阵 $\boldsymbol{P}$ 及 n 阶可逆矩阵 $\boldsymbol{Q}$，使得 $\boldsymbol{PAQ}=\boldsymbol{B}$.

(五) 方阵的逆矩阵

1. 可逆矩阵的概念与性质

1) 可逆矩阵的概念

设 $\boldsymbol{A}$ 为 n 阶方阵，若存在一个 n 阶方阵 $\boldsymbol{B}$，使得 $\boldsymbol{AB}=\boldsymbol{BA}=\boldsymbol{E}$，则称方阵 $\boldsymbol{A}$ 可逆，并称方阵 $\boldsymbol{B}$ 为 $\boldsymbol{A}$ 的逆矩阵，记作 $\boldsymbol{A}^{-1}=\boldsymbol{B}$.

注　由于在 $\boldsymbol{AB}=\boldsymbol{BA}=\boldsymbol{E}$ 中，矩阵 $\boldsymbol{A}$ 与矩阵 $\boldsymbol{B}$ 的地位相同，因此，若 $\boldsymbol{A}$ 可逆，$\boldsymbol{B}$ 是 $\boldsymbol{A}$

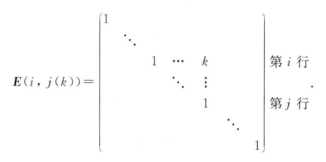

的逆矩阵，则 $\boldsymbol{B}$ 也可逆，且 $\boldsymbol{A}$ 是 $\boldsymbol{B}$ 的逆矩阵，即有 $\boldsymbol{B}^{-1}=\boldsymbol{A}$，$\boldsymbol{A}^{-1}=\boldsymbol{B}$.

在验证矩阵是否可逆时，只需验证 $\boldsymbol{A}$、$\boldsymbol{B}$ 是否满足 $\boldsymbol{AB}=\boldsymbol{E}$（或 $\boldsymbol{BA}=\boldsymbol{E}$）即可.

2）可逆矩阵的性质

如果 $\boldsymbol{A}$ 是可逆矩阵，则

（1）若矩阵 $\boldsymbol{A}$ 可逆，则 $\boldsymbol{A}$ 的逆阵唯一.

（2）$\boldsymbol{A}^{-1}$ 也可逆，且 $(\boldsymbol{A}^{-1})^{-1}=\boldsymbol{A}$.

（3）$\lambda\neq 0$ 时，$\lambda\boldsymbol{A}$ 也可逆，且 $(\lambda\boldsymbol{A})^{-1}=\dfrac{1}{\lambda}\boldsymbol{A}^{-1}$.

（4）当 $\boldsymbol{A}$、$\boldsymbol{B}$ 为同阶可逆矩阵时，$\boldsymbol{AB}$ 也可逆，且 $(\boldsymbol{AB})^{-1}=\boldsymbol{B}^{-1}\boldsymbol{A}^{-1}$.

（5）$\boldsymbol{A}^k$ 也可逆，且 $(\boldsymbol{A}^k)^{-1}=(\boldsymbol{A}^{-1})^k$.

（6）$\boldsymbol{A}^{\mathrm{T}}$ 也可逆，且 $(\boldsymbol{A}^{\mathrm{T}})^{-1}=(\boldsymbol{A}^{-1})^{\mathrm{T}}$.

2. 用初等行变换求可逆矩阵的逆矩阵

定理 3　n 阶方阵 $\boldsymbol{A}$ 是可逆矩阵的充分必要条件是存在 n 阶可逆矩阵 $\boldsymbol{P}$ 和 $\boldsymbol{Q}$，使得 $\boldsymbol{PAQ}=\boldsymbol{E}$（即 $\boldsymbol{A}$ 等价于单位矩阵，$\boldsymbol{A}\sim\boldsymbol{E}$）.

推论　n 阶方阵 $\boldsymbol{A}$ 可逆的充要条件是存在有限个初等矩阵 $\boldsymbol{P}_1$，$\boldsymbol{P}_2$，…，$\boldsymbol{P}_l$，使得 $\boldsymbol{A}=\boldsymbol{P}_1\boldsymbol{P}_2\cdots\boldsymbol{P}_l$.

根据推论，$\boldsymbol{A}^{-1}=\boldsymbol{P}_l^{-1}\boldsymbol{P}_{l-1}^{-1}\cdots\boldsymbol{P}_1^{-1}$，于是

$$\begin{cases}\boldsymbol{P}_l^{-1}\boldsymbol{P}_{l-1}^{-1}\cdots\boldsymbol{P}_1^{-1}\boldsymbol{A}=\boldsymbol{E}\\ \boldsymbol{P}_l^{-1}\boldsymbol{P}_{l-1}^{-1}\cdots\boldsymbol{P}_1^{-1}\boldsymbol{E}=\boldsymbol{A}^{-1}\end{cases},$$

即对 $n\times 2n$ 矩阵 $(\boldsymbol{A}\,\vdots\,\boldsymbol{E})$，有

$$\boldsymbol{P}_l^{-1}\boldsymbol{P}_{l-1}^{-1}\cdots\boldsymbol{P}_1^{-1}(\boldsymbol{A}\,\vdots\,\boldsymbol{E})=(\boldsymbol{E}\,\vdots\,\boldsymbol{A}^{-1}).$$

上式说明作行初等变换 $\boldsymbol{P}_l^{-1}\boldsymbol{P}_{l-1}^{-1}\cdots\boldsymbol{P}_1^{-1}$ 把 $\boldsymbol{A}$ 变成单位阵 $\boldsymbol{E}$ 的同时可以将 $\boldsymbol{E}$ 变成 $\boldsymbol{A}^{-1}$，这实际上给出了用初等变换求可逆矩阵的思路：

构造矩阵 $n\times 2n$ 矩阵 $(\boldsymbol{A}\,\vdots\,\boldsymbol{E})$，然后对其进行初等行变换，将矩阵 $\boldsymbol{A}$ 化为单位矩阵 $\boldsymbol{E}$，则上述初等变换的同时也将其中的单位矩阵 $\boldsymbol{E}$ 化为 $\boldsymbol{A}^{-1}$，即

$$(\boldsymbol{A}\,\vdots\,\boldsymbol{E})\xrightarrow{\text{初等行变换}}(\boldsymbol{E}\,\vdots\,\boldsymbol{A}^{-1}),$$

这就是求逆矩阵的初等变换法.

3. 用初等行变换求矩阵方程

设 $\boldsymbol{A}$ 为 n 阶可逆矩阵，对矩阵方程 $\boldsymbol{AX}=\boldsymbol{B}$，有 $\boldsymbol{A}^{-1}(\boldsymbol{AX})=\boldsymbol{A}^{-1}\boldsymbol{B}$，即

$$\boldsymbol{X}=\boldsymbol{A}^{-1}\boldsymbol{B}.$$

若设 $\boldsymbol{A}^{-1}=\boldsymbol{P}_l^{-1}\boldsymbol{P}_{l-1}^{-1}\cdots\boldsymbol{P}_1^{-1}$，于是有

$$\begin{cases}\boldsymbol{P}_l^{-1}\boldsymbol{P}_{l-1}^{-1}\cdots\boldsymbol{P}_1^{-1}\boldsymbol{A}=\boldsymbol{E}\\ \boldsymbol{P}_l^{-1}\boldsymbol{P}_{l-1}^{-1}\cdots\boldsymbol{P}_1^{-1}\boldsymbol{B}=\boldsymbol{A}^{-1}\boldsymbol{B}\end{cases},$$

即 $\boldsymbol{P}_l^{-1}\boldsymbol{P}_{l-1}^{-1}\cdots\boldsymbol{P}_1^{-1}(\boldsymbol{A}\,\vdots\,\boldsymbol{B})=(\boldsymbol{E}\,\vdots\,\boldsymbol{A}^{-1}\boldsymbol{B})$，也就是 $(\boldsymbol{A}\,\vdots\,\boldsymbol{B})\xrightarrow{\text{初等行变换}}(\boldsymbol{E}\,\vdots\,\boldsymbol{A}^{-1}\boldsymbol{B})$，即给出了用初等变换求解矩阵方程 $\boldsymbol{AX}=\boldsymbol{B}$ 的思路：

构造矩阵$(\boldsymbol{A} \mid \boldsymbol{B})$，然后对其施以初等行变换，将矩阵$\boldsymbol{A}$化为单位矩阵$\boldsymbol{E}$，则上述进行初等变换的同时也将其中的单位矩阵$\boldsymbol{E}$化为了$\boldsymbol{A}^{-1}\boldsymbol{B}$，即得$\boldsymbol{AX}=\boldsymbol{B}$的解$\boldsymbol{X}$.

注意：这里的初等变换必须是初等行变换.

（六）线性方程组的消元法

（1）n元齐次线性方程组

$$\begin{cases} a_{11}x_1+a_{12}x_2+\cdots+a_{1n}x_n=0 \\ a_{21}x_1+a_{22}x_2+\cdots+a_{2n}x_n=0 \\ \qquad\qquad\qquad\qquad\vdots \\ a_{m1}x_1+a_{m2}x_2+\cdots+a_{mn}x_n=0 \end{cases},$$

记

$$\boldsymbol{A}=\begin{pmatrix} a_{11} & a_{12} & \cdots & a_{1n} \\ a_{21} & a_{22} & \cdots & a_{2n} \\ \vdots & \vdots & & \vdots \\ a_{m1} & a_{m2} & \cdots & a_{mn} \end{pmatrix},\ \boldsymbol{x}=\begin{pmatrix} x_1 \\ x_2 \\ \vdots \\ x_n \end{pmatrix},$$

$\boldsymbol{A}$称为方程组的系数矩阵，于是这个n元齐次方程组可以记为$\boldsymbol{Ax}=\boldsymbol{0}$.

（2）n元非齐次线性方程组

$$\begin{cases} a_{11}x_1+a_{12}x_2+\cdots+a_{1n}x_n=b_1 \\ a_{21}x_1+a_{22}x_2+\cdots+a_{2n}x_n=b_2 \\ \qquad\qquad\qquad\qquad\vdots \\ a_{m1}x_1+a_{m2}x_2+\cdots+a_{mn}x_n=b_m \end{cases},$$

记

$$\boldsymbol{A}=\begin{pmatrix} a_{11} & a_{12} & \cdots & a_{1n} \\ a_{21} & a_{22} & \cdots & a_{2n} \\ \vdots & \vdots & & \vdots \\ a_{m1} & a_{m2} & \cdots & a_{mn} \end{pmatrix},\ \boldsymbol{B}=\begin{pmatrix} a_{11} & a_{12} & \cdots & a_{1n} & b_1 \\ a_{21} & a_{22} & \cdots & a_{2n} & b_2 \\ \vdots & \vdots & & \vdots & \vdots \\ a_{m1} & a_{m2} & \cdots & a_{mn} & b_m \end{pmatrix},$$

$\boldsymbol{A}$称为非齐次线性方程组的系数矩阵，$\boldsymbol{B}$称为增广矩阵. 于是，这个n元非齐次方程组可以记为$\boldsymbol{Ax}=\boldsymbol{b}$，其中

$$\boldsymbol{x}=\begin{pmatrix} x_1 \\ x_2 \\ \vdots \\ x_n \end{pmatrix},$$

$$\boldsymbol{b}=\begin{pmatrix} b_1 \\ b_2 \\ \vdots \\ b_m \end{pmatrix},$$

从而线性方程组$\boldsymbol{Ax}=\boldsymbol{b}$与增广矩阵$\boldsymbol{B}=(\boldsymbol{A} \mid \boldsymbol{b})$一一对应.

对于给定的线性方程组，可利用矩阵的初等行变换，把它的增广矩阵化为简化阶梯形矩阵，从而得到易于求解的同解线性方程组，然后求出方程组的解.

三、知识结构图

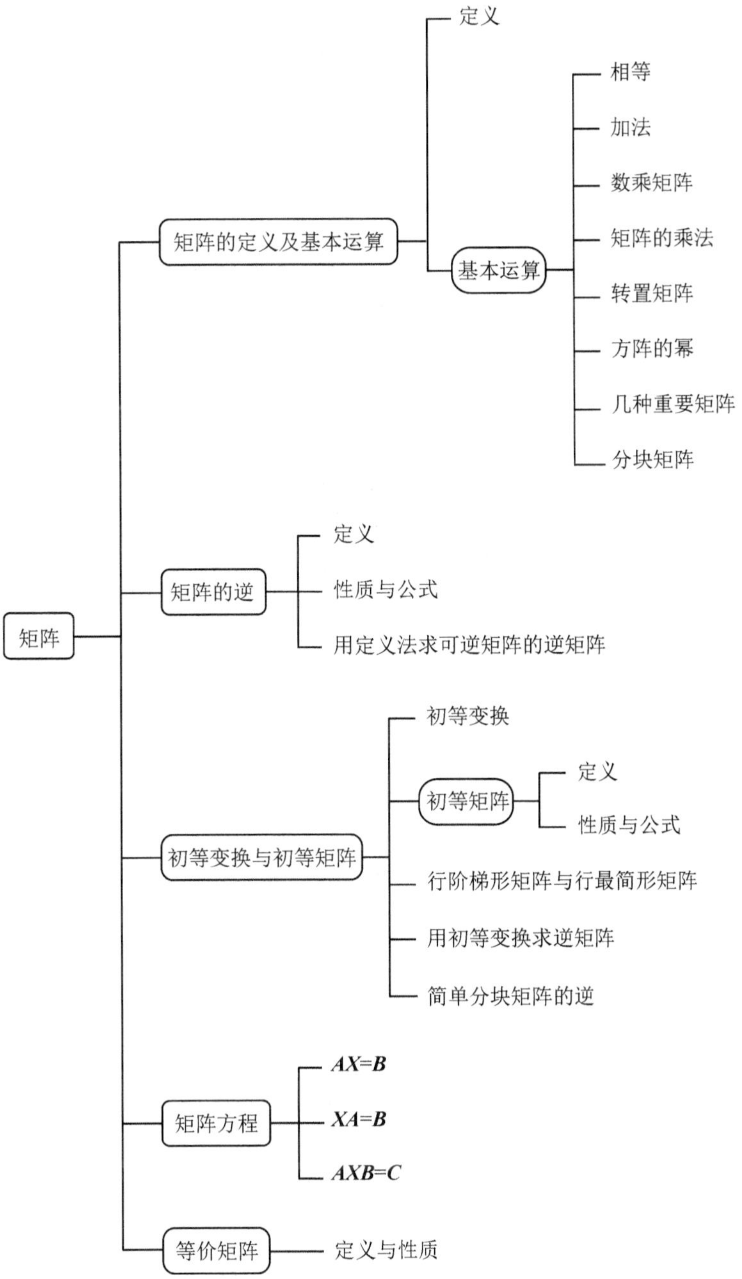

四、要点剖析

1. 矩阵的运算

矩阵的运算主要包括矩阵的加减法、数与矩阵的乘法、矩阵的乘法、矩阵的转置和方阵的幂，其中需要重点掌握的是矩阵的乘法.

(1) 对于矩阵的运算，一定要清楚三点：① 什么条件下可以进行运算；② 运算的结果是什么；③ 如何进行运算.

矩阵的加减法：必须是同型矩阵，运算结果仍为同型矩阵，运算方式是对应位置的元素相加减；

矩阵的乘法：只有当左边矩阵的列数等于右边矩阵的行数时两个矩阵才能相乘，相乘所得矩阵的行数为左边矩阵的行数，列数为右边矩阵的列数，运算方式是乘积矩阵的第 i 行第 j 列元素 c_{ij} 等于左边矩阵的第 i 行按列序排列的每个元素与右边矩阵中第 j 列按行序排列的每个元素对应乘积之和；

矩阵的幂运算：只有方阵才能讨论正整数幂.

(2) 矩阵的各种运算满足相应的运算规律和运算性质，在学习过程中可以通过与数的运算法则相比较的方法来掌握矩阵的运算规律. 需要注意，矩阵乘法的运算规律与数的运算规律既有相似之处，又有不同之处. 明显的不同之处包括以下几点：① $\boldsymbol{AB}\neq\boldsymbol{BA}$；② 若 $\boldsymbol{AB}=\boldsymbol{O}$，不能推出 $\boldsymbol{A}=\boldsymbol{O}$ 或 $\boldsymbol{B}=\boldsymbol{O}$；③ 若 $\boldsymbol{AB}=\boldsymbol{AC}$ 且 $\boldsymbol{A}\neq\boldsymbol{O}$，不能推出 $\boldsymbol{B}=\boldsymbol{C}$.

2. 逆矩阵

逆矩阵是矩阵理论中的一个重要概念. 在学习过程中要理解逆矩阵的概念，熟悉矩阵的可逆条件，掌握求逆矩阵的各种方法.

矩阵可逆的条件主要有：

(1) n 阶方阵 $\boldsymbol{A}$ 可逆的充分必要条件是 $\boldsymbol{A}$ 是非奇异的，即 $|\boldsymbol{A}|\neq 0$；

(2) n 阶方阵 $\boldsymbol{A}$ 可逆的充分必要条件是 $\boldsymbol{A}$ 的等价标准形为 $\boldsymbol{E}_n$；

(3) n 阶方阵 $\boldsymbol{A}$ 可逆的充分必要条件是 $\boldsymbol{A}$ 可以表示为有限个初等矩阵的乘积；

(4) n 阶方阵 $\boldsymbol{A}$ 可逆的充分必要条件是 $R(\boldsymbol{A})=n$；

(5) 存在 n 阶方阵 $\boldsymbol{B}$ 使 $\boldsymbol{AB}=\boldsymbol{E}$ 或 $\boldsymbol{BA}=\boldsymbol{E}$.

求逆矩阵的方法有：

(1) 伴随矩阵法：① 计算矩阵 $\boldsymbol{A}$ 的行列式 $|\boldsymbol{A}|$，若 $|\boldsymbol{A}|\neq 0$，则矩阵 $\boldsymbol{A}$ 可逆；② 分别计算代数余子式 A_{ij}，并按行列对换的次序写出伴随矩阵 $\boldsymbol{A}^*$；③ 按照公式 $\boldsymbol{A}^{-1}=\dfrac{1}{|\boldsymbol{A}|}\boldsymbol{A}^*$ 求出 $\boldsymbol{A}$ 的逆矩阵.

(2) 运用定义和性质求逆矩阵法：根据若为同阶矩阵 $\boldsymbol{A}$、$\boldsymbol{B}$，且 $\boldsymbol{AB}=\boldsymbol{E}$，则 $\boldsymbol{A}^{-1}=\boldsymbol{B}$，$\boldsymbol{B}^{-1}=\boldsymbol{A}$ 以及逆矩阵的性质可求逆矩阵.

(3) 分块求逆法：若 $|\boldsymbol{A}_{ij}|\neq 0(i=1, 2,\cdots, s)$，则

$$\begin{pmatrix} A_{11} & O & \cdots & O \\ O & A_{22} & \cdots & O \\ \vdots & \vdots & & \vdots \\ O & O & \cdots & A_{ss} \end{pmatrix}^{-1} = \begin{pmatrix} A_{11}^{-1} & O & \cdots & O \\ O & A_{22}^{-1} & \cdots & O \\ \vdots & \vdots & & \vdots \\ O & O & \cdots & A_{ss}^{-1} \end{pmatrix}.$$

由此可求分块矩阵的逆矩阵.

(4) 初等变换法：① 构造 $n\times 2n$ 维矩阵 $(A \mid E)$；② 对 $(A \mid E)$ 施行一系列初等行变换，直至将其左边子矩阵 A 化为单位矩阵 E，此时右边子矩阵即为 A^{-1}，即

$$(A \mid E) \xrightarrow{\quad} \overset{\text{初等行变换}}{\cdots} \xrightarrow{\quad} (E \mid A^{-1}).$$

逆矩阵主要应用于保密通信中，通过学习逆矩阵，学生可以体会科研人员探索未知、追求真理的科学精神.

3. 分块矩阵

(1) 分块矩阵的运算是矩阵运算的一个重要技巧. 在运算时，将高阶和结构特殊的矩阵经常按一定规则划分为分块矩阵. 经过矩阵分块后，能突出该矩阵的结构，简化具有某种特征的矩阵的运算，还可将大矩阵的运算转化为小矩阵的运算. 矩阵分块后，一方面可以对子矩阵进行矩阵运算，另一方面又可以将每一个子矩阵作为分块矩阵的元素按照运算法则进行运算.

(2) 为了保证分块矩阵能够进行运算，必须注意分块时的方法. 特别是分块矩阵的乘法，分块时左边矩阵的列分法必须与右边矩阵的行分法相同. 对矩阵按列分块与按行分块是常用的分块方法，这样可以使矩阵、向量，以及线性方程组相联系起来. 矩阵分块运算的另一常见情形是分块对角矩阵的运算，其元素类似于对角矩阵相应的运算.

4. 矩阵的初等变换与矩阵的等价

矩阵的初等变换在线性代数运算中用得最多，且贯穿于线性代数的始终，如求逆矩阵、求矩阵的秩、求向量组的秩、讨论向量组的线性相关性、求极大无关组、求解线性方程组等，都要用到矩阵的初等变换，所以必须掌握矩阵的初等变换，并能用它解决相关的问题.

证明矩阵 A 与 B 等价的方法：

(1) 证明它们的标准形相同；

(2) 求可逆矩阵 P 与 Q，使得 $B=PAQ$；

(3) 证明它们的秩相等.

五、释疑解难

问题 1　矩阵运算的加法、乘法运算与实数的加法、乘法运算的本质区别是什么？

答　(1) 实数可以随意地进行加法、乘法的运算，但矩阵间的加法、乘法的运算是有限制条件的. 只有当两个矩阵的行数和列数都相等时才能进行加法运算，只有左边矩阵的列数等于右边矩阵的行数时，矩阵才能相乘.

(2) 在运算规律方面两者的主要区别见表 1-1.

表 1-1 两者运算规律的区别

实数运算	矩阵运算	说明
$ab=ba$	$\boldsymbol{AB}\neq\boldsymbol{BA}$	① $\boldsymbol{AB}$、$\boldsymbol{BA}$ 未必同时有意义. ② $\boldsymbol{AB}$、$\boldsymbol{BA}$ 未必相等
$ab=ba$，$a\neq0\Rightarrow b=0$	$\boldsymbol{AB}=\boldsymbol{O}$，$\boldsymbol{A}\neq\boldsymbol{O}\nRightarrow\boldsymbol{B}=\boldsymbol{O}$	① 如 $\boldsymbol{A}=\begin{pmatrix}-1&1\\0&0\end{pmatrix}$，$\boldsymbol{B}=\begin{pmatrix}1&0\\1&0\end{pmatrix}$，满足 $\boldsymbol{AB}=\boldsymbol{O}$，$\boldsymbol{A}\neq\boldsymbol{O}$，但 $\boldsymbol{B}\neq\boldsymbol{O}$. ② 当 $\boldsymbol{A}$ 可逆时成立
$ab=ac$，$a\neq0\Rightarrow b=c$	$\boldsymbol{AB}=\boldsymbol{AC}$，$\boldsymbol{A}\neq\boldsymbol{O}\nRightarrow\boldsymbol{B}=\boldsymbol{C}$	① 如 $\boldsymbol{A}=\begin{pmatrix}1&0\\1&0\end{pmatrix}$，$\boldsymbol{B}=\begin{pmatrix}0&0\\1&1\end{pmatrix}$，$\boldsymbol{C}=\begin{pmatrix}0&0\\2&2\end{pmatrix}$满足 $\boldsymbol{AB}=\boldsymbol{AC}$，$\boldsymbol{A}\neq\boldsymbol{O}$，但$\boldsymbol{B}\neq\boldsymbol{C}$. ② 当 $\boldsymbol{A}$ 可逆时成立
$a^2=a$，$a=0$ 或 $a=1$	$\boldsymbol{A}^2=\boldsymbol{A}\nRightarrow\boldsymbol{A}=\boldsymbol{O}$ 或 $\boldsymbol{A}=\boldsymbol{E}$	① 如 $\boldsymbol{A}=\begin{pmatrix}1&0\\1&0\end{pmatrix}$，满足 $\boldsymbol{A}^2=\boldsymbol{A}$，但 $\boldsymbol{A}\neq\boldsymbol{O}$ 或 $\boldsymbol{A}\neq\boldsymbol{E}$. ② 当 $\boldsymbol{A}$ 为实对称矩阵时成立
$(a+b)^2=a^2+2ab+b^2$	$(\boldsymbol{A}+\boldsymbol{B})^2\neq\boldsymbol{A}^2+2\boldsymbol{AB}+\boldsymbol{B}^2$	① 因为 $\boldsymbol{AB}\neq\boldsymbol{BA}$，所以不成立. ② 当 $\boldsymbol{AB}=\boldsymbol{BA}$ 时成立
$(a+b)(a-b)=a^2-b^2$	$(\boldsymbol{A}+\boldsymbol{B})(\boldsymbol{A}-\boldsymbol{B})\neq\boldsymbol{A}^2-\boldsymbol{B}^2$	① 因为 $\boldsymbol{AB}\neq\boldsymbol{BA}$，所以不成立. ② 当 $\boldsymbol{AB}=\boldsymbol{BA}$ 时成立
$(ab)^2=a^2b^2$	$(\boldsymbol{AB})^2\neq\boldsymbol{A}^2\boldsymbol{B}^2$	① 因为 $\boldsymbol{AB}\neq\boldsymbol{BA}$，所以不成立. ② 当 $\boldsymbol{AB}=\boldsymbol{BA}$ 时成立

问题 2 一个非零矩阵的行最简形与行阶梯形有什么区别和联系？

答 (1) 行最简形和行阶梯形都是矩阵作初等行变换时某种意义下的“标准形”.

行阶梯形矩阵：① 元素全为零的行位于全部非零行(有元素不为零的行)的下方；② 非零行的首个非零元素(位于最左边的非零元)的列下标随其行下标的递增而严格递增.

行最简形矩阵：① 为行阶梯形矩阵；② 非零行的第一个非零元素为 1；③ 非零行的第一个非零元素所在列的其余元素都为 0.

(2) 行最简形是一个行阶梯形，但行阶梯形未必是行最简形. 其区别在于行最简形的非零行的非零首元必须为 1，且该元素所在列中其他元素均为 0，因而该元素所在列是一个单位坐标列向量，而行阶梯形则无上述要求.

(3) 任何一个矩阵总可以经过有限次的初等行变换将其化为行阶梯形矩阵和行最简形矩阵.

问题 3 在求解有关矩阵的问题时，什么时候只需将其化为行阶梯形，什么时候将其简化为行最简形？

答 矩阵的初等行变换是矩阵最重要的运算之一，其原因在于矩阵在初等行变换下的行阶梯形和行最简形有强大的功能，因此它是一个很理想的“操作平台”. 在此平台上，可以解决线性代数中的许多问题.

在下列情形中，需要将矩阵化为行阶梯形矩阵：

(1) 求矩阵 $\boldsymbol{A}$ 的秩；

(2) 求矩阵 $\boldsymbol{A}$ 的列向量组的极大无关组.

在下列情形中需要将矩阵化为行最简形矩阵：

(1) 求矩阵 $\boldsymbol{A}$ 的秩；

(2) 求矩阵 $\boldsymbol{A}$ 的列向量组的极大无关组；

(3) 求矩阵 $\boldsymbol{A}$ 的列向量组的线性关系；

(4) 求齐次线性方程组的基础解系；

(5) 当矩阵 $\boldsymbol{A}$ 可逆时，用 $(\boldsymbol{A} \mid \boldsymbol{E})$ 的行最简形求逆矩阵；

(6) 当矩阵 $\boldsymbol{A}$ 可逆时，求解矩阵方程 $\boldsymbol{AX}=\boldsymbol{B}$ 的解 $\boldsymbol{A}^{-1}\boldsymbol{B}$.

六、典型例题解析

(一) 基础题

例 1.1　设矩阵 $\boldsymbol{A}=\begin{pmatrix}1&2&0\\2&1&0\\0&0&1\end{pmatrix}$，$\boldsymbol{B}=\begin{pmatrix}1&0&0\\0&2&1\\0&1&3\end{pmatrix}$，则 $\boldsymbol{A}+2\boldsymbol{B}=$____________.

分析　由矩阵线性运算的定义.

解　$\boldsymbol{A}+2\boldsymbol{B}=\begin{pmatrix}1&2&0\\2&1&0\\0&0&1\end{pmatrix}+\begin{pmatrix}2&0&0\\0&4&2\\0&2&6\end{pmatrix}=\begin{pmatrix}3&2&0\\2&5&2\\0&2&7\end{pmatrix}$.

例 1.2　设矩阵 $\boldsymbol{A}=\begin{pmatrix}1\\2\end{pmatrix}$，$\boldsymbol{B}=\begin{pmatrix}2\\3\end{pmatrix}$，则 $\boldsymbol{A}^{\mathrm{T}}\boldsymbol{B}=$____________.

分析　由矩阵转置运算的定义.

解　$\boldsymbol{A}^{\mathrm{T}}\boldsymbol{B}=(1, 2)\begin{pmatrix}2\\3\end{pmatrix}=8$.

例 1.3　设 $\boldsymbol{A}=\begin{pmatrix}1&0&3&-1\\2&1&0&2\end{pmatrix}$，$\boldsymbol{B}=\begin{pmatrix}4&1&0\\-1&1&3\\2&0&1\\1&3&4\end{pmatrix}$，求 $\boldsymbol{AB}$.

解　$\boldsymbol{AB}=\begin{pmatrix}1&0&3&-1\\2&1&0&2\end{pmatrix}\begin{pmatrix}4&1&0\\-1&1&3\\2&0&1\\1&3&4\end{pmatrix}$

$$=\begin{pmatrix}1\times4+0\times(-1)+3\times2+(-1)\times1 & 1\times1+0\times1+3\times0+(-1)\times3 & 1\times0+0\times3+3\times1+(-1)\times4\\ 2\times4+1\times(-1)+0\times2+2\times1 & 2\times1+1\times1+0\times0+2\times3 & 2\times0+1\times3+0\times1+2\times4\end{pmatrix}$$

$$=\begin{pmatrix}9&-2&-1\\9&9&11\end{pmatrix}.$$

例 1.4 已知 $\boldsymbol{A}=\begin{pmatrix}2&0&-1\\1&3&2\end{pmatrix}$，$\boldsymbol{B}=\begin{pmatrix}1&7&-1\\4&2&3\\2&0&1\end{pmatrix}$，求 $(\boldsymbol{AB})^{\mathrm{T}}$.

解 1 因为 $\boldsymbol{AB}=\begin{pmatrix}2&0&-1\\1&3&2\end{pmatrix}\begin{pmatrix}1&7&-1\\4&2&3\\2&0&1\end{pmatrix}=\begin{pmatrix}0&14&-3\\17&13&10\end{pmatrix}$，所以

$$(\boldsymbol{AB})^{\mathrm{T}}=\begin{pmatrix}0&17\\14&13\\-3&10\end{pmatrix}.$$

解 2 $(\boldsymbol{AB})^{\mathrm{T}}=\boldsymbol{B}^{\mathrm{T}}\boldsymbol{A}^{\mathrm{T}}=\begin{pmatrix}1&4&2\\7&2&0\\-1&3&1\end{pmatrix}\begin{pmatrix}2&1\\0&3\\-1&2\end{pmatrix}=\begin{pmatrix}0&17\\14&13\\-3&10\end{pmatrix}$.

例 1.5 已知矩阵 $\boldsymbol{A}=\begin{pmatrix}3&2&9&6\\-1&-3&4&-17\\1&4&-7&3\\-1&-4&7&-3\end{pmatrix}$，对 $\boldsymbol{A}$ 作如下初等行变换：

$$\boldsymbol{A}=\begin{pmatrix}3&2&9&6\\-1&-3&4&-17\\1&4&-7&3\\-1&-4&7&-3\end{pmatrix}\xrightarrow{r_1\leftrightarrow r_3}\begin{pmatrix}1&4&-7&3\\-1&-3&4&-17\\3&2&9&6\\-1&-4&7&-3\end{pmatrix}$$

$$\xrightarrow[\substack{r_3-3r_1\\r_4+r_1}]{r_2+r_1}\begin{pmatrix}1&4&-7&3\\0&1&-3&-14\\0&-10&30&-3\\0&0&0&0\end{pmatrix}\xrightarrow{r_3+10r_2}\begin{pmatrix}1&4&-7&3\\0&1&-3&-14\\0&0&0&-143\\0&0&0&0\end{pmatrix}=\boldsymbol{B}.$$

矩阵 $\boldsymbol{B}$ 依其形状的特点称为行阶梯形矩阵. 例如，矩阵 $\begin{pmatrix}2&3&7&0&3\\0&-2&4&2&1\\0&0&0&3&2\\0&0&0&0&0\end{pmatrix}$ 是一个行阶梯形矩阵，但下列矩阵都不是行阶梯形矩阵.

$$\begin{pmatrix}1&2&4&0\\0&0&2&1\\0&3&0&-2\\0&0&0&0\end{pmatrix},\quad\begin{pmatrix}1&2&-1&3&4\\0&3&4&8&0\\0&3&8&1&-2\\0&0&0&0&0\end{pmatrix},\quad\begin{pmatrix}4&-1&2&3\\0&0&0&0\\0&1&4&5\\0&0&0&0\end{pmatrix}.$$

将例 1.3 中的矩阵 $\boldsymbol{B}$ 再作初等行变换：

$$\boldsymbol{B}=\begin{pmatrix}1&4&-7&3\\0&1&-3&-14\\0&0&0&-143\\0&0&0&0\end{pmatrix}\xrightarrow[\left(-\frac{1}{143}\right)r_3]{r_1-4r_2}\begin{pmatrix}1&0&5&59\\0&1&-3&-14\\0&0&0&1\\0&0&0&0\end{pmatrix}\xrightarrow[r_2+14r_3]{r_1-59r_3}\begin{pmatrix}1&0&5&0\\0&1&-3&0\\0&0&0&1\\0&0&0&0\end{pmatrix}=\boldsymbol{C}.$$

称这种特殊形状的阶梯形矩阵 $\boldsymbol{C}$ 为**行最简形矩阵**.

对矩阵 $\boldsymbol{C}$ 进行初等列变换：

$$\boldsymbol{C}=\begin{pmatrix}1&0&5&0\\0&1&-3&0\\0&0&0&1\\0&0&0&0\end{pmatrix}\xrightarrow{c_3\leftrightarrow c_4}\begin{pmatrix}1&0&0&5\\0&1&0&-3\\0&0&1&0\\0&0&0&0\end{pmatrix}\xrightarrow{c_4-5c_1}\begin{pmatrix}1&0&0&0\\0&1&0&-3\\0&0&1&0\\0&0&0&0\end{pmatrix}$$

$$\xrightarrow{c_4+3c_2}\begin{pmatrix}1&0&0&0\\0&1&0&0\\0&0&1&0\\0&0&0&0\end{pmatrix}=\boldsymbol{D}=\begin{pmatrix}\boldsymbol{E}_3&\boldsymbol{O}\\\boldsymbol{O}&\boldsymbol{O}\end{pmatrix}.$$

矩阵 $\boldsymbol{D}$ 称为矩阵 $\boldsymbol{A}$ 的**标准形**. 其特点是 $\boldsymbol{D}$ 的左上角为一个单位矩阵，其余元素全为 0.

例 1.6　用初等变换将矩阵 $\begin{pmatrix}0&2&-4\\-1&-4&5\\3&1&7\\0&5&-10\\2&3&0\end{pmatrix}$ 化为标准形.

解

$$\begin{pmatrix}0&2&-4\\-1&-4&5\\3&1&7\\0&5&-10\\2&3&0\end{pmatrix}\xrightarrow{r_1\leftrightarrow r_2}\begin{pmatrix}-1&-4&5\\0&2&-4\\3&1&7\\0&5&-10\\2&3&0\end{pmatrix}$$

$$\xrightarrow[r_5+2r_1]{r_3+3r_1}\begin{pmatrix}-1&-4&5\\0&2&-4\\0&-11&22\\0&5&-10\\0&-5&10\end{pmatrix}\longrightarrow\begin{pmatrix}-1&-4&5\\0&2&-4\\0&0&0\\0&0&0\\0&0&0\end{pmatrix}$$

$$\xrightarrow{r_1+2r_2}\begin{pmatrix}-1&0&-3\\0&2&-4\\0&0&0\\0&0&0\\0&0&0\end{pmatrix}\xrightarrow[\frac{1}{2}r_2]{-r_1}\begin{pmatrix}1&0&2\\0&1&-2\\0&0&0\\0&0&0\\0&0&0\end{pmatrix}$$

$$\xrightarrow{c_3-2c_1}\begin{pmatrix}1&0&0\\0&1&-2\\0&0&0\\0&0&0\\0&0&0\end{pmatrix}\xrightarrow{c_3+2c_2}\begin{pmatrix}1&0&0\\0&1&0\\0&0&0\\0&0&0\\0&0&0\end{pmatrix}$$

$$=\begin{pmatrix}\boldsymbol{E}_2&\boldsymbol{O}\\\boldsymbol{O}&\boldsymbol{O}\end{pmatrix}.$$

例 1.7 设 $\boldsymbol{A}=\begin{pmatrix} a_{11} & a_{12} & a_{13} \\ a_{21} & a_{22} & a_{23} \\ a_{31} & a_{32} & a_{33} \end{pmatrix}$，则

$$\boldsymbol{E}(2,3)\boldsymbol{A}=\begin{pmatrix} 1 & 0 & 0 \\ 0 & 0 & 1 \\ 0 & 1 & 0 \end{pmatrix}\begin{pmatrix} a_{11} & a_{12} & a_{13} \\ a_{21} & a_{22} & a_{23} \\ a_{31} & a_{32} & a_{33} \end{pmatrix}=\begin{pmatrix} a_{11} & a_{12} & a_{13} \\ a_{31} & a_{32} & a_{33} \\ a_{21} & a_{22} & a_{23} \end{pmatrix}.$$

$$\boldsymbol{AE}(13(k))=\begin{pmatrix} a_{11} & a_{12} & a_{13} \\ a_{21} & a_{22} & a_{23} \\ a_{31} & a_{32} & a_{33} \end{pmatrix}\begin{pmatrix} 1 & 0 & k \\ 0 & 1 & 0 \\ 0 & 0 & 1 \end{pmatrix}=\begin{pmatrix} a_{11} & a_{12} & ka_{11}+a_{13} \\ a_{21} & a_{22} & ka_{21}+a_{23} \\ a_{31} & a_{32} & ka_{31}+a_{33} \end{pmatrix}.$$

例 1.8 设 $\boldsymbol{A}=\begin{pmatrix} 0 & 2 & 1 \\ 1 & 1 & 2 \\ -1 & -1 & -1 \end{pmatrix}$，求 $\boldsymbol{A}^{-1}$.

解 $(\boldsymbol{A} \vdots \boldsymbol{E})=\begin{pmatrix} 0 & 2 & -1 & 1 & 0 & 0 \\ 1 & 1 & 2 & 0 & 1 & 0 \\ -1 & -1 & -1 & 0 & 0 & 1 \end{pmatrix}\xrightarrow{r_1\leftrightarrow r_2}\begin{pmatrix} 1 & 1 & 2 & 0 & 1 & 0 \\ 0 & 2 & -1 & 1 & 0 & 0 \\ -1 & -1 & -1 & 0 & 0 & 1 \end{pmatrix}$

$$\xrightarrow{r_3+r_1}\begin{pmatrix} 1 & 1 & 2 & 0 & 1 & 0 \\ 0 & 2 & -1 & 1 & 0 & 0 \\ 0 & 0 & 1 & 0 & 1 & 1 \end{pmatrix}\xrightarrow{\frac{1}{2}r_2}\begin{pmatrix} 1 & 1 & 2 & 0 & 1 & 0 \\ 0 & 1 & -\frac{1}{2} & \frac{1}{2} & 0 & 0 \\ 0 & 0 & 1 & 0 & 1 & 1 \end{pmatrix}$$

$$\xrightarrow{r_1-r_2}\begin{pmatrix} 1 & 0 & \frac{5}{2} & -\frac{1}{2} & 1 & 0 \\ 0 & 1 & -\frac{1}{2} & \frac{1}{2} & 0 & 0 \\ 0 & 0 & 1 & 0 & 1 & 1 \end{pmatrix}$$

$$\xrightarrow[r_2+\frac{1}{2}r_3]{r_1-\frac{5}{2}r_3}\begin{pmatrix} 1 & 0 & 0 & -\frac{1}{2} & -\frac{3}{2} & -\frac{5}{2} \\ 0 & 1 & 0 & \frac{1}{2} & \frac{1}{2} & \frac{1}{2} \\ 0 & 0 & 1 & 0 & 1 & 1 \end{pmatrix}$$

所以，$\boldsymbol{A}^{-1}=\begin{pmatrix} -\frac{1}{2} & -\frac{3}{2} & -\frac{5}{2} \\ \frac{1}{2} & \frac{1}{2} & \frac{1}{2} \\ 0 & 1 & 1 \end{pmatrix}$.

例 1.9 求矩阵 $\boldsymbol{X}$，使 $\boldsymbol{AX}=\boldsymbol{B}$，其中 $\boldsymbol{A}=\begin{pmatrix} 1 & 2 & 3 \\ 2 & 2 & 1 \\ 3 & 4 & 3 \end{pmatrix}$，$\boldsymbol{B}=\begin{pmatrix} 2 & 5 \\ 3 & 1 \\ 4 & 3 \end{pmatrix}$.

解 $|\boldsymbol{A}|=\begin{vmatrix} 1 & 2 & 3 \\ 2 & 2 & 1 \\ 3 & 4 & 3 \end{vmatrix}=2\neq 0$，所以 $\boldsymbol{A}$ 可逆，且 $\boldsymbol{X}=\boldsymbol{A}^{-1}\boldsymbol{B}$.

$$(\boldsymbol{A} \mid \boldsymbol{B})=\begin{pmatrix}1&2&3&2&5\\2&2&1&3&1\\3&4&3&4&3\end{pmatrix}\xrightarrow[r_3-3r_1]{r_2-2r_1}\begin{pmatrix}1&2&3&2&5\\0&-2&-5&-1&-9\\0&-2&-6&-2&-12\end{pmatrix}$$

$$\xrightarrow[r_3-r_2]{r_1+r_2}\begin{pmatrix}1&0&-2&1&-4\\0&-2&-5&-1&-9\\0&0&-1&-1&-3\end{pmatrix}$$

$$\xrightarrow[r_2-5r_3]{r_1-2r_3}\begin{pmatrix}1&0&0&3&2\\0&-2&0&4&6\\0&0&-1&-1&-3\end{pmatrix}$$

$$\xrightarrow[-r_3]{-\frac{1}{2}r_2}\begin{pmatrix}1&0&0&3&2\\0&1&0&-2&-3\\0&0&1&1&3\end{pmatrix},$$

所以 $\boldsymbol{X}=\begin{pmatrix}3&2\\-2&-3\\1&3\end{pmatrix}$.

例 1.10　$\boldsymbol{A}=\begin{pmatrix}5&0&0\\0&3&1\\0&2&1\end{pmatrix}$，求 $\boldsymbol{A}^{-1}$.

解　设 $\boldsymbol{A}_1=5$，$\boldsymbol{A}_2=\begin{pmatrix}3&1\\2&1\end{pmatrix}$，则 $\boldsymbol{A}=\begin{pmatrix}\boldsymbol{A}_1&\boldsymbol{O}\\\boldsymbol{O}&\boldsymbol{A}_2\end{pmatrix}$.

$$\boldsymbol{A}_1^{-1}=\frac{1}{5},\ \boldsymbol{A}_2^{-1}=\begin{pmatrix}1&-1\\-2&3\end{pmatrix},\text{则 }\boldsymbol{A}^{-1}=\begin{pmatrix}\boldsymbol{A}_1^{-1}&\boldsymbol{O}\\\boldsymbol{O}&\boldsymbol{A}_2^{-1}\end{pmatrix}=\begin{pmatrix}\frac{1}{5}&0&0\\0&1&-1\\0&-2&3\end{pmatrix}.$$

例 1.11　设 $\boldsymbol{X}=\begin{pmatrix}\boldsymbol{A}&\boldsymbol{O}\\\boldsymbol{B}&\boldsymbol{C}\end{pmatrix}$，$\boldsymbol{A}$、$\boldsymbol{C}$ 为可逆方阵，求 $\boldsymbol{X}^{-1}$.

解　设 $\boldsymbol{X}^{-1}=\begin{pmatrix}\boldsymbol{X}_{11}&\boldsymbol{X}_{12}\\\boldsymbol{X}_{21}&\boldsymbol{X}_{22}\end{pmatrix}$，则由 $\boldsymbol{X}\boldsymbol{X}^{-1}=\boldsymbol{E}$ 得

$$\begin{pmatrix}\boldsymbol{A}&\boldsymbol{O}\\\boldsymbol{B}&\boldsymbol{C}\end{pmatrix}\begin{pmatrix}\boldsymbol{X}_{11}&\boldsymbol{X}_{12}\\\boldsymbol{X}_{21}&\boldsymbol{X}_{22}\end{pmatrix}=\begin{pmatrix}\boldsymbol{E}_1&\boldsymbol{O}\\\boldsymbol{O}&\boldsymbol{E}_2\end{pmatrix}.$$

其中 $\boldsymbol{E}=\begin{pmatrix}\boldsymbol{E}_1&\boldsymbol{O}\\\boldsymbol{O}&\boldsymbol{E}_2\end{pmatrix}$.

按乘法规则，得

$$\begin{cases}\boldsymbol{A}\boldsymbol{X}_{11}=\boldsymbol{E}\\\boldsymbol{A}\boldsymbol{X}_{12}=\boldsymbol{O}\\\boldsymbol{B}\boldsymbol{X}_{11}+\boldsymbol{C}\boldsymbol{X}_{21}=\boldsymbol{O}.\\\boldsymbol{B}\boldsymbol{X}_{12}+\boldsymbol{C}\boldsymbol{X}_{22}=\boldsymbol{E}\end{cases}$$

解得 $\boldsymbol{X}_{11}=\boldsymbol{A}^{-1}$，$\boldsymbol{X}_{12}=\boldsymbol{O}$，$\boldsymbol{X}_{21}=-\boldsymbol{C}^{-1}\boldsymbol{B}\boldsymbol{A}^{-1}$，$\boldsymbol{X}_{22}=\boldsymbol{C}^{-1}$. 故 $\boldsymbol{X}^{-1}=\begin{pmatrix}\boldsymbol{A}^{-1}&\boldsymbol{O}\\-\boldsymbol{C}^{-1}\boldsymbol{B}\boldsymbol{A}^{-1}&\boldsymbol{C}^{-1}\end{pmatrix}$.

（二）拓展题

1. 矩阵的加、减、乘、转置运算

例 1.12 设矩阵 $\boldsymbol{A}=(1,\ 2)$，$\boldsymbol{B}=\begin{pmatrix}1&2\\3&4\end{pmatrix}$，$\boldsymbol{C}=\begin{pmatrix}1&2&3\\4&5&6\end{pmatrix}$，则下列矩阵运算中有意义的是(　　)

A. $\boldsymbol{ACB}$　　B. $\boldsymbol{ABC}$　　C. $\boldsymbol{BAC}$　　D. $\boldsymbol{CAB}$

分析 矩阵相乘有意义的充分必要条件.

答案 B.

例 1.13 矩阵 $\boldsymbol{A}$，$\boldsymbol{B}$，$\boldsymbol{C}$ 为同阶方阵，则 $(\boldsymbol{ABC})^{\mathrm{T}}=$(　　).

A. $\boldsymbol{A}^{\mathrm{T}}\boldsymbol{B}^{\mathrm{T}}\boldsymbol{C}^{\mathrm{T}}$　　B. $\boldsymbol{C}^{\mathrm{T}}\boldsymbol{B}^{\mathrm{T}}\boldsymbol{A}^{\mathrm{T}}$　　C. $\boldsymbol{C}^{\mathrm{T}}\boldsymbol{A}^{\mathrm{T}}\boldsymbol{B}^{\mathrm{T}}$　　D. $\boldsymbol{A}^{\mathrm{T}}\boldsymbol{C}^{\mathrm{T}}\boldsymbol{B}^{\mathrm{T}}$

分析 矩阵转置运算的性质 $(\boldsymbol{AB})^{\mathrm{T}}=\boldsymbol{B}^{\mathrm{T}}\boldsymbol{A}^{\mathrm{T}}$.

答案 B.

例 1.14 设 $\boldsymbol{\alpha}=(1,\ 2,\ 3)$，$\boldsymbol{\beta}=(1,\ -1,\ 1)$，令 $\boldsymbol{A}=\boldsymbol{\alpha}^{\mathrm{T}}\boldsymbol{\beta}$，试求 $\boldsymbol{A}^5$.

分析 矩阵乘法的一个常用技巧.

解 因为 $\boldsymbol{A}=\boldsymbol{\alpha}^{\mathrm{T}}\boldsymbol{\beta}=\begin{pmatrix}1&-1&1\\2&-2&2\\3&-3&3\end{pmatrix}$，$\boldsymbol{\beta\alpha}^{\mathrm{T}}=(1,\ -1,\ 1)\begin{pmatrix}1\\2\\3\end{pmatrix}=2$，所以

$$\begin{aligned}\boldsymbol{A}^5&=\boldsymbol{\alpha}^{\mathrm{T}}\boldsymbol{\beta\alpha}^{\mathrm{T}}\boldsymbol{\beta\alpha}^{\mathrm{T}}\boldsymbol{\beta\alpha}^{\mathrm{T}}\boldsymbol{\beta\alpha}^{\mathrm{T}}\boldsymbol{\beta}=\boldsymbol{\alpha}^{\mathrm{T}}(\boldsymbol{\beta\alpha}^{\mathrm{T}})(\boldsymbol{\beta\alpha}^{\mathrm{T}})(\boldsymbol{\beta\alpha}^{\mathrm{T}})(\boldsymbol{\beta\alpha}^{\mathrm{T}})\boldsymbol{\beta}\\&=(\boldsymbol{\beta\alpha}^{\mathrm{T}})^4\boldsymbol{\alpha}^{\mathrm{T}}\boldsymbol{\beta}=2^4\boldsymbol{\alpha}^{\mathrm{T}}\boldsymbol{\beta}=2^4\begin{pmatrix}1&-1&1\\2&-2&2\\3&-3&3\end{pmatrix}=32\begin{pmatrix}1&-1&1\\2&-2&2\\3&-3&3\end{pmatrix}.\end{aligned}$$

答案 $32\begin{pmatrix}1&-1&1\\2&-2&2\\3&-3&3\end{pmatrix}$.

例 1.15 $\boldsymbol{A}$ 为任意 n 阶矩阵，下列矩阵中为反对称矩阵的是(　　).

A. $\boldsymbol{A}+\boldsymbol{A}^{\mathrm{T}}$　　B. $\boldsymbol{A}-\boldsymbol{A}^{\mathrm{T}}$

C. $\boldsymbol{AA}^{\mathrm{T}}$　　D. $\boldsymbol{A}^{\mathrm{T}}\boldsymbol{A}$

解 $(\boldsymbol{A}+\boldsymbol{A}^{\mathrm{T}})^{\mathrm{T}}=\boldsymbol{A}^{\mathrm{T}}+(\boldsymbol{A}^{\mathrm{T}})^{\mathrm{T}}=\boldsymbol{A}^{\mathrm{T}}+\boldsymbol{A}=\boldsymbol{A}+\boldsymbol{A}^{\mathrm{T}}$，故 $\boldsymbol{A}+\boldsymbol{A}^{\mathrm{T}}$ 为对称阵.

$(\boldsymbol{A}-\boldsymbol{A}^{\mathrm{T}})^{\mathrm{T}}=\boldsymbol{A}^{\mathrm{T}}-\boldsymbol{A}=-(\boldsymbol{A}-\boldsymbol{A}^{\mathrm{T}})$，故 $\boldsymbol{A}-\boldsymbol{A}^{\mathrm{T}}$ 为反对称阵.

$(\boldsymbol{AA}^{\mathrm{T}})^{\mathrm{T}}=\boldsymbol{AA}^{\mathrm{T}}$，故 $\boldsymbol{AA}^{\mathrm{T}}$ 为对称阵. 同理 $\boldsymbol{A}^{\mathrm{T}}\boldsymbol{A}$ 也为对称阵.

答案 B.

例 1.16 已知矩阵 $\boldsymbol{A}=\begin{pmatrix}1&-1\\2&3\end{pmatrix}$，$\boldsymbol{E}$ 为 2 阶单位矩阵，令 $\boldsymbol{B}=\boldsymbol{A}^2-3\boldsymbol{A}+2\boldsymbol{E}$，求 $\boldsymbol{B}$.

分析 方阵多项式的概念.

解

$$\begin{aligned}\boldsymbol{B}&=\boldsymbol{A}^2-3\boldsymbol{A}+2\boldsymbol{E}=\begin{pmatrix}1&-1\\2&3\end{pmatrix}\begin{pmatrix}1&-1\\2&3\end{pmatrix}-3\begin{pmatrix}1&-1\\2&3\end{pmatrix}+2\begin{pmatrix}1&0\\0&1\end{pmatrix}\\&=\begin{pmatrix}-1&-4\\8&7\end{pmatrix}-\begin{pmatrix}3&-3\\6&9\end{pmatrix}+\begin{pmatrix}2&0\\0&2\end{pmatrix}=\begin{pmatrix}-2&-1\\2&0\end{pmatrix}.\end{aligned}$$

2. 逆矩阵相关问题

例 1.17　设 $\boldsymbol{A}$ 为 2 阶可逆矩阵，且已知 $(2\boldsymbol{A})^{-1}=\begin{pmatrix}1&2\\3&4\end{pmatrix}$，则 $\boldsymbol{A}=$(　　).

A. $2\begin{pmatrix}1&2\\3&4\end{pmatrix}$　　B. $\frac{1}{2}\begin{pmatrix}1&2\\3&4\end{pmatrix}$　　C. $2\begin{pmatrix}1&2\\3&4\end{pmatrix}^{-1}$　　D. $\frac{1}{2}\begin{pmatrix}1&2\\3&4\end{pmatrix}^{-1}$

分析　逆矩阵的性质.

解　由 $(2\boldsymbol{A})^{-1}=\begin{pmatrix}1&2\\3&4\end{pmatrix}$，所以 $2\boldsymbol{A}=\begin{pmatrix}1&2\\3&4\end{pmatrix}^{-1}$ 故 $\boldsymbol{A}=\frac{1}{2}\begin{pmatrix}1&2\\3&4\end{pmatrix}^{-1}$.

答案　D.

例 1.18　设 $\boldsymbol{A}=\begin{pmatrix}1&0&1\\2&1&0\\-3&2&-5\end{pmatrix}$，求 $\boldsymbol{A}^{-1}$.

分析　根据初等变换法求逆矩阵.

解　
$$(\boldsymbol{A}\mid\boldsymbol{E})=\begin{pmatrix}1&0&1&1&0&0\\2&1&0&0&1&0\\-3&2&-5&0&0&1\end{pmatrix}\xrightarrow{r_2-2r_1,\ r_3+3r_1}\begin{pmatrix}1&0&1&1&0&0\\0&1&-2&-2&1&0\\0&2&-2&3&0&1\end{pmatrix}$$
$$\xrightarrow{r_3-2r_2}\begin{pmatrix}1&0&1&1&0&0\\0&1&-2&-2&1&0\\0&0&2&7&-2&1\end{pmatrix}\xrightarrow{\frac{1}{2}r_3}\begin{pmatrix}1&0&1&1&0&0\\0&1&-2&-2&1&0\\0&0&1&\frac{7}{2}&-1&\frac{1}{2}\end{pmatrix}$$
$$\xrightarrow{r_2+2r_3,\ r_1-r_3}\begin{pmatrix}1&0&0&-\frac{5}{2}&1&-\frac{1}{2}\\0&1&0&5&-1&1\\0&0&1&\frac{7}{2}&-1&\frac{1}{2}\end{pmatrix}.$$

所以 $\boldsymbol{A}^{-1}=\begin{pmatrix}-\frac{5}{2}&1&-\frac{1}{2}\\5&-1&1\\\frac{7}{2}&-1&\frac{1}{2}\end{pmatrix}$.

注意：一定要验算.

例 1.19　已知 $\boldsymbol{A}^2-2\boldsymbol{A}-8\boldsymbol{E}=\boldsymbol{O}$，则 $(\boldsymbol{A}+\boldsymbol{E})^{-1}=$__________.

分析　关于逆矩阵的重要推论.

若 $\boldsymbol{A}$、$\boldsymbol{B}$ 都是 n 阶矩阵，且满足 $\boldsymbol{AB}=\boldsymbol{E}_n$，则 $\boldsymbol{A}$、$\boldsymbol{B}$ 都可逆，且 $\boldsymbol{A}^{-1}=\boldsymbol{B}$，$\boldsymbol{B}^{-1}=\boldsymbol{A}$.

解　由 $\boldsymbol{A}^2-2\boldsymbol{A}-8\boldsymbol{E}=\boldsymbol{O}$ 得 $\boldsymbol{A}^2+\boldsymbol{A}-3\boldsymbol{A}-3\boldsymbol{E}-5\boldsymbol{E}=\boldsymbol{O}$，即 $(\boldsymbol{A}+\boldsymbol{E})(\boldsymbol{A}-3\boldsymbol{E})=5\boldsymbol{E}$，即 $(\boldsymbol{A}+\boldsymbol{E})\frac{(\boldsymbol{A}-3\boldsymbol{E})}{5}=\boldsymbol{E}$，故 $(\boldsymbol{A}+\boldsymbol{E})^{-1}=\frac{1}{5}(\boldsymbol{A}-3\boldsymbol{E})$.

答案　$(\boldsymbol{A}+\boldsymbol{E})^{-1}=\frac{1}{5}(\boldsymbol{A}-3\boldsymbol{E})$.

例 1.20 设 $\boldsymbol{A}$ 是 n 阶方阵，且 $(\boldsymbol{A}+\boldsymbol{E})^2=\boldsymbol{O}$，证明 $\boldsymbol{A}$ 可逆.

分析 $\boldsymbol{AB}=\boldsymbol{E}$，则 $\boldsymbol{A}$、$\boldsymbol{B}$ 都可逆，且 $\boldsymbol{A}^{-1}=\boldsymbol{B}$，$\boldsymbol{B}^{-1}=\boldsymbol{A}$.

证明 因为 $(\boldsymbol{A}+\boldsymbol{E})^2=\boldsymbol{O}$，即 $\boldsymbol{A}^2+2\boldsymbol{A}+\boldsymbol{E}=\boldsymbol{O}$，所以 $-\boldsymbol{A}(\boldsymbol{A}+2\boldsymbol{E})=\boldsymbol{E}$. 故 $\boldsymbol{A}$ 可逆，且 $\boldsymbol{A}^{-1}=-(\boldsymbol{A}+2\boldsymbol{E})$.

例 1.21 设 n 阶方阵 $\boldsymbol{A}$ 满足 $\boldsymbol{A}^m=\boldsymbol{O}$，其中 m 为正整数，证明 $\boldsymbol{E}-\boldsymbol{A}$ 可逆，且

$$(\boldsymbol{E}-\boldsymbol{A})^{-1}=\boldsymbol{E}+\boldsymbol{A}+\boldsymbol{A}^2+\cdots+\boldsymbol{A}^{m-1}$$

分析 只要证明 $(\boldsymbol{E}-\boldsymbol{A})(\boldsymbol{E}+\boldsymbol{A}+\boldsymbol{A}^2+\cdots+\boldsymbol{A}^{m-1})=\boldsymbol{E}$ 即可.

证明 因为

$$\begin{aligned}&(\boldsymbol{E}-\boldsymbol{A})(\boldsymbol{E}+\boldsymbol{A}+\boldsymbol{A}^2+\cdots+\boldsymbol{A}^{m-1})\\&=\boldsymbol{E}-\boldsymbol{A}+\boldsymbol{A}-\boldsymbol{A}^2+\boldsymbol{A}^2-+\cdots-\boldsymbol{A}^m\\&=\boldsymbol{E}-\boldsymbol{A}^m=\boldsymbol{E},\end{aligned}$$

故 $(\boldsymbol{E}-\boldsymbol{A})^{-1}=\boldsymbol{E}+\boldsymbol{A}+\boldsymbol{A}^2+\cdots+\boldsymbol{A}^{m-1}$.

3. 初等矩阵相关问题

例 1.22 下列矩阵中，是初等矩阵的是（　　）.

A. $\begin{pmatrix}1&0\\0&0\end{pmatrix}$　　B. $\begin{pmatrix}0&1&-1\\-1&0&1\\0&0&1\end{pmatrix}$

C. $\begin{pmatrix}1&0&0\\0&1&0\\1&0&1\end{pmatrix}$　　D. $\begin{pmatrix}0&1&0\\0&0&3\\1&0&0\end{pmatrix}$

分析 根据初等矩阵的定义和性质.

解 因为 $\begin{pmatrix}1&0&0\\0&1&0\\1&0&1\end{pmatrix}$ 是由单位矩阵经第三行加第一行得到的，所以选项 C 是初等矩阵.

答案 C.

例 1.23 设三阶矩阵 $\boldsymbol{A}=\begin{pmatrix}a_{11}&a_{12}&a_{13}\\a_{21}&a_{22}&a_{23}\\a_{31}&a_{32}&a_{33}\end{pmatrix}$，若存在初等矩阵 $\boldsymbol{P}$，使得

$$\boldsymbol{PA}=\begin{pmatrix}a_{11}-2a_{31}&a_{12}-2a_{32}&a_{13}-2a_{33}\\a_{21}&a_{22}&a_{23}\\a_{31}&a_{32}&a_{33}\end{pmatrix},$$

则 $P=$（　　）.

A. $\begin{pmatrix}1&0&0\\0&1&0\\-2&0&1\end{pmatrix}$　　B. $\begin{pmatrix}1&0&-2\\0&1&0\\0&0&1\end{pmatrix}$

C. $\begin{pmatrix}1&0&0\\-2&1&0\\0&0&1\end{pmatrix}$　　D. $\begin{pmatrix}1&-2&0\\0&1&0\\0&0&1\end{pmatrix}$

分析 矩阵的初等变换和用初等矩阵乘的关系.

答案　B.

4. 线性方程组相关问题

例 1.24　求解线性方程组

$$\begin{cases} x_1+x_2-2x_3-x_4=4 \\ 3x_1-2x_2-x_3+2x_4=2 \\ 2x_1+3x_2-5x_3-3x_4=10 \end{cases}.$$

解　对增广矩阵作初等行变换将其化为行阶梯形矩阵

$$(\boldsymbol{A} \mid b)=\begin{pmatrix} 1 & 1 & -2 & -1 & 4 \\ 3 & -2 & -1 & 2 & 2 \\ 2 & 3 & -5 & -3 & 10 \end{pmatrix} \to \begin{pmatrix} 1 & 1 & -2 & -1 & 4 \\ 0 & 1 & -1 & -1 & 2 \\ 0 & 0 & 0 & 0 & 0 \end{pmatrix}$$

对应的行阶梯形方程组为

$$\begin{cases} x_1+x_2-2x_3-x_4=4 \\ \quad x_2-x_3-x_4=2 \end{cases},$$

即 $\begin{cases} x_1+x_2=2x_3+x_4+4 \\ x_2= x_3+x_4+2 \end{cases}$，继续对行阶梯形矩阵进行初等行变换：

$$(\boldsymbol{A} \mid \boldsymbol{b}) \to \begin{pmatrix} 1 & 0 & -1 & 0 & 2 \\ 0 & 1 & -1 & -1 & 2 \\ 0 & 0 & 0 & 0 & 0 \end{pmatrix}$$

对应的同解方程组为

$$\begin{cases} x_1=x_3 \qquad +2 \\ x_2=x_3+x_4+2 \end{cases},$$

令 $x_3=c_1$，$x_4=c_2$，则原方程组的通解为$\begin{cases} x_1=c_1+2 \\ x_2=c_1+c_2+2 \\ x_3=c_1 \\ x_4=c_2 \end{cases}$　（c_1、c_2 为任意实数），

由于 x_3、x_4 可以自由取值，称 x_3、x_4 为**自由未知量**，x_1、x_2 为**约束未知量**.

例 1.25　求解线性方程组

$$\begin{cases} x_1-2x_2+3x_3=1 \\ 3x_1-x_2+5x_3=2 \\ 2x_1+x_2+2x_3=3 \end{cases}.$$

解　对增广矩阵作初等行变换将其化为行阶梯形矩阵

$$\begin{pmatrix} 1 & -2 & 3 & 1 \\ 3 & 1 & 5 & 2 \\ 2 & 1 & 2 & 3 \end{pmatrix} \to \begin{pmatrix} 1 & -2 & 3 & 1 \\ 0 & 5 & -4 & -1 \\ 0 & 5 & -4 & 1 \end{pmatrix} \to \begin{pmatrix} 1 & -2 & 3 & 1 \\ 0 & 5 & -4 & -1 \\ 0 & 0 & 0 & 2 \end{pmatrix},$$

对应的行阶梯形方程组为

$$\begin{cases} x_1-2x_2+3x_3=1 \\ \qquad 5x_2-4x_3=-1 \\ \qquad\qquad 0=2 \end{cases},$$

最后一个方程是矛盾方程，所以原方程组无解.

5. 矩阵方程相关问题

例 1.26 设矩阵 $\boldsymbol{A}=\begin{pmatrix}2&1\\5&3\end{pmatrix}$，$\boldsymbol{B}=\begin{pmatrix}1&3\\2&0\end{pmatrix}$，求矩阵方程 $\boldsymbol{XA}=\boldsymbol{B}$ 的解 $\boldsymbol{X}$.

分析 解矩阵方程.

解 $\boldsymbol{X}=\boldsymbol{BA}^{-1}=\begin{pmatrix}1&3\\2&0\end{pmatrix}\dfrac{1}{|\boldsymbol{A}|}\begin{pmatrix}3&-1\\-5&2\end{pmatrix}=\begin{pmatrix}-12&5\\6&-2\end{pmatrix}$.

注 求二阶矩阵的逆矩阵，使用 $\boldsymbol{A}^{-1}=\dfrac{1}{|\boldsymbol{A}|}\boldsymbol{A}^*$（见第 2 章）.

例 1.27 设 $\boldsymbol{A}$、$\boldsymbol{B}$ 均为 3 阶矩阵，$\boldsymbol{E}$ 为 3 阶单位矩阵，且满足 $\boldsymbol{AB}+\boldsymbol{E}=\boldsymbol{A}^2+\boldsymbol{B}$. 若已知 $\boldsymbol{A}=\begin{pmatrix}1&0&-1\\0&2&0\\-1&0&1\end{pmatrix}$，求矩阵 $\boldsymbol{B}$.

分析 解矩阵方程.

解 因为 $\boldsymbol{AB}+\boldsymbol{E}=\boldsymbol{A}^2+\boldsymbol{B}$，故 $\boldsymbol{AB}-\boldsymbol{B}=\boldsymbol{A}^2-\boldsymbol{E}$. 所以

$$(\boldsymbol{A}-\boldsymbol{E})\boldsymbol{B}=\boldsymbol{A}^2-\boldsymbol{E}=(\boldsymbol{A}-\boldsymbol{E})(\boldsymbol{A}+\boldsymbol{E}),$$

则

$$\boldsymbol{A}-\boldsymbol{E}=\begin{pmatrix}1&0&-1\\0&2&0\\-1&0&1\end{pmatrix}-\begin{pmatrix}1&0&0\\0&1&0\\0&0&1\end{pmatrix}=\begin{pmatrix}0&0&-1\\0&1&0\\-1&0&0\end{pmatrix},$$

显然 $\boldsymbol{A}-\boldsymbol{E}$ 可逆，应用消去律得

$$\boldsymbol{B}=\boldsymbol{A}+\boldsymbol{E}=\begin{pmatrix}2&0&-1\\0&3&0\\-1&0&2\end{pmatrix}.$$

经验算，有 $\boldsymbol{AB}+\boldsymbol{E}=\boldsymbol{A}^2+\boldsymbol{B}$.

例 1.28 已知 $\boldsymbol{A}=\begin{pmatrix}2&3\\1&0\end{pmatrix}$，$\boldsymbol{B}=\begin{pmatrix}-3&-1\\-2&1\end{pmatrix}$，$\boldsymbol{C}=\begin{pmatrix}0&-1&1\\1&2&0\end{pmatrix}$，$\boldsymbol{D}=\begin{pmatrix}1&2&0\\1&0&1\end{pmatrix}$，矩阵 $\boldsymbol{X}$ 满足方程 $\boldsymbol{AX}+\boldsymbol{BX}=\boldsymbol{D}-\boldsymbol{C}$，求 $\boldsymbol{X}$.

分析 求矩阵方程.

解 由 $\boldsymbol{AX}+\boldsymbol{BX}=\boldsymbol{D}-\boldsymbol{C}$ 得 $(\boldsymbol{A}+\boldsymbol{B})\boldsymbol{X}=\boldsymbol{D}-\boldsymbol{C}$，故

$$\boldsymbol{X}=(\boldsymbol{A}+\boldsymbol{B})^{-1}(\boldsymbol{D}-\boldsymbol{C}).$$

其中，$\boldsymbol{A}+\boldsymbol{B}=\begin{pmatrix}-1&2\\-1&1\end{pmatrix}$，$\boldsymbol{D}-\boldsymbol{C}=\begin{pmatrix}1&3&-1\\0&-2&1\end{pmatrix}$.

$$(\boldsymbol{A}+\boldsymbol{B}\ \vdots\ \boldsymbol{D}-\boldsymbol{C})=\begin{pmatrix}-1&2&1&3&-1\\-1&1&0&-2&1\end{pmatrix}\to\begin{pmatrix}1&-2&-1&-3&1\\-1&1&0&-2&1\end{pmatrix}\to$$

$$\begin{pmatrix}1&-2&-1&-3&1\\0&-1&-1&-5&2\end{pmatrix}\to\begin{pmatrix}1&-2&-1&-3&1\\0&1&1&5&-2\end{pmatrix}\to\begin{pmatrix}1&0&1&7&-3\\0&1&1&5&-2\end{pmatrix},$$

所以 $\boldsymbol{X}=\begin{pmatrix}1&7&-3\\1&5&-2\end{pmatrix}$.

注：验算.

(三) 历年考研真题

例 1.29(2022 年考研数一)　已知矩阵 $\boldsymbol{A}$ 和 $\boldsymbol{E}-\boldsymbol{A}$ 可逆，其中 $\boldsymbol{E}$ 为单位矩阵，若矩阵 $\boldsymbol{B}$ 满足 $(\boldsymbol{E}-(\boldsymbol{E}-\boldsymbol{A})^{-1})\boldsymbol{B}=\boldsymbol{A}$，则 $\boldsymbol{B}-\boldsymbol{A}=$____________.

解　对等式左乘 $\boldsymbol{E}-\boldsymbol{A}$，则

$$(\boldsymbol{E}-\boldsymbol{A})(\boldsymbol{E}-(\boldsymbol{E}-\boldsymbol{A})^{-1})\boldsymbol{B}=-\boldsymbol{A}\boldsymbol{B}=(\boldsymbol{E}-\boldsymbol{A})\boldsymbol{A}$$

即 $-\boldsymbol{A}\boldsymbol{B}=\boldsymbol{A}-\boldsymbol{A}^2$.

由于 $\boldsymbol{A}$ 可逆，因此左乘 $\boldsymbol{A}^{-1}$，得 $-\boldsymbol{B}=\boldsymbol{E}-\boldsymbol{A}$. 故 $\boldsymbol{B}-\boldsymbol{A}=-\boldsymbol{E}$.

例 1.30(2021 年考研数二)　已知矩阵 $\boldsymbol{A}=\begin{pmatrix}1 & 0 & -1\\ 2 & -1 & 1\\ -1 & 2 & -5\end{pmatrix}$，若存在下三角可逆矩阵 $\boldsymbol{P}$ 和上三角可逆矩阵 $\boldsymbol{Q}$，使矩阵 $\boldsymbol{A}$ 为对角矩阵，则 $\boldsymbol{P}$、$\boldsymbol{Q}$ 可分别为(　　).

A. $\begin{pmatrix}1 & 0 & 0\\ 0 & 1 & 0\\ 0 & 0 & 1\end{pmatrix}$，$\begin{pmatrix}1 & 0 & 1\\ 0 & 1 & 3\\ 0 & 0 & 1\end{pmatrix}$　　B. $\begin{pmatrix}1 & 0 & 0\\ 2 & -1 & 0\\ -3 & 2 & 1\end{pmatrix}$，$\begin{pmatrix}1 & 0 & 0\\ 0 & 1 & 0\\ 0 & 0 & 1\end{pmatrix}$

C. $\begin{pmatrix}1 & 0 & 0\\ 2 & -1 & 0\\ -3 & 2 & 1\end{pmatrix}$，$\begin{pmatrix}1 & 0 & 1\\ 0 & 1 & 3\\ 0 & 0 & 1\end{pmatrix}$　　D. $\begin{pmatrix}1 & 0 & 0\\ 0 & 1 & 0\\ 1 & 3 & 1\end{pmatrix}$，$\begin{pmatrix}1 & 2 & -3\\ 0 & -1 & 2\\ 0 & 0 & 1\end{pmatrix}$

解　对 $\boldsymbol{A}$ 作初等行变换，将其化为上三角矩阵 $\boldsymbol{F}$，有

$$(\boldsymbol{A}\ \vdots\ \boldsymbol{E})=\left(\begin{array}{ccc:ccc}1 & 0 & -1 & 1 & 0 & 0\\ 2 & -1 & 1 & 0 & 1 & 0\\ -1 & 2 & -5 & 0 & 0 & 1\end{array}\right)\to\left(\begin{array}{ccc:ccc}1 & 0 & -1 & 1 & 0 & 0\\ 0 & 1 & -3 & 2 & -1 & 0\\ 0 & 0 & 0 & -3 & 2 & 1\end{array}\right)=(\boldsymbol{F}\ \vdots\ \boldsymbol{P})$$

则 $\boldsymbol{P}=\begin{pmatrix}1 & 0 & 0\\ 2 & -1 & 0\\ -3 & 2 & 1\end{pmatrix}$，且 $\boldsymbol{P}\boldsymbol{A}=\boldsymbol{F}$.

再对 $\boldsymbol{F}$ 作变换化为对角矩阵 $\boldsymbol{\Lambda}$，可求 $\boldsymbol{Q}$.

$$\begin{pmatrix}\boldsymbol{F}\\ \hdashline \boldsymbol{E}\end{pmatrix}=\begin{pmatrix}1 & 0 & -1\\ 0 & 1 & -3\\ 0 & 0 & 0\\ 1 & 0 & 0\\ 0 & 1 & 0\\ 0 & 0 & 1\end{pmatrix}\to\begin{pmatrix}1 & 0 & 0\\ 0 & 1 & 0\\ 0 & 0 & 0\\ 1 & 0 & 1\\ 0 & 1 & 3\\ 0 & 0 & 1\end{pmatrix}=\begin{pmatrix}\boldsymbol{\Lambda}\\ \hdashline \boldsymbol{Q}\end{pmatrix}，则\ \boldsymbol{Q}=\begin{pmatrix}1 & 0 & 1\\ 0 & 1 & 3\\ 0 & 0 & 1\end{pmatrix}，并且\ \boldsymbol{P}\boldsymbol{Q}=\boldsymbol{\Lambda}.$$

故 $\boldsymbol{P}\boldsymbol{A}\boldsymbol{Q}=\boldsymbol{\Lambda}$，选 C.

注　本题可以使用矩阵乘法直接验证.

例 1.31(2020 年考研数一)　若矩阵 $\boldsymbol{A}$ 经初等列变换化成 $\boldsymbol{B}$，则

A. 存在矩阵 $\boldsymbol{P}$，使得 $\boldsymbol{P}\boldsymbol{A}=\boldsymbol{B}$.　　B. 存在矩阵 $\boldsymbol{P}$，使得 $\boldsymbol{B}\boldsymbol{P}=\boldsymbol{A}$.

C. 存在矩阵 $\boldsymbol{P}$，使得 $\boldsymbol{P}\boldsymbol{B}=\boldsymbol{A}$.　　D. 方程组 $\boldsymbol{A}\boldsymbol{x}=\boldsymbol{0}$ 与 $\boldsymbol{B}\boldsymbol{x}=\boldsymbol{0}$ 同解.

分析　对矩阵进行一次列变换相当于右乘一个相应的初等矩阵.

解 矩阵 $\boldsymbol{A}$ 经初等列变换化成 $\boldsymbol{B}$，所以存在可逆矩阵 $\boldsymbol{P}_1$，使得 $\boldsymbol{AP}_1=\boldsymbol{B}$，所以 $\boldsymbol{A}=\boldsymbol{BP}_1^{-1}$，令 $\boldsymbol{P}=\boldsymbol{P}_1^{-1}$，则 $\boldsymbol{A}=\boldsymbol{BP}$，故应选 B.

例 1.32(2020 年考研数一) 已知 a 是常数，且矩阵 $\boldsymbol{A}=\begin{pmatrix}1 & 2 & a\\ 1 & 3 & 0\\ 2 & 7 & -a\end{pmatrix}$可经初等列变换化为矩阵 $\boldsymbol{B}=\begin{pmatrix}1 & a & 2\\ 0 & 1 & 1\\ -1 & 1 & 1\end{pmatrix}$.

(1) 求 a；

(2) 求满足 $\boldsymbol{AP}=\boldsymbol{B}$ 的可逆矩阵 $\boldsymbol{B}$.

解 (1) 由于$|\boldsymbol{A}|=\begin{vmatrix}1 & 2 & a\\ 1 & 3 & 0\\ 2 & 7 & -a\end{vmatrix}=0$，则可知

$$|\boldsymbol{B}|=\begin{vmatrix}1 & a & 2\\ 0 & 1 & 1\\ -1 & 1 & 1\end{vmatrix}=1-a+2-1=0,\ a=2.$$

(2) 由 $\boldsymbol{AP}=\boldsymbol{B}$ 可知求 $\boldsymbol{P}$ 即解矩阵方程 $\boldsymbol{AX}=\boldsymbol{B}$.

设
$$\boldsymbol{P}=\begin{pmatrix}x_1 & x_2 & x_3\\ x_4 & x_5 & x_6\\ x_7 & x_8 & x_9\end{pmatrix},$$

$$(\boldsymbol{A} \mid \boldsymbol{B})=\begin{pmatrix}1 & 2 & a & 1 & 2 & 2\\ 1 & 3 & 0 & 0 & 1 & 1\\ 2 & 7 & -a & -1 & 1 & 1\end{pmatrix}\to\begin{pmatrix}1 & 2 & 2 & 1 & 2 & 2\\ 0 & 1 & -2 & -1 & -1 & -1\\ 0 & 3 & -6 & -3 & -3 & -3\end{pmatrix}$$

$$\to\begin{pmatrix}1 & 2 & 2 & 1 & 2 & 2\\ 0 & 1 & -2 & -1 & -1 & -1\\ 0 & 0 & 0 & 0 & 0 & 0\end{pmatrix},$$

得$\begin{cases}x_1+6x_7=3\\ x_4-2x_7=-1\\ x_2+6x_8=4\\ x_5-2x_8=-1\\ x_3+6x_9=4\\ x_6-2x_9=-1\end{cases}$ $\Rightarrow$ 设 $x_7=k_1$，$x_8=k_2$，$x_9=k_3$，得

$$\boldsymbol{P}=\begin{pmatrix}-6k_1+3 & -6k_2+4 & -6k_3+4\\ 2k_1-1 & 2k_2-1 & 2k_3-1\\ k_1 & k_2 & k_3\end{pmatrix}.$$

又 $\boldsymbol{P}$ 可逆，则$|\boldsymbol{P}|\neq 0$，即 $k_2\neq k_3$.

综上所述，$\boldsymbol{P}=\begin{pmatrix}-6k_1+3 & -6k_2+4 & -6k_3+4\\ 2k_1-1 & 2k_2-1 & 2k_3-1\\ k_1 & k_2 & k_3\end{pmatrix}$，其中，$k_1$，$k_2$，$k_3$ 为任意常数且 k_2

$\neq k_3$.

七、自 测 题

自测题(A)

一、填空题

1. 设 $\boldsymbol{\alpha}=(-2, 4, 1)$，$\boldsymbol{\beta}=(8, 2, 5)$，$\boldsymbol{x}$ 满足 $2\boldsymbol{\alpha}+3\boldsymbol{x}=\boldsymbol{\beta}$，则 $\boldsymbol{x}=$____________.

解　由 $2\boldsymbol{\alpha}+3\boldsymbol{x}=\boldsymbol{\beta}$，得 $\boldsymbol{x}=\frac{1}{3}(\boldsymbol{\beta}-2\boldsymbol{\alpha})=(4, -2, 1)$.

2. $\boldsymbol{A}$、$\boldsymbol{B}$ 均是 n 阶对称矩阵，则 $\boldsymbol{AB}$ 是对称矩阵的充要条件是____________.

解　$\boldsymbol{AB}=\boldsymbol{BA}$.

3. 设 $\boldsymbol{A}=\begin{pmatrix}a_1\\a_2\\a_3\end{pmatrix}$，$\boldsymbol{B}=\begin{pmatrix}b_1\\b_2\\b_3\end{pmatrix}$，已知 $\boldsymbol{AB}^{\mathrm{T}}=\begin{pmatrix}2&-1&5\\6&3&1\\-2&0&4\end{pmatrix}$，则 $\boldsymbol{A}^{\mathrm{T}}\boldsymbol{B}=$____________.

解　因为 $\boldsymbol{A}=\begin{pmatrix}a_1\\a_2\\a_3\end{pmatrix}$，$\boldsymbol{B}=\begin{pmatrix}b_1\\b_2\\b_3\end{pmatrix}$，所以

$$\boldsymbol{AB}^{\mathrm{T}}=\begin{pmatrix}a_1b_1&a_1b_2&a_1b_3\\a_2b_1&a_2b_2&a_2b_3\\a_3b_1&a_3b_2&a_3b_3\end{pmatrix}=\begin{pmatrix}2&-1&5\\6&3&1\\-2&0&4\end{pmatrix},$$

所以 $\boldsymbol{A}^{\mathrm{T}}\boldsymbol{B}=(a_1b_1+a_2b_2+a_3b_3)=9$.

4. 已知 $\boldsymbol{\alpha}=(0, -1, 2)^{\mathrm{T}}$，$\boldsymbol{\beta}=(0, -1, 1)^{\mathrm{T}}$ 且 $\boldsymbol{A}=\boldsymbol{\alpha\beta}^{\mathrm{T}}$，则 $\boldsymbol{A}^4=$____________.

解　因为

$$\boldsymbol{A}=\boldsymbol{\alpha}\boldsymbol{\beta}^{\mathrm{T}}=\begin{pmatrix}0\\-1\\2\end{pmatrix}(0\ \ -1\ \ 1)=\begin{pmatrix}0&0&0\\0&1&-1\\0&-2&2\end{pmatrix},$$

而

$$\boldsymbol{\beta}^{\mathrm{T}}\boldsymbol{\alpha}=(0\ \ -1\ \ 1)\begin{pmatrix}0\\-1\\2\end{pmatrix}=3,$$

所以

$$\boldsymbol{A}^4=(\boldsymbol{\alpha\beta}^{\mathrm{T}})^4=\boldsymbol{\alpha}(\boldsymbol{\beta}^{\mathrm{T}}\boldsymbol{\alpha\beta}^{\mathrm{T}}\boldsymbol{\alpha\beta}^{\mathrm{T}}\boldsymbol{\alpha})\boldsymbol{\beta}^{\mathrm{T}}=3^3\begin{pmatrix}0&0&0\\0&1&-1\\0&-2&2\end{pmatrix}=\begin{pmatrix}0&0&0\\0&27&-27\\0&-54&-54\end{pmatrix}.$$

5. 矩阵 $\boldsymbol{A}=\begin{pmatrix}3&0&0\\1&4&0\\0&0&3\end{pmatrix}$，则 $(\boldsymbol{A}-2\boldsymbol{E})^{-1}=$____________.

解 $A-2E=\begin{pmatrix}3&0&0\\1&4&0\\0&0&3\end{pmatrix}-2\begin{pmatrix}1&0&0\\0&1&0\\0&0&1\end{pmatrix}=\begin{pmatrix}1&0&0\\1&2&0\\0&0&1\end{pmatrix}$,

因为

$$(A-2E\ \vdots\ E)=\left(\begin{array}{ccc:ccc}1&0&0&1&0&0\\1&2&0&0&1&0\\0&0&1&0&0&1\end{array}\right)\xrightarrow{r_2-r_1}\left(\begin{array}{ccc:ccc}1&0&0&1&0&0\\0&2&0&-1&1&0\\0&0&1&0&0&1\end{array}\right)$$

$$\xrightarrow{\frac{1}{2}r_2}\left(\begin{array}{ccc:ccc}1&0&0&1&0&0\\0&1&0&\frac{-1}{2}&\frac{1}{2}&0\\0&0&1&0&0&1\end{array}\right),$$

所以$(A-2E)^{-1}=\begin{pmatrix}1&0&0\\ \frac{-1}{2}&\frac{1}{2}&0\\0&0&1\end{pmatrix}$.

二、选择题

1. n 阶方阵A，B，C 满足$ABC=E$，其中 E 为单位矩阵，则必有(　D　).

A. $ACB=E$　　B. $CBA=E$　　C. $BAC=E$　　D. $BCA=E$

解 矩阵乘法不满足变换律，而D中$ABC=E\Rightarrow A^{-1}ABCA=A^{-1}EA\Rightarrow BCA=E$.

2. 设A 是n 阶实方阵，若$A^TA=O$，则(　C　).

A. $A=E$　　B. $A^2=A$　　C. $A=O$　　D. $A^2=E$

证明 设$A=(a_{ij})_{n\times n}$，$B=(b_{ij})_{n\times n}=A^TA=O$，则$b_{11}=a_{11}^2+a_{21}^2+\cdots+a_{n1}^2=0$. 因为$A$ 是实矩阵，因此$a_{11}=a_{21}=\cdots=a_{n1}=0$，即矩阵$A$ 的第一列元素都等于0.

同理可证，矩阵A 的其他列元素都等于0. 于是$A=O$.

注意：一般情况下，由$AB=O$ 不能推出$A=O$ 或$B=O$.

3. 设A、B 为同阶可逆矩阵，$\lambda\neq 0$ 为数，则下列命题中不正确的是(　B　).

A. $(A^{-1})^{-1}=A$　　B. $(\lambda A)^{-1}=\lambda A^{-1}$

C. $(AB)^{-1}=B^{-1}A^{-1}$　　D. $(A^T)^{-1}=(A^{-1})^T$

解 由可逆矩阵的运算法则，有$(\lambda A)^{-1}=\frac{1}{\lambda}A^{-1}$.

4. 下列矩阵中不是初等矩阵的是(　C　).

A. $\begin{pmatrix}1&0&0\\0&0&1\\0&1&0\end{pmatrix}$　　B. $\begin{pmatrix}1&0&0\\0&-3&0\\0&0&1\end{pmatrix}$　　C. $\begin{pmatrix}1&3&0\\0&0&1\\0&1&0\end{pmatrix}$　　D. $\begin{pmatrix}1&0&3\\0&1&0\\0&0&1\end{pmatrix}$

解 单位矩阵E 经过一次初等变换得到的矩阵称为初等矩阵.

5. $A=\begin{pmatrix}a_{11}&a_{12}&a_{13}\\a_{21}&a_{22}&a_{23}\\a_{31}&a_{32}&a_{33}\end{pmatrix}$，$B=\begin{pmatrix}a_{21}&a_{22}&a_{23}\\a_{11}&a_{12}&a_{13}\\a_{31}+a_{11}&a_{32}+a_{12}&a_{33}+a_{13}\end{pmatrix}$，$P_1=\begin{pmatrix}0&1&0\\1&0&0\\0&0&1\end{pmatrix}$，

$\boldsymbol{P}_2=\begin{pmatrix}1&0&0\\0&1&0\\1&0&1\end{pmatrix}$，则（　D　）.

A. $\boldsymbol{AP}_1\boldsymbol{P}_2=\boldsymbol{B}$　　B. $\boldsymbol{AP}_2\boldsymbol{P}_1=\boldsymbol{B}$　　C. $\boldsymbol{P}_2\boldsymbol{P}_1\boldsymbol{A}=\boldsymbol{B}$　　D. $\boldsymbol{P}_1\boldsymbol{P}_2\boldsymbol{A}=\boldsymbol{B}$

解　对 $\boldsymbol{A}$ 进行变换，先作 P_1，将第 1 行加第 2 行，再第 2 行加到第 3 行上.

三、解答题

1. 计算 $\begin{pmatrix}4&0&-1&6\\-1&2&5&3\\3&7&1&-2\end{pmatrix}\begin{pmatrix}5&-1\\2&0\\-4&7\\1&3\end{pmatrix}$.

解

$$\begin{pmatrix}4&0&-1&6\\-1&2&5&3\\3&7&1&-2\end{pmatrix}\begin{pmatrix}5&-1\\2&0\\-4&7\\1&3\end{pmatrix}$$

$$=\begin{pmatrix}4\times5+0\times2+(-1)\times(-4)+6\times1 & 4\times(-1)+0\times0+(-1)\times7+6\times3\\(-1)\times5+2\times2+5\times(-4)+3\times1 & (-1)\times(-1)+2\times0+5\times7+3\times3\\3\times5+7\times2+1\times(-4)+(-2)\times1 & 3\times(-1)+7\times0+1\times7+(-2)\times3\end{pmatrix}$$

$$=\begin{pmatrix}30&7\\-18&45\\23&-2\end{pmatrix}$$

2. 利用行初等变换法求矩阵 $\begin{pmatrix}2&2&-3\\1&-1&0\\-1&2&1\end{pmatrix}$ 的逆矩阵.

解　因为

$$\begin{pmatrix}2&2&-3&1&0&0\\1&-1&0&0&1&0\\-1&2&1&0&0&1\end{pmatrix}\xrightarrow{r_1\leftrightarrow r_2}\begin{pmatrix}1&-1&0&1&0&0\\2&2&-3&0&1&0\\-1&2&1&0&0&1\end{pmatrix}$$

$$\xrightarrow[r_3+r_1]{r_2-2r_1}\begin{pmatrix}1&-1&0&1&0&0\\0&4&-3&-2&1&0\\0&1&1&1&0&1\end{pmatrix}$$

$$\xrightarrow{r_3-\frac{1}{4}r_1}\begin{pmatrix}1&-1&0&1&0&0\\0&4&-3&-2&1&0\\0&0&\frac{7}{4}&\frac{3}{2}&-\frac{1}{4}&1\end{pmatrix}$$

$$\xrightarrow{\cdots}\begin{pmatrix}1&0&0&\frac{8}{7}&\frac{1}{7}&\frac{3}{7}\\0&1&0&\frac{1}{7}&\frac{1}{7}&\frac{3}{7}\\0&0&1&\frac{6}{7}&-\frac{1}{7}&\frac{4}{7}\end{pmatrix},$$

所以，其逆矩阵为$\begin{pmatrix} \frac{8}{7} & \frac{1}{7} & \frac{3}{7} \\ \frac{1}{7} & \frac{1}{7} & \frac{3}{7} \\ \frac{6}{7} & -\frac{1}{7} & \frac{4}{7} \end{pmatrix}$.

3. 已知 3 阶矩阵 $\boldsymbol{A}$、$\boldsymbol{B}$ 满足 $\boldsymbol{A}-\boldsymbol{AB}=\boldsymbol{E}$，且 $\boldsymbol{AB}-2\boldsymbol{E}=\begin{pmatrix} -1 & 0 & 0 \\ 0 & -1 & 0 \\ 0 & 0 & -1 \end{pmatrix}$，求 $\boldsymbol{A}$、$\boldsymbol{B}$.

解 因为

$$\boldsymbol{AB}-2\boldsymbol{E}=\begin{pmatrix} -1 & 0 & 0 \\ 0 & -1 & 0 \\ 0 & 0 & -1 \end{pmatrix},$$

所以

$$\boldsymbol{AB}=2\boldsymbol{E}+\begin{pmatrix} -1 & 0 & 0 \\ 0 & -1 & 0 \\ 0 & 0 & -1 \end{pmatrix}=\begin{pmatrix} 1 & 0 & 0 \\ 0 & 1 & 0 \\ 0 & 0 & 1 \end{pmatrix}=\boldsymbol{E}.$$

又因为

$$\boldsymbol{A}-\boldsymbol{AB}=\boldsymbol{E},$$

所以

$$\boldsymbol{A}=\boldsymbol{AB}+\boldsymbol{E},$$

$$\boldsymbol{A}=3\boldsymbol{E}+\begin{pmatrix} -1 & 0 & 0 \\ 0 & -1 & 0 \\ 0 & 0 & -1 \end{pmatrix}=\begin{pmatrix} 2 & 0 & 0 \\ 0 & 2 & 0 \\ 0 & 0 & 2 \end{pmatrix}.$$

因为

$$\boldsymbol{AB}=\boldsymbol{E},$$

所以

$$\boldsymbol{B}=\boldsymbol{A}^{-1}=\begin{pmatrix} \frac{1}{2} & 0 & 0 \\ 0 & \frac{1}{2} & 0 \\ 0 & 0 & \frac{1}{2} \end{pmatrix}.$$

4. 解齐次线性方程组$\begin{cases} x_1+x_2+2x_3+2x_4+7x_5=0 \\ 2x_1+3x_2+4x_3+5x_4=0 \\ 3x_1+5x_2+6x_3+8x_4=0 \end{cases}$.

解 对齐次线性方程组的系数矩阵进行行初等变换，得

$$\boldsymbol{A}=\begin{pmatrix}1&1&2&2&7\\2&3&4&5&0\\3&5&6&8&0\end{pmatrix}\xrightarrow[r_3-3r_1]{r_2-2r_1}\begin{pmatrix}1&1&2&2&7\\0&1&0&1&-14\\0&2&0&2&-21\end{pmatrix}\xrightarrow{r_3-2r_2}\begin{pmatrix}1&1&2&2&7\\0&1&0&1&-14\\0&0&0&0&7\end{pmatrix}$$

$$=\boldsymbol{B}(\text{阶梯形矩阵})\xrightarrow{r_1-r_2}\begin{pmatrix}1&0&2&1&21\\0&1&0&1&-14\\0&0&0&0&7\end{pmatrix}$$

$$\xrightarrow[\substack{r_1-7r_3\\ r_2+14r_3}]{r_3\times\frac{1}{7}}\begin{pmatrix}1&0&2&1&0\\0&1&0&1&0\\0&0&0&0&1\end{pmatrix}=\boldsymbol{C}(\text{行最简形矩阵}),$$

与原方程组同解的齐次线性方程组为

$$\begin{cases}x_1+2x_3+x_4=0\\ \qquad\quad x_2+x_4=0,\\ \qquad\qquad\quad x_5=0\end{cases}$$

即

$$\begin{cases}x_1=-2c_1-c_2\\x_2=-c_2\\x_3=c_1\\x_2=c_2\\x_5=0\end{cases}\quad(\text{其中 }c_1\text{、}c_2\text{ 为任意实数}).$$

5. 解非齐次线性方程组 $\begin{cases}2x_1+x_2-x_3+x_4=1\\x_1+2x_2+x_3-x_4=2.\\x_1+x_2+2x_3+x_4=3\end{cases}$

解　对由方程组的系数构成的增广矩阵进行行初等变换，得

$$\begin{pmatrix}2&1&-1&1&1\\1&2&1&-1&2\\1&1&2&1&3\end{pmatrix}\xrightarrow[\substack{r_2-r_1\\ r_3-2r_1}]{r_1\leftrightarrow r_3}\begin{pmatrix}1&1&2&1&3\\0&1&-1&-2&-1\\0&-1&-5&-1&-5\end{pmatrix}$$

$$\xrightarrow[r_3+r_2]{r_1-r_2}\begin{pmatrix}1&0&3&3&4\\0&1&-1&-2&-1\\0&0&-6&-3&-6\end{pmatrix}\begin{pmatrix}1&0&3&3&4\\0&1&-1&-2&-1\\0&0&-6&-3&-6\end{pmatrix}$$

$$\xrightarrow[\substack{r_1-3r_3\\ r_2+r_3}]{r_3\times\left(-\frac{1}{6}\right)}\begin{pmatrix}1&0&0&\frac{3}{2}&1\\0&1&0&-\frac{3}{2}&0\\0&0&1&\frac{1}{2}&1\end{pmatrix}.$$

与原方程组同解的齐次线性方程组为

$$\begin{cases} x_1+\dfrac{3}{2}x_4=1 \\ x_2-\dfrac{3}{2}x_4=0, \\ x_3+\dfrac{1}{2}x_4=1 \end{cases}$$

即 $\begin{cases} x_1=-\dfrac{3}{2}c+1 \\ x_2=\dfrac{3}{2}c \\ x_3=-\dfrac{1}{2}c+1 \\ x_4=c \end{cases}$ （其中 c 为任意实数）.

6. 设某港口在某月份出口到 3 个地区的两种货物 A_1 和 A_2 的数量以及它们的单位价格、重量和体积如表 1.2 所示。

表 1.2　货物 A_1 和 A_2 的详情

货物	地区、出口量			单位价格/万元	单位重量/t	单位体积/m^3
	北美	欧洲	非洲			
A_1	2000	1000	800	0.2	0.011	0.12
A_2	1200	1300	500	0.35	0.05	0.5

试利用矩阵乘法计算：

(1) 经该港口出口到 3 个地区的货物价值、重量、体积分别各为多少？

(2) 经该港口出口的货物总价值、总重量、总体积为多少？

解　(1)
$$\begin{pmatrix} 0.2 & 0.35 \\ 0.011 & 0.05 \\ 0.12 & 0.5 \end{pmatrix}\begin{pmatrix} 2000 & 1000 & 800 \\ 1200 & 1300 & 500 \end{pmatrix}=\begin{pmatrix} 820 & 655 & 335 \\ 82 & 76 & 33.8 \\ 840 & 770 & 346 \end{pmatrix},$$

其中，第一、二、三列分别表示北美、欧洲、非洲；第一、二、三行分别表示价值、重量、体积.

(2)
$$\begin{pmatrix} 820 & 655 & 335 \\ 82 & 76 & 33.8 \\ 840 & 770 & 346 \end{pmatrix}\begin{pmatrix} 1 \\ 1 \\ 1 \end{pmatrix}=\begin{pmatrix} 1810 \\ 191.8 \\ 1956 \end{pmatrix},$$

其中，第一、二、三行分别表示总价值、总重量、总体积.

四、证明题

设 $\boldsymbol{A}$、$\boldsymbol{B}$ 为同阶矩阵，且满足 $\boldsymbol{A}=\dfrac{1}{2}(\boldsymbol{B}+\boldsymbol{E})$。求证：$\boldsymbol{A}^2=\boldsymbol{A}$ 的充分必要条件是 $\boldsymbol{B}^2=\boldsymbol{E}$.

证明　先证明必要性. 由于 $\boldsymbol{A}=\dfrac{1}{2}(\boldsymbol{B}+\boldsymbol{E})$，因此

$$A^2=\frac{1}{4}(B^2+2B+E). \tag{1.1}$$

如果 $A^2=A$，即

$$\frac{1}{2}(B+E)=\frac{1}{4}(B^2+2B+E),$$

由此可得

$$B^2=E.$$

再证充分性. 若 $B^2=E$，则由式(1.1)可知

$$A^2=\frac{1}{4}(E+2B+E)=\frac{1}{2}(B+E)=A.$$

所以，$A^2=A$ 的充分必要条件是 $B^2=E$.

自测题(B)

一、填空题

1. $\alpha=\begin{pmatrix}1\\2\\1\end{pmatrix}$，$\beta=\begin{pmatrix}t\\3\\2\end{pmatrix}$，且 $\alpha^T\beta=4$，则 $t=$__________.

解　$\alpha^T\beta=(1\quad 2\quad 1)\begin{pmatrix}t\\3\\2\end{pmatrix}=t+6+2=4 \Rightarrow t=-4.$

2. A、B 均是 n 阶方阵，则 $(AB)^k=A^kB^k$ 的充要条件是__________.

解　$AB=BA$.

3. 设矩阵 $A=\begin{pmatrix}1 & \frac{1}{2} & \frac{1}{3}\end{pmatrix}$，$B=\begin{pmatrix}1\\2\\3\end{pmatrix}$，则 $AB=$__________，$BA=$__________，$(BA)^k=$__________(k 为正整数).

解

$$AB=\begin{pmatrix}1 & \frac{1}{2} & \frac{1}{3}\end{pmatrix}\begin{pmatrix}1\\2\\3\end{pmatrix}=1\times1+\frac{1}{2}\times2+\frac{1}{3}\times3=3,$$

$$BA=\begin{pmatrix}1\\2\\3\end{pmatrix}\begin{pmatrix}1 & \frac{1}{2} & \frac{1}{3}\end{pmatrix}=\begin{bmatrix}1 & \frac{1}{2} & \frac{1}{3}\\ 2 & 1 & \frac{2}{3}\\ 3 & \frac{3}{2} & 1\end{bmatrix},$$

$$(BA)^k=B(AB)(AB)\cdots(AB)A=3^{k-1}\begin{bmatrix}1 & \frac{1}{2} & \frac{1}{3}\\ 2 & 1 & \frac{2}{3}\\ 3 & \frac{3}{2} & 1\end{bmatrix}.$$

4．设 n 阶矩阵 $\boldsymbol{A}$ 满足 $\boldsymbol{A}^2-2\boldsymbol{A}+5\boldsymbol{E}=\boldsymbol{O}$，则 $(\boldsymbol{A}+\boldsymbol{E})^{-1}=$____________.

解　把 $\boldsymbol{A}^2-2\boldsymbol{A}+5\boldsymbol{E}=\boldsymbol{O}$ 恒等变形为 $(\boldsymbol{A}+\boldsymbol{E})(\boldsymbol{A}-3\boldsymbol{E})+8\boldsymbol{E}=0$，即 $(\boldsymbol{A}+\boldsymbol{E})(\boldsymbol{A}-3\boldsymbol{E})=-8\boldsymbol{E}$，由此可得

$$(\boldsymbol{A}+\boldsymbol{E})^{-1}=-\frac{1}{8}(\boldsymbol{A}-3\boldsymbol{E}).$$

二、选择题

1．已知 $\boldsymbol{A}$ 是 n 阶对称矩阵，$\boldsymbol{B}$ 是 n 阶反对称矩阵，则 $\boldsymbol{AB}^3+\boldsymbol{A}^3\boldsymbol{B}$（　C　）.

A．是对称矩阵　　　　B．是反对称矩阵

C．不是反对称矩阵　　　　D．既不是对称矩阵也不是反对称矩阵

解　根据对称阵的性质，$\boldsymbol{A}$ 是 n 阶对称矩阵，$\boldsymbol{B}$ 是 n 阶反对称矩阵，但 $\boldsymbol{AB}$ 不一定是对称阵.

2．设 $\boldsymbol{A}$ 为 3 阶方阵，将 $\boldsymbol{A}$ 的第 2 行加到第 1 行得到 $\boldsymbol{B}$，再将 $\boldsymbol{B}$ 的第 1 列的 -1 倍加到第 2 列得到 $\boldsymbol{C}$，记 $\boldsymbol{P}=\begin{pmatrix}1&1&0\\0&1&0\\0&0&1\end{pmatrix}$，则（　B　）.

A．$\boldsymbol{C}=\boldsymbol{P}^{-1}\boldsymbol{AP}$　　　　B．$\boldsymbol{C}=\boldsymbol{PAP}^{-1}$

C．$\boldsymbol{C}=\boldsymbol{P}^{\mathrm{T}}\boldsymbol{AP}$　　　　D．$\boldsymbol{C}=\boldsymbol{PAP}^{\mathrm{T}}$

解　矩阵的初等变换和用初等矩阵乘的关系.

3．设 $\boldsymbol{A}$ 为 n 阶矩阵，且 $\boldsymbol{A}^k=\boldsymbol{O}$，则 $(\boldsymbol{E}-\boldsymbol{A})^{-1}=$（　B　）.

A．$\boldsymbol{E}+\boldsymbol{A}$　　　　B．$\boldsymbol{E}+\boldsymbol{A}+\boldsymbol{A}^2+\cdots+\boldsymbol{A}^{k-1}$

C．$\boldsymbol{E}-\boldsymbol{A}-\boldsymbol{A}^2-\cdots-\boldsymbol{A}^{k-1}$　　　　D．$\boldsymbol{E}-\boldsymbol{A}$

解　把 $\boldsymbol{A}^k=\boldsymbol{O}$ 恒等变形为 $(\boldsymbol{E}-\boldsymbol{A})(\boldsymbol{E}+\boldsymbol{A}+\boldsymbol{A}^2+\cdots+\boldsymbol{A}^{k-1})=\boldsymbol{E}$，由此可得

$$(\boldsymbol{E}-\boldsymbol{A})^{-1}=\boldsymbol{E}+\boldsymbol{A}+\boldsymbol{A}^2+\cdots+\boldsymbol{A}^{k-1}.$$

4．设 $\boldsymbol{A}$、$\boldsymbol{B}$、$\boldsymbol{A}+\boldsymbol{B}$、$\boldsymbol{A}^{-1}+\boldsymbol{B}^{-1}$ 均为 n 阶可逆矩阵，则 $(\boldsymbol{A}^{-1}+\boldsymbol{B}^{-1})^{-1}$ 等于（　C　）.

A．$\boldsymbol{A}^{-1}+\boldsymbol{B}^{-1}$　　　　B．$\boldsymbol{A}+\boldsymbol{B}$

C．$\boldsymbol{A}(\boldsymbol{A}+\boldsymbol{B})^{-1}\boldsymbol{B}$　　　　D．$(\boldsymbol{A}+\boldsymbol{B})^{-1}$

解　对于选项 A，$(\boldsymbol{A}^{-1}+\boldsymbol{B}^{-1})(\boldsymbol{A}^{-1}+\boldsymbol{B}^{-1})=2\boldsymbol{E}+\boldsymbol{A}^{-1}\boldsymbol{B}^{-1}+\boldsymbol{B}^{-1}\boldsymbol{A}^{-1}\neq\boldsymbol{E}$.

对于选项 B，$(\boldsymbol{A}^{-1}+\boldsymbol{B}^{-1})(\boldsymbol{A}+\boldsymbol{B})=2\boldsymbol{E}+\boldsymbol{A}^{-1}\boldsymbol{B}+\boldsymbol{B}^{-1}\boldsymbol{A}\neq\boldsymbol{E}$.

对于选项 C，
$$\begin{aligned}(\boldsymbol{A}^{-1}+\boldsymbol{B}^{-1})[\boldsymbol{A}(\boldsymbol{A}+\boldsymbol{B})^{-1}\boldsymbol{B}]&=(\boldsymbol{E}+\boldsymbol{B}^{-1}\boldsymbol{A})(\boldsymbol{A}+\boldsymbol{B})^{-1}\boldsymbol{B}\\&=\boldsymbol{B}^{-1}(\boldsymbol{A}+\boldsymbol{B})(\boldsymbol{A}+\boldsymbol{B})^{-1}\boldsymbol{B}=\boldsymbol{E}.\end{aligned}$$

对于选项 D，$(\boldsymbol{A}^{-1}+\boldsymbol{B}^{-1})(\boldsymbol{A}+\boldsymbol{B})^{-1}=\boldsymbol{A}^{-1}(\boldsymbol{A}+\boldsymbol{B})^{-1}+\boldsymbol{B}^{-1}(\boldsymbol{A}+\boldsymbol{B})^{-1}\neq\boldsymbol{E}$.

所以选 C.

5．若 $\boldsymbol{A}=\boldsymbol{B}^{\mathrm{T}}$，则 $\boldsymbol{A}^{\mathrm{T}}(\boldsymbol{B}^{-1}\boldsymbol{A}^{-1}+\boldsymbol{E})^{\mathrm{T}}$ 可以化简为（　B　）.

A．$\boldsymbol{A}+\boldsymbol{B}$　　　B．$\boldsymbol{A}^{\mathrm{T}}+\boldsymbol{A}^{-1}$　　　C．$\boldsymbol{A}^{\mathrm{T}}\boldsymbol{B}$　　　D．$\boldsymbol{A}+\boldsymbol{A}^{-1}$

解
$$\begin{aligned}\boldsymbol{A}^{\mathrm{T}}(\boldsymbol{B}^{-1}\boldsymbol{A}^{-1}+\boldsymbol{E})^{\mathrm{T}}&=\boldsymbol{A}^{\mathrm{T}}[(\boldsymbol{B}^{-1}\boldsymbol{A}^{-1})^{\mathrm{T}}+\boldsymbol{E}^{\mathrm{T}}]=\boldsymbol{A}^{\mathrm{T}}(\boldsymbol{A}^{-1})^{\mathrm{T}}(\boldsymbol{B}^{-1})^{\mathrm{T}}+\boldsymbol{A}^{\mathrm{T}}\\&=(\boldsymbol{A}^{-1}\boldsymbol{A})^{\mathrm{T}}(\boldsymbol{B}^{-1})^{\mathrm{T}}+\boldsymbol{A}^{\mathrm{T}}=(\boldsymbol{B}^{-1})^{\mathrm{T}}+\boldsymbol{A}^{\mathrm{T}}\\&=(\boldsymbol{B}^{\mathrm{T}})^{-1}+\boldsymbol{A}^{\mathrm{T}}\\&=\boldsymbol{A}^{\mathrm{T}}+\boldsymbol{A}^{-1}.\end{aligned}$$

三、解答题

1. 解矩阵方程：$\boldsymbol{X}\begin{pmatrix}1&0&5\\1&1&2\\1&2&5\end{pmatrix}=\begin{pmatrix}1&1&2\\0&0&-6\end{pmatrix}$.

解　$\boldsymbol{X}=\begin{pmatrix}1&1&2\\0&0&-6\end{pmatrix}\begin{pmatrix}1&0&5\\1&1&2\\1&2&5\end{pmatrix}^{-1}=\begin{pmatrix}0&1&0\\-1&2&-1\end{pmatrix}$.

2. 设矩阵 $\boldsymbol{A}=\begin{pmatrix}2&0\\3&1\end{pmatrix}$，$\boldsymbol{B}=\begin{pmatrix}-1&1\\2&5\end{pmatrix}$，计算 $\boldsymbol{B}^2-\boldsymbol{A}^2(\boldsymbol{B}^{-1}\boldsymbol{A})^{-1}$.

解　$\boldsymbol{B}^2-\boldsymbol{A}^2(\boldsymbol{B}^{-1}\boldsymbol{A})^{-1}=\boldsymbol{B}^2-\boldsymbol{A}^2\boldsymbol{A}^{-1}\boldsymbol{B}=\boldsymbol{B}^2-\boldsymbol{A}\boldsymbol{B}=(\boldsymbol{B}-\boldsymbol{A})\boldsymbol{B}$

$$=\begin{pmatrix}-3&1\\-1&4\end{pmatrix}\begin{pmatrix}-1&1\\2&5\end{pmatrix}=\begin{pmatrix}5&2\\9&19\end{pmatrix}.$$

3. 设 4 阶矩阵

$$\boldsymbol{B}=\begin{pmatrix}1&-1&0&0\\0&1&-1&0\\0&0&1&-1\\0&0&0&1\end{pmatrix},\ \boldsymbol{C}=\begin{pmatrix}2&1&3&4\\0&2&1&3\\0&0&2&1\\0&0&0&1\end{pmatrix},$$

且矩阵 $\boldsymbol{A}$ 满足关系式 $\boldsymbol{A}(\boldsymbol{E}-\boldsymbol{C}^{-1}\boldsymbol{B})^{\mathrm{T}}\boldsymbol{C}^{\mathrm{T}}=\boldsymbol{E}$，其中 $\boldsymbol{E}$ 是 4 阶单位矩阵。试将上式化简并求出矩阵 $\boldsymbol{A}$.

解　$\boldsymbol{A}(\boldsymbol{E}-\boldsymbol{C}^{-1}\boldsymbol{B})^{\mathrm{T}}\boldsymbol{C}^{\mathrm{T}}=\boldsymbol{E}\Leftrightarrow\boldsymbol{A}\boldsymbol{E}^{\mathrm{T}}\boldsymbol{C}^{\mathrm{T}}-\boldsymbol{A}\boldsymbol{B}^{\mathrm{T}}(\boldsymbol{C}^{\mathrm{T}})^{-1}\boldsymbol{C}^{\mathrm{T}}=\boldsymbol{E}$

$$\Leftrightarrow\boldsymbol{A}\boldsymbol{C}^{\mathrm{T}}-\boldsymbol{A}\boldsymbol{B}^{\mathrm{T}}=\boldsymbol{E}$$

$$\Leftrightarrow\boldsymbol{A}=(\boldsymbol{C}^{\mathrm{T}}-\boldsymbol{B}^{\mathrm{T}})^{-1}.$$

而

$$\boldsymbol{C}^{\mathrm{T}}-\boldsymbol{B}^{\mathrm{T}}=\begin{pmatrix}1&0&0&0\\2&1&0&0\\3&2&1&0\\4&3&2&0\end{pmatrix},$$

再利用矩阵初等变换即可求出 $(\boldsymbol{C}^{\mathrm{T}}-\boldsymbol{B}^{\mathrm{T}})^{-1}$.

所以

$$\boldsymbol{A}=\begin{pmatrix}1&0&0&0\\-2&1&0&0\\1&-2&1&0\\0&1&-2&1\end{pmatrix}.$$

4. 解齐次线性方程组 $\begin{cases}x_1+x_2-3x_4-x_5=0\\x_1-x_2+2x_3-x_4=0\\4x_1-2x_2+6x_3+3x_4-4x_5=0\\2x_1+4x_2-2x_3+4x_4-7x_5=0\end{cases}$.

解　对系数矩阵施行行初等变换，得

$$A=\begin{pmatrix}1&1&0&-3&-1\\1&-1&2&-1&0\\4&-2&6&3&-4\\2&4&-2&4&-7\end{pmatrix}\longrightarrow\begin{pmatrix}1&1&0&-3&-1\\0&-2&2&2&1\\0&0&0&3&-1\\0&0&0&0&0\end{pmatrix}$$

$$=\boldsymbol{B}\text{（阶梯形矩阵）}\longrightarrow\begin{pmatrix}1&0&1&0&-\frac{7}{6}\\0&1&-1&0&-\frac{5}{6}\\0&0&0&1&-\frac{1}{3}\\0&0&0&0&0\end{pmatrix}=\boldsymbol{C}\text{（行最简形矩阵）},$$

其与原方程组同解的齐次线性方程组为

$$\begin{cases}x_1+x_3-\frac{7}{6}x_5=0\\x_2-x_3-\frac{5}{6}x_5=0,\\x_4-\frac{1}{3}x_5=0\end{cases}$$

即

$$\begin{cases}x_1=-c_1+\frac{7}{6}c_2\\x_2=c_1+\frac{5}{6}c_2\\x_3=c_1\\x_4=\frac{1}{3}c_2\\x_5=c_2\end{cases}\text{（其中 }c_1\text{、}c_2\text{ 为任意实数）}.$$

5. 解非齐次线性方程组 $\begin{cases}2x_1-x_2+3x_3-x_4=1\\3x_1-2x_2-2x_3+3x_4=3\\x_1-x_2-5x_3+4x_4=2\\7x_1-5x_2-9x_3+10x_4=8\end{cases}$.

解 对方程组系数构成的增广矩阵 $\boldsymbol{B}$ 进行行初等变换

$$B=\begin{pmatrix}2&-1&3&-1&1\\3&-2&-2&3&3\\1&-1&-5&4&2\\7&-5&-9&10&8\end{pmatrix}\longrightarrow\begin{pmatrix}1&-1&-5&4&2\\0&1&13&-9&-3\\0&0&0&0&0\\0&0&0&0&0\end{pmatrix}$$

$$\longrightarrow\begin{pmatrix}1&0&8&-5&-1\\0&1&13&-9&-3\\0&0&0&0&0\\0&0&0&0&0\end{pmatrix},$$

其与原方程组同解的齐次线性方程组为

$$\begin{cases} x_1+8x_3-5x_4=-1 \\ x_2+13x_3-9x_4=-3 \end{cases},$$

即

$$\begin{cases} x_1=-8c_1+5c_2-1 \\ x_2=-13c_1+9c_2-3 \\ x_3=c_1 \\ x_4=c_2 \end{cases} \quad (\text{其中 } c_1、c_2 \text{ 为任意实数}).$$

四、证明题

1．设矩阵 $\boldsymbol{A}$ 与矩阵$\boldsymbol{B}_1$、$\boldsymbol{B}_2$ 均可交换．求证：$\boldsymbol{A}$ 与$\boldsymbol{B}_1+\boldsymbol{B}_2$、$\boldsymbol{B}_1\boldsymbol{B}_2$ 也可交换，且

$$\boldsymbol{A}^2-\boldsymbol{B}_1^2=(\boldsymbol{A}+\boldsymbol{B}_1)(\boldsymbol{A}-\boldsymbol{B}_1)$$

证明　因为矩阵 $\boldsymbol{A}$ 与矩阵 $\boldsymbol{B}_1$、$\boldsymbol{B}_2$ 可交换，即

$$\boldsymbol{A}\boldsymbol{B}_1=\boldsymbol{B}_1\boldsymbol{A},$$
$$\boldsymbol{A}\boldsymbol{B}_2=\boldsymbol{B}_2\boldsymbol{A},$$

所以

$$\boldsymbol{A}(\boldsymbol{B}_1+\boldsymbol{B}_2)=\boldsymbol{A}\boldsymbol{B}_1+\boldsymbol{A}\boldsymbol{B}_2=\boldsymbol{B}_1\boldsymbol{A}+\boldsymbol{B}_2\boldsymbol{A}=(\boldsymbol{B}_1+\boldsymbol{B}_2)\boldsymbol{A}$$

即矩阵 $\boldsymbol{A}$ 与$\boldsymbol{B}_1+\boldsymbol{B}_2$ 可交换．

又因为

$$\boldsymbol{A}\boldsymbol{B}_1\boldsymbol{B}_2=\boldsymbol{B}_1\boldsymbol{A}\boldsymbol{B}_2=\boldsymbol{B}_1\boldsymbol{B}_2\boldsymbol{A},$$

即矩阵 $\boldsymbol{A}$ 与 $\boldsymbol{B}_1\boldsymbol{B}_2$ 也可交换．所以由 $\boldsymbol{A}\boldsymbol{B}_1=\boldsymbol{B}_1\boldsymbol{A}$ 有

$$(\boldsymbol{A}+\boldsymbol{B}_1)(\boldsymbol{A}-\boldsymbol{B}_1)=(\boldsymbol{A}+\boldsymbol{B}_1)\boldsymbol{A}-(\boldsymbol{A}+\boldsymbol{B}_1)\boldsymbol{B}_1=\boldsymbol{A}^2-\boldsymbol{B}_1^2.$$

2．设 $\boldsymbol{A}$ 为 n 阶方阵，$\boldsymbol{A}+\boldsymbol{E}$ 可逆，且满足 $\boldsymbol{B}=(\boldsymbol{E}+\boldsymbol{A})^{-1}(\boldsymbol{E}-\boldsymbol{A})$．证明 $\boldsymbol{E}+\boldsymbol{B}$ 可逆并写出$(\boldsymbol{E}+\boldsymbol{B})^{-1}$．

证明　因为 $\boldsymbol{A}+\boldsymbol{E}$ 可逆，且满足 $\boldsymbol{B}=(\boldsymbol{E}+\boldsymbol{A})^{-1}(\boldsymbol{E}-\boldsymbol{A})$，所以由

$$\boldsymbol{B}=(\boldsymbol{E}+\boldsymbol{A})^{-1}(\boldsymbol{E}-\boldsymbol{A}),$$

有

$$\boldsymbol{B}+\boldsymbol{E}=(\boldsymbol{E}+\boldsymbol{A})^{-1}(\boldsymbol{E}-\boldsymbol{A})+\boldsymbol{E},$$
$$(\boldsymbol{E}+\boldsymbol{A})(\boldsymbol{B}+\boldsymbol{E})=(\boldsymbol{E}+\boldsymbol{A})[(\boldsymbol{E}+\boldsymbol{A})^{-1}(\boldsymbol{E}-\boldsymbol{A})+\boldsymbol{E}],$$

即

$$(\boldsymbol{E}+\boldsymbol{A})(\boldsymbol{B}+\boldsymbol{E})=2\boldsymbol{E},$$
$$\frac{1}{2}(\boldsymbol{E}+\boldsymbol{A})(\boldsymbol{B}+\boldsymbol{E})=\boldsymbol{E},$$

因此 $\boldsymbol{E}+\boldsymbol{B}$ 可逆，并且

$$(\boldsymbol{E}+\boldsymbol{B})^{-1}=\frac{1}{2}(\boldsymbol{E}+\boldsymbol{A}).$$

3．求 $\boldsymbol{A}=\begin{pmatrix} 1 & -1 & 3 \\ 2 & -1 & 4 \\ -1 & 2 & -4 \end{pmatrix}$的逆矩阵．

解 $(\boldsymbol{A} \mid \boldsymbol{E})=\begin{pmatrix}1 & -1 & 3 & 1 & 0 & 0\\ 2 & -1 & 4 & 0 & 1 & 0\\ -1 & 2 & -4 & 0 & 0 & 1\end{pmatrix}$

$$\xrightarrow[1\text{行}\times 1+3\text{行}]{1\text{行}\times(-2)+2\text{行}}\begin{pmatrix}1 & -1 & 3 & 1 & 0 & 0\\ 0 & 1 & -2 & -2 & 1 & 0\\ 0 & 1 & -1 & 1 & 0 & 1\end{pmatrix}$$

$$\xrightarrow[2\text{行}\times(-1)+3\text{行}]{2\text{行}\times 1+1\text{行}}\begin{pmatrix}1 & 0 & 1 & -1 & 1 & 0\\ 0 & 1 & -2 & -2 & 1 & 0\\ 0 & 0 & 1 & 3 & -1 & 1\end{pmatrix}$$

$$\xrightarrow[3\text{行}\times 2+2\text{行}]{3\text{行}\times(-1)+1\text{行}}\begin{pmatrix}1 & 0 & 0 & -4 & 2 & -1\\ 0 & 1 & 0 & 4 & -1 & 2\\ 0 & 0 & 1 & 3 & -1 & 1\end{pmatrix},$$

则

$$\boldsymbol{A}^{-1}=\begin{pmatrix}-4 & 2 & -1\\ 4 & -1 & 2\\ 3 & -1 & 1\end{pmatrix}.$$

4. 求解矩阵方程

$$\begin{pmatrix}1 & -1 & 3\\ 2 & -1 & 4\\ -1 & 2 & -4\end{pmatrix}\boldsymbol{X}=\begin{pmatrix}1 & 1\\ 4 & 3\\ 1 & 2\end{pmatrix}.$$

解 令 $\boldsymbol{A}=\begin{pmatrix}1 & -1 & 3\\ 2 & -1 & 4\\ -1 & 2 & -4\end{pmatrix}$，$\boldsymbol{B}=\begin{pmatrix}1 & 1\\ 4 & 3\\ 1 & 2\end{pmatrix}$，则矩阵方程为 $\boldsymbol{AX}=\boldsymbol{B}$，这里 $\boldsymbol{A}$ 即为例 2 中矩阵，是可逆的，在矩阵方程两边左乘 $\boldsymbol{A}^{-1}$，得

$$\boldsymbol{X}=\boldsymbol{A}^{-1}\boldsymbol{B}=\begin{pmatrix}-4 & 2 & -1\\ 4 & -1 & 2\\ 3 & -1 & 1\end{pmatrix}\begin{pmatrix}1 & 1\\ 4 & 3\\ 1 & 2\end{pmatrix}=\begin{pmatrix}3 & 0\\ 2 & 5\\ 0 & 2\end{pmatrix},$$

也能用初等行变换法，不用求出 $\boldsymbol{A}^{-1}$，而直接求 $\boldsymbol{A}^{-1}\boldsymbol{B}$.

$$(\boldsymbol{A} \mid \boldsymbol{B})=\begin{pmatrix}1 & -1 & 3 & 1 & 1\\ 2 & -1 & 4 & 4 & 3\\ -1 & 2 & -4 & 1 & 2\end{pmatrix}\rightarrow\begin{pmatrix}1 & 0 & 0 & 3 & 0\\ 0 & 1 & 0 & 2 & 5\\ 0 & 0 & 1 & 0 & 2\end{pmatrix}=(\boldsymbol{E} \mid \boldsymbol{A}^{-1}\boldsymbol{B}),$$

则

$$\boldsymbol{X}=\boldsymbol{A}^{-1}\boldsymbol{B}=\begin{pmatrix}3 & 0\\ 2 & 5\\ 0 & 2\end{pmatrix}.$$

第 2 章

方阵的行列式

一、教学基本要求

(1) 理解二阶、三阶行列式的定义.
(2) 了解排列和逆序数的定义.
(3) 理解 n 阶行列式的概念.
(4) 理解方阵行列式的定义，掌握方阵行列式的性质.
(5) 掌握行列式的基本性质.
(6) 会应用行列式的定义、性质和相关定理计算简单的行列式.
(7) 理解余子式和代数余子式的概念，会应用行列式按行(列)展开法则.
(8) 掌握伴随矩阵及其性质与矩阵求逆公式.
(9) 掌握方阵可逆的充要条件.
(10) 了解克拉默法则及其推论.
(11) 掌握线性方程组解的一些结论.
(12) 理解矩阵的子式与秩的概念并掌握其求法.
(13) 掌握矩阵的秩的性质.
(14) 掌握矩阵的初等变换及用矩阵的初等变换求矩阵秩的方法.

二、内容概要

(一) 行列式的定义

行列式是指一个由若干个数排列成同样的行数与列数后所得到的一个式子，它实质上表示把这些数按一定的规则进行运算，其结果为一个确定的数.

1. 二阶行列式

由 4 个数 $a_{ij}(i, j=1, 2)$得到的式子$\begin{vmatrix} a_{11} & a_{12} \\ a_{21} & a_{22} \end{vmatrix}$称为一个二阶行列式，其运算规则为

$$\begin{vmatrix} a_{11} & a_{12} \\ a_{21} & a_{22} \end{vmatrix} = a_{11}a_{22} - a_{12}a_{21}.$$

2. 三阶行列式

由 9 个数 $a_{ij}(i, j=1, 2, 3)$得到的式子 $\begin{vmatrix} a_{11} & a_{12} & a_{13} \\ a_{21} & a_{22} & a_{23} \\ a_{31} & a_{32} & a_{33} \end{vmatrix}$ 称为一个三阶行列式，其运算规则为

$$\begin{vmatrix} a_{11} & a_{12} & a_{13} \\ a_{21} & a_{22} & a_{23} \\ a_{31} & a_{32} & a_{33} \end{vmatrix} = a_{11}a_{22}a_{33} + a_{12}a_{23}a_{31} + a_{13}a_{21}a_{32} - a_{13}a_{22}a_{31} - a_{12}a_{21}a_{33} - a_{11}a_{23}a_{32}.$$

3. 排列

由 1，2，…，n 组成的一个有序数组称为一个 n 级全排列(简称排列).

有序数组 12 和 21 由两个数构成，称为二级排列；有序数组 213 则称为三级排列，三级排列的总数为 3！=6 个；4321 为四级排列，四级排列的总数为 4！=24 个；n 级排列的总数是 $n(n-1)(n-2)\cdot\cdots\cdot 2\cdot 1=n!$，读作"$n$ 阶乘".

4. 逆序数

在一个排列中，如果两个数(称为数对)的前后位置与大小顺序相反，即前面的数大于后面的数，那么称它们构成一个逆序(反序). 一个排列中逆序的总数称为这个排列的逆序数.

一个排列 $j_1j_2\cdots j_n$ 的逆序数，一般记为 $t(j_1j_2\cdots j_n)$.

5. 偶排列、奇排列

逆序数为偶数的排列称为**偶排列**，逆序数为奇数的排列称为**奇排列**.

6. n 阶行列式的定义

n 阶行列式

$$D = \begin{vmatrix} a_{11} & a_{12} & \cdots & a_{1n} \\ a_{21} & a_{22} & \cdots & a_{2n} \\ \vdots & \vdots & & \vdots \\ a_{n1} & a_{n2} & \cdots & a_{nn} \end{vmatrix} = \sum_{j_1j_2\cdots j_n} (-1)^{\tau(j_1j_2\cdots j_n)} a_{1j_1}a_{2j_2}\cdots a_{nj_n},$$

这里 $\sum\limits_{j_1j_2\cdots j_n}$ 表示对所有 n 级排列求和.

定理 1 行列式 $\begin{vmatrix} a_{11} & a_{12} & \cdots & a_{1n} \\ a_{21} & a_{22} & \cdots & a_{2n} \\ \vdots & \vdots & & \vdots \\ a_{n1} & a_{n2} & \cdots & a_{nn} \end{vmatrix} = \sum (-1)^t a_{p_11}a_{p_22}\cdots a_{p_nn}$. 其中，$t$ 是行排列 $p_1p_2\cdots p_n$ 的逆序数.

注：矩阵仅是一个数表，而 n 阶行列式的最后结果为一个数，因而矩阵与行列式是两个完全不同的概念，只有一阶方阵是一个数，而且行列式记号"| * |"与矩阵记号"(*)"也

不同，不能用错.

7. 方阵行列式的定义及性质

矩阵与行列式是两个完全不同的概念，但对于 n 阶方阵，有方阵的行列式的概念.

由 n 阶方阵 $\boldsymbol{A}=\begin{pmatrix} a_{11} & a_{12} & \cdots & a_{1n} \\ a_{21} & a_{22} & \cdots & a_{2n} \\ \vdots & \vdots & & \vdots \\ a_{n1} & a_{n2} & \cdots & a_{nn} \end{pmatrix}$ 的元素构成的 n 阶行列式(其各元素的位置不变)，称为方阵 $\boldsymbol{A}$ 的行列式，记为 $|\boldsymbol{A}|$、$\det\boldsymbol{A}$ 或 $\det(a_{ij})$.

注：若 $|\boldsymbol{A}|=0$，称 $\boldsymbol{A}$ 为奇异方阵；若 $|\boldsymbol{A}|\neq 0$，称 $\boldsymbol{A}$ 为非奇异方阵.

方阵的行列式具有以下性质：

(1) 转置矩阵的行列式：$|\boldsymbol{A}^{\mathrm{T}}|=|\boldsymbol{A}|$；

(2) 数乘的行列式：$|\lambda\boldsymbol{A}|=\lambda^n|\boldsymbol{A}|$；

(3) 乘积的行列式：$|\boldsymbol{AB}|=|\boldsymbol{A}|\cdot|\boldsymbol{B}|$；

(4) 方阵幂的行列式：$|\boldsymbol{A}^n|=|\boldsymbol{A}|^n$.

8. 特殊行列式

上三角行列式：

$$\begin{vmatrix} a_{11} & a_{12} & \cdots & a_{1n} \\ 0 & a_{22} & \cdots & a_{2n} \\ \vdots & \vdots & & \vdots \\ 0 & 0 & \cdots & a_{nn} \end{vmatrix}=a_{11}a_{22}\cdots a_{nn}.$$

下三角行列式：

$$\begin{vmatrix} a_{11} & 0 & \cdots & 0 \\ a_{21} & a_{22} & \cdots & 0 \\ \vdots & \vdots & & \vdots \\ a_{n1} & a_{n2} & \cdots & a_{nn} \end{vmatrix}=a_{11}a_{22}\cdots a_{nn}.$$

对角行列式：

$$\begin{vmatrix} a_{11} & 0 & \cdots & 0 \\ 0 & a_{22} & \cdots & 0 \\ \vdots & \vdots & & \vdots \\ 0 & 0 & \cdots & a_{nn} \end{vmatrix}=a_{11}a_{22}\cdots a_{nn}.$$

次对角行列式：

$$\begin{vmatrix} 0 & \cdots & 0 & a_{1n} \\ 0 & \cdots & a_{2,n-1} & 0 \\ \vdots & & \vdots & \vdots \\ a_{n1} & 0 & \cdots & 0 \end{vmatrix}=(-1)^{t[n(n-1)(n-2)\cdots 321]}a_{1n}a_{2,n-1}\cdots a_{n1}$$

$$=(-1)^{\frac{n(n-1)}{2}}a_{1n}a_{2,n-1}\cdots a_{n1}.$$

$$\begin{vmatrix} a_{11} & \cdots & a_{1,n-1} & a_{1n} \\ a_{21} & \cdots & a_{2,n-1} & 0 \\ \vdots & & \vdots & \vdots \\ a_{n1} & \cdots & \cdots & 0 \end{vmatrix} = \begin{vmatrix} 0 & \cdots & 0 & a_{1n} \\ 0 & \cdots & a_{2,n-1} & a_{2n} \\ \vdots & & \vdots & \vdots \\ a_{n1} & a_{n2} & \cdots & a_{nn} \end{vmatrix}$$

$$= \begin{vmatrix} 0 & \cdots & 0 & a_{1n} \\ 0 & \cdots & a_{2,n-1} & 0 \\ \vdots & & \vdots & \vdots \\ a_{n1} & 0 & \cdots & 0 \end{vmatrix}$$

$$= (-1)^{\frac{n(n-1)}{2}} a_{1n}a_{2,n-1}\cdots a_{n1}.$$

（二）行列式的性质

1. 转置行列式的定义

记 $D=\begin{vmatrix} a_{11} & a_{12} & \cdots & a_{1n} \\ a_{21} & a_{22} & \cdots & a_{2n} \\ \vdots & \vdots & & \vdots \\ a_{n1} & a_{n2} & \cdots & a_{nn} \end{vmatrix}$，$D^{\mathrm{T}}=\begin{vmatrix} a_{11} & a_{21} & \cdots & a_{n1} \\ a_{12} & a_{22} & \cdots & a_{n2} \\ \vdots & \vdots & & \vdots \\ a_{1n} & a_{2n} & \cdots & a_{nn} \end{vmatrix}$，行列式 D^{T} 称为行列式 D 的转置行列式.

2. 行列式的性质

性质 1 行列式与它的转置行列式相等.

性质 1 表明：行列式中行与列的地位是对称的，行列式中行具有的性质，其列也具有.

性质 2 互换行列式的两行(列)，行列式反号.

推论 1 若行列式有两行(列)元素对应相等，则行列式为零.

推论 2 如果行列式中某两行(列)的对应元素成比例，则此行列式的值等于零.

性质 3 行列式的某一行(列)中所有元素都乘以同一个数 k，等于用数 k 乘以此行列式. 第 i 行(列)乘以数 k，记作 $r[i(k)](c[i(k)])$.

推论 行列式中某一行(列)的所有元素的公因子，可以提到行列式符号的外面.

性质 4 若行列式的某行(列)的元素都是两个数之和，例如：

$$D=\begin{vmatrix} a_{11} & a_{12} & \cdots & a_{1n} \\ a_{21} & a_{22} & \cdots & a_{2n} \\ \vdots & \vdots & & \vdots \\ a_{i1}+a'_{i1} & a_{i2}+a'_{i2} & \cdots & a_{in}+a'_{in} \\ \vdots & \vdots & & \vdots \\ a_{n1} & a_{n2} & \cdots & a_{nn} \end{vmatrix},$$

则行列式 D 等于下列两个行列式之和：

$$D=\begin{vmatrix} a_{11} & a_{12} & \cdots & a_{1n} \\ a_{21} & a_{22} & \cdots & a_{2n} \\ \vdots & \vdots & & \vdots \\ a_{i1} & a_{i2} & \cdots & a_{in} \\ \vdots & \vdots & & \vdots \\ a_{n1} & a_{n2} & \cdots & a_{nn} \end{vmatrix}+\begin{vmatrix} a_{11} & a_{12} & \cdots & a_{1n} \\ a_{21} & a_{22} & \cdots & a_{2n} \\ \vdots & \vdots & & \vdots \\ a'_{i1} & a'_{i2} & \cdots & a'_{in} \\ \vdots & \vdots & & \vdots \\ a_{n1} & a_{n2} & \cdots & a_{nn} \end{vmatrix}.$$

性质 5　行列式某一行(列)元素加上另一行(列)对应元素的 k 倍，行列式的值不变，即

$$\begin{vmatrix} a_{11} & a_{12} & \cdots & a_{1n} \\ \vdots & \vdots & & \vdots \\ a_{i1} & a_{i2} & \cdots & a_{in} \\ \vdots & \vdots & & \vdots \\ a_{j1}+ka_{i1} & a_{j2}+ka_{i2} & \cdots & a_{jn}+ka_{in} \\ \vdots & \vdots & & \vdots \\ a_{n1} & a_{n2} & \cdots & a_{nn} \end{vmatrix}=\begin{vmatrix} a_{11} & a_{12} & \cdots & a_{1n} \\ \vdots & \vdots & & \vdots \\ a_{i1} & a_{i2} & \cdots & a_{in} \\ \vdots & \vdots & & \vdots \\ a_{j1} & a_{j2} & \cdots & a_{jn} \\ \vdots & \vdots & & \vdots \\ a_{n1} & a_{n2} & \cdots & a_{nn} \end{vmatrix}\ (i\neq j).$$

性质 2、3 和 5 中，**对换**两行(或列)、以非零常**数乘**某行(或列)和把某行(或列)的常数**倍加**到另一行(或列)上去，称为**初等行(或列)变换**，它们一起常用于计算行列式. 作变换 $r_i\leftrightarrow r_j(c_i\leftrightarrow c_j)$后，行列式变号；作变换 $kr_i(kc_i)$后，行列式要乘以 $1/k$；作变换 $r_i+kr_j(c_i+kc_j)$后，行列式不变.

(三) 行列式按行(列)展开

1. 余子式及代数余子式

行列式

$$\begin{vmatrix} a_{11} & \cdots & a_{1j} & \cdots & a_{1n} \\ \vdots & & \vdots & & \vdots \\ a_{i1} & \cdots & a_{ij} & \cdots & a_{in} \\ \vdots & & \vdots & & \vdots \\ a_{n1} & \cdots & a_{nj} & \cdots & a_{nn} \end{vmatrix}$$

中划去元素 a_{ij} 所在的第 i 行与第 j 列，剩下的$(n-1)^2$ 个元素按照原来的排法构成一个 $n-1$ 阶的行列式

$$\begin{vmatrix} a_{11} & \cdots & a_{1,j-1} & a_{1,j+1} & \cdots & a_{1n} \\ \vdots & & \vdots & \vdots & & \vdots \\ a_{i-1,1} & \cdots & a_{i-1,j-1} & a_{i-1,j+1} & \cdots & a_{i-1,n} \\ a_{i+1,1} & \cdots & a_{i+1,j-1} & a_{i+1,j+1} & \cdots & a_{i+1,n} \\ \vdots & & \vdots & \vdots & & \vdots \\ a_{n1} & \cdots & a_{n,j-1} & a_{n,j+1} & \cdots & a_{nn} \end{vmatrix},$$

称为元素 a_{ij} 的余子式，记为 M_{ij}.

记 $A_{ij}=(-1)^{i+j}M_{ij}$，A_{ij} 叫作元素 a_{ij} 的代数余子式.

由定义可知，A_{ij} 与行列式中第 i 行、第 j 列的元素无关.

2. 行列式按行(列)展开定理

引理 在 n 阶行列式 D 中，如果第 i 行元素除 a_{ij} 外全部为零，那么这个行列式等于 a_{ij} 与它的代数余子式的乘积，即 $D=a_{ij}A_{ij}$.

定理 2 行列式 D 等于它的任一行(列)的各元素与其对应的代数余子式的乘积之和，即

$$D=a_{i1}A_{i1}+a_{i2}A_{i2}+\cdots+a_{in}A_{in}\quad(i=1,2,\cdots,n)$$

或

$$D=a_{1j}A_{1j}+a_{2j}A_{2j}+\cdots+a_{nj}A_{nj}\quad(j=1,2,\cdots,n).$$

推论 行列式 D 中任一行(列)的元素与另一行(列)的对应元素的代数余子式的乘积之和等于零，即

$$a_{i1}A_{j1}+a_{i2}A_{j2}+\cdots+a_{in}A_{jn}=0\quad(i\neq j)$$

或

$$a_{1i}A_{1j}+a_{2i}A_{2j}+\cdots+a_{ni}A_{nj}=0\quad(i\neq j).$$

综上所述，即得代数余子式的重要性质(行列式按行(列)展开公式)：

$$\sum_{k=1}^{n}a_{ik}A_{jk}=\begin{cases}D & (i=j)\\0 & (i\neq j)\end{cases}$$

或

$$\sum_{k=1}^{n}a_{ki}A_{kj}=\begin{cases}D & (i=j)\\0 & (i\neq j)\end{cases}.$$

(四) 行列式的计算

行列式的计算主要采用以下两种基本方法：

(1) 利用行列式的性质，把原行列式化为上三角(下三角)行列式再求值，此时要注意的是，在互换两行或两列时，必须在新的行列式的前面乘上 -1，在按行或按列提取公因子 k 时，必须在新的行列式前面乘上 k.

(2) 把原行列式按选定的某一行或某一列展开，把行列式的阶数降低，再求出它的值，通常是利用性质在某一行或某一列中产生很多个“0”元素，再按这一行或这一列展开.

(五) 逆矩阵的计算公式

1. 伴随矩阵

设 $\boldsymbol{A}=(a_{ij})$ 为一个 n 阶方阵，A_{ij} 为 $\boldsymbol{A}$ 的行列式 $|\boldsymbol{A}|=|a_{ij}|_n$ 中元素 a_{ij} 的代数余子式，则矩阵 $\begin{pmatrix}A_{11} & A_{21} & \cdots & A_{n1}\\A_{12} & A_{22} & \cdots & A_{n2}\\\vdots & \vdots & & \vdots\\A_{1n} & A_{2n} & \cdots & A_{nn}\end{pmatrix}$ 称为 $\boldsymbol{A}$ 的伴随矩阵，记为 $\boldsymbol{A}^*$ (务必注意 $\boldsymbol{A}^*$ 中元素排列的特点).

伴随矩阵必满足：

(1) $\boldsymbol{A}\boldsymbol{A}^*=\boldsymbol{A}^*\boldsymbol{A}=|\boldsymbol{A}|\boldsymbol{E}$；

(2) $|\boldsymbol{A}^*|=|\boldsymbol{A}|^{n-1}$ (n 为 $\boldsymbol{A}$ 的阶数).

2. n 阶阵可逆的条件

定理 3　n 阶方阵 $\boldsymbol{A}$ 可逆$\Leftrightarrow|\boldsymbol{A}|\neq 0$，且 $\boldsymbol{A}^{-1}=\dfrac{1}{|\boldsymbol{A}|}\boldsymbol{A}^*$.

推论　设 $\boldsymbol{A}$、$\boldsymbol{B}$ 均为 n 阶方阵，且满足 $\boldsymbol{A}\boldsymbol{B}=\boldsymbol{E}$，则 $\boldsymbol{A}$、$\boldsymbol{B}$ 都可逆，且 $\boldsymbol{A}^{-1}=\boldsymbol{B}$，$\boldsymbol{B}^{-1}=\boldsymbol{A}$.

3. 逆矩阵的求法

(1) **定义法**：寻求一个与 $\boldsymbol{A}$ 同阶的方阵 $\boldsymbol{B}$，使得 $\boldsymbol{A}\boldsymbol{B}=\boldsymbol{E}$ 或 $\boldsymbol{B}\boldsymbol{A}=\boldsymbol{E}$，$\boldsymbol{B}$ 即为 $\boldsymbol{A}$ 的逆矩阵，此法一般适用于抽象的矩阵求逆.

(2) **公式法**：$\boldsymbol{A}^{-1}=\dfrac{1}{|\boldsymbol{A}|}\boldsymbol{A}^*$.

当 $\boldsymbol{A}$ 的阶数大于 3 时，计算 $\boldsymbol{A}^*$ 十分复杂，故此法一般适用于阶数不大于 3 的矩阵，特别地，当阶数为 2 时，有

$$\begin{pmatrix} a & b \\ c & d \end{pmatrix}^{-1}=\frac{1}{ad-bc}\begin{pmatrix} d & -b \\ -c & a \end{pmatrix}\ (ad-bc\neq 0).$$

(3) **初等变换法**：

$$(\boldsymbol{A}\ \vdots\ \boldsymbol{E})\xrightarrow{\text{初等行变换}}(\boldsymbol{E}\ \vdots\ \boldsymbol{A}^{-1}),$$

$$\begin{pmatrix} \boldsymbol{A} \\ \text{---} \\ \boldsymbol{E} \end{pmatrix}\xrightarrow{\text{初等列变换}}\begin{pmatrix} \boldsymbol{E} \\ \text{---} \\ \boldsymbol{A}^{-1} \end{pmatrix}.$$

当 $\boldsymbol{A}$ 的阶数大于 3 时，一般用初等变换法求逆.

(4) **分块矩阵法**：设 $\boldsymbol{A}$、$\boldsymbol{B}$ 均可逆时，有

$$\begin{pmatrix} \boldsymbol{A} & \boldsymbol{O} \\ \boldsymbol{O} & \boldsymbol{B} \end{pmatrix}^{-1}=\begin{pmatrix} \boldsymbol{A}^{-1} & \boldsymbol{O} \\ \boldsymbol{O} & \boldsymbol{B}^{-1} \end{pmatrix},\ \begin{pmatrix} \boldsymbol{O} & \boldsymbol{A} \\ \boldsymbol{B} & \boldsymbol{O} \end{pmatrix}^{-1}=\begin{pmatrix} \boldsymbol{O} & \boldsymbol{B}^{-1} \\ \boldsymbol{A}^{-1} & \boldsymbol{O} \end{pmatrix}.$$

(六) 克拉默法则

下面介绍 n 元线性方程组的克拉默法则.

如果线性方程组

$$\begin{cases} a_{11}x_1+a_{12}x_2+\cdots+a_{1n}x_n=b_1 \\ a_{21}x_1+a_{22}x_2+\cdots+a_{2n}x_n=b_2 \\ \qquad\qquad\vdots \\ a_{n1}x_1+a_{n2}x_2+\cdots+a_{nn}x_n=b_n \end{cases}\tag{2.1}$$

的系数行列式不等于零，即

$$D=\begin{vmatrix} a_{11} & \cdots & a_{1n} \\ \vdots & & \vdots \\ a_{n1} & \cdots & a_{nn} \end{vmatrix}\neq 0,$$

那么，方程组(2.1)有唯一解

$$x_1=\frac{D_1}{D},\ x_2=\frac{D_2}{D},\ \cdots,\ x_n=\frac{D_n}{D},$$

其中，$D_j(j=1,2,\cdots,n)$是把系数行列式D中的第j列元素用方程组右端的常数项代替后所得到的n阶行列式，即

$$D_j=\begin{vmatrix} a_{11} & \cdots & a_{1,j-1} & b_1 & a_{1,j+1} & \cdots & a_{1n} \\ a_{21} & \cdots & a_{2,j-1} & b_2 & a_{2,j+1} & \cdots & a_{2n} \\ \vdots & & \vdots & \vdots & \vdots & & \vdots \\ a_{n1} & \cdots & a_{n,j-1} & b_n & a_{n,j+1} & \cdots & a_{nn} \end{vmatrix}.$$

克拉默法则亦可叙述如下：

定理 4 如果线性方程组(2.1)的系数行列式$D\neq 0$，则方程组(2.1)一定有解，且解是唯一的.

它的逆否命题如下：

定理 4′ 如果线性方程组(2.1)无解或有两个不同的解，则它的系数行列式必为0($D=0$).

特别地，当方程组右边的常数项全部为0时，方程组(2.1)称为齐次线性方程组. 方程组

$$\begin{cases} a_{11}x_1+a_{12}x_2+\cdots+a_{1n}x_n=0 \\ a_{21}x_1+a_{22}x_2+\cdots+a_{2n}x_n=0 \\ \qquad\qquad\vdots \\ a_{n1}x_1+a_{n2}x_2+\cdots+a_{nn}x_n=0 \end{cases} \tag{2.2}$$

总有解$x_1=0$，$x_2=0$，$\cdots$，$x_n=0$，通常称之为齐次线性方程组(2.2)的**零解**.

若一组不全为零的数，它是齐次线性方程组(2.2)的解，则称它为齐次线性方程组(2.2)的非零解. 由定理1知：

定理 5 如果齐次线性方程组(2.2)的系数行列式不等于零，则齐次线性方程组(2.2)没有非零解.

推论 如果齐次线性方程组(2.2)有非零解，则齐次线性方程组(2.2)的系数行列式必为0.

在第4章我们会进一步证明，如果齐次线性方程组(2.2)的系数行列式为零，则齐次线性方程组(2.2)有非零解.

注：作为行列式的一个直接应用，我们给出了克拉默法则，但需要指出的是：用克拉默法则的前提是线性方程组的方程个数与未知数的个数要相符且系数行列式不等于0. 当系数行列式等于0时，线性方程组可能有无穷多个解，也可能无解，这一点我们将在第4章中进行讨论.

由于行列式的计算工作量大，因此在系数行列式的阶数较大时用克拉默法则解线性方程组是不适用的，克拉默法则主要用于理论推导的论证方面.

(七) 矩阵的秩

1. 矩阵秩的概念

(1) **k阶子式的定义**：在$m\times n$矩阵$\boldsymbol{A}$中任取k行k列($k\leqslant m$，$k\leqslant n$)，这些行列交叉

处有 k^2 个元素，不改变它们在 $\boldsymbol{A}$ 中所处的位置次序而得到的 k 阶行列式，称为矩阵 $\boldsymbol{A}$ 的 k 阶子式.

$m\times n$ 矩阵 $\boldsymbol{A}$ 的 k 阶子式共 $C_m^k\cdot C_n^k$ 个.

(2) **矩阵的秩的定义：**如果在矩阵 $\boldsymbol{A}$ 中有一个不等于零的 r 阶子式 D，且所有的 $r+1$ 阶子式都等于 0，则称 D 为 $\boldsymbol{A}$ 的一个最高阶非零子式. 数 r 称为矩阵 $\boldsymbol{A}$ 的秩，矩阵 $\boldsymbol{A}$ 的秩记成 $R(\boldsymbol{A})$. 零矩阵的秩规定为 0.

注：(1) 规定零矩阵的秩为 0.

(2) 若 $\boldsymbol{A}=(a_{ij})_{n\times n}$，$R(\boldsymbol{A})=n$，称 $\boldsymbol{A}$ 为满秩矩阵.

(3) 若 $\boldsymbol{A}=(a_{ij})_{n\times n}$，$R(\boldsymbol{A})<n$，称 $\boldsymbol{A}$ 为降秩矩阵.

2. 矩阵的秩的性质

关于矩阵的秩，有如下一些性质：

(1) $0\leqslant R(\boldsymbol{A}_{m\times n})\leqslant \min\{m, n\}$；

(2) $R(\boldsymbol{A}^{\mathrm{T}})=R(\boldsymbol{A})$；

(3) 若 $\boldsymbol{A}\sim\boldsymbol{B}$，则 $R(\boldsymbol{A})=R(\boldsymbol{B})$；

(4) 若 $\boldsymbol{P}$、$\boldsymbol{Q}$ 可逆，则 $R(\boldsymbol{PAQ})=R(\boldsymbol{A})$；

(5) $\max\{R(\boldsymbol{A}), R(\boldsymbol{B})\}\leqslant R(\boldsymbol{A}, \boldsymbol{B})\leqslant R(\boldsymbol{A})+R(\boldsymbol{B})$；

(6) $R(\boldsymbol{A}+\boldsymbol{B})\leqslant R(\boldsymbol{A})+R(\boldsymbol{B})$；

(7) $R(\boldsymbol{AB})\leqslant \min\{R(\boldsymbol{A}), R(\boldsymbol{B})\}$；

(8) 若 $\boldsymbol{A}_{m\times n}\boldsymbol{B}_{n\times l}=\boldsymbol{O}$，则 $R(\boldsymbol{A})+R(\boldsymbol{B})\leqslant n$.

3. 秩的求法

由于阶梯形矩阵的秩就是矩阵中非零行的行数，且矩阵的初等变换不改变矩阵的秩. 因此对任意一个矩阵 $\boldsymbol{A}$，只要用初等行变换把 $\boldsymbol{A}$ 化成阶梯形矩阵 $\boldsymbol{T}$，就可得 $R(\boldsymbol{A})=R(\boldsymbol{T})=\boldsymbol{T}$ 中非零行的行数.

4. 满秩矩阵等价的条件

n 阶方阵 $\boldsymbol{A}$ 满秩 $\Leftrightarrow\boldsymbol{A}$ 可逆，即存在矩阵 $\boldsymbol{B}$，使 $\boldsymbol{AB}=\boldsymbol{BA}=\boldsymbol{E}$.

$\Leftrightarrow\boldsymbol{A}$ 非奇异，即 $|\boldsymbol{A}|\neq 0$.

$\Leftrightarrow\boldsymbol{A}$ 的等价标准形为 $\boldsymbol{E}$.

$\Leftrightarrow\boldsymbol{A}$ 可以表示为有限个初等方阵的乘积.

$\Leftrightarrow$齐次线性方程组 $\boldsymbol{AX}=\boldsymbol{0}$ 只有零解.

$\Leftrightarrow$对任意非零列向量 $\boldsymbol{b}$，非齐次线性方程组 $\boldsymbol{AX}=\boldsymbol{b}$ 有唯一解.

$\Leftrightarrow\boldsymbol{A}$ 的行(列)向量组线性无关.

$\Leftrightarrow\boldsymbol{A}$ 的行(列)向量组为 $\mathbf{R}^n$ 的一个基.

$\Leftrightarrow$任意 n 维行(列)向量均可以表示为 $\boldsymbol{A}$ 的行(列)向量组的线性组合，且表示法唯一.

$\Leftrightarrow\boldsymbol{A}$ 的特征值均不为零.

$\Leftrightarrow\boldsymbol{A}^{\mathrm{T}}\boldsymbol{A}$ 为正定矩阵.

三、知识结构图

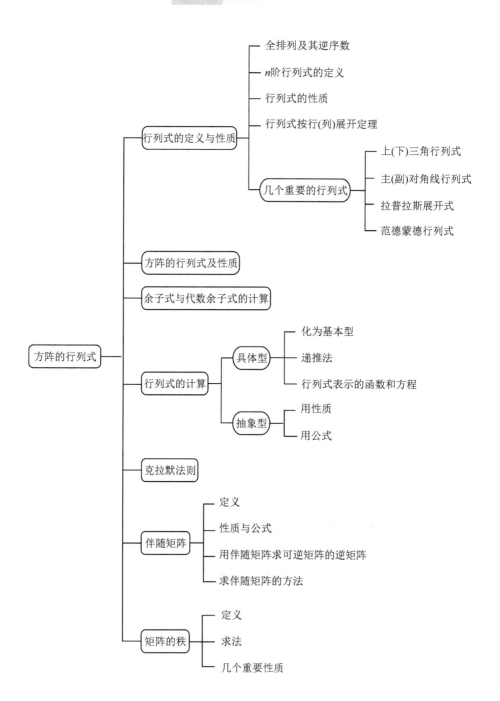

- 方阵的行列式
  - 行列式的定义与性质
    - 全排列及其逆序数
    - n阶行列式的定义
    - 行列式的性质
    - 行列式按行(列)展开定理
    - 几个重要的行列式
      - 上(下)三角行列式
      - 主(副)对角线行列式
      - 拉普拉斯展开式
      - 范德蒙德行列式
  - 方阵的行列式及性质
  - 余子式与代数余子式的计算
  - 行列式的计算
    - 具体型
      - 化为基本型
      - 递推法
      - 行列式表示的函数和方程
    - 抽象型
      - 用性质
      - 用公式
  - 克拉默法则
  - 伴随矩阵
    - 定义
    - 性质与公式
    - 用伴随矩阵求可逆矩阵的逆矩阵
    - 求伴随矩阵的方法
  - 矩阵的秩
    - 定义
    - 求法
    - 几个重要性质

四、要点剖析

1. 行列式的要求

通过对二、三阶行列式的分析和研究，获得了一般 n 阶行列式的定义，这种从特殊到一般的认识过程是思维的升华过程，也是知识层次的提升过程，在课程学习中要多加重视. 要求学生学会通过观察分析，发现事物规律.

2. 行列式的计算

利用行列式的性质和展开定理计算行列式是行列式计算的重点，掌握行列式的计算方法和技巧是学习的难点.

行列式的基本计算方法是利用行列式的性质将行列式化为三角行列式和按展开定理将行列式降阶. 行列式的计算方法较多，具有一定的技巧性，在计算过程中通常要根据行列式的特点采用相应的计算方法，如递推法、数学归纳法、降阶法等.

3. 克拉默法则的应用

当方程组中方程个数与未知量个数相等且系数行列式不等于零时，克拉默法则有效. 求解一般线性方程组可以通过高斯消元法来实现. 可根据线性方程组系数矩阵的秩与增广矩阵的秩的关系判定方程组解的情况，具体内容见本教材的第 3 章.

4. 矩阵的秩

矩阵的秩是矩阵理论中的一个重要概念. 矩阵的秩的等价条件是：

(1) 矩阵的秩为矩阵中非零子式的最高阶数；

(2) 矩阵的秩等于矩阵的行向量组和列向量组的秩.

求矩阵的秩的基本方法如下：

(1) 利用定义求秩法，即求矩阵中不为零子式的最高阶数.

(2) 利用初等变换求秩法，即对矩阵进行初等行变换将其化为行阶梯形矩阵，则行阶梯形矩阵中非零行的行数就是该矩阵的秩. 有时也可以将定义和初等变换结合起来求矩阵的秩.

(3) 利用向量组求秩法，即求向量组的行秩或列秩.

五、释疑解难

问题 1　任意线性方程组是否都能利用克拉默法则求解？试考察如下线性方程组：

$$\begin{cases} x_1-2x_2+4x_3=1 \\ 2x_1+x_2+x_3=0 \\ 3x_1-x_2+5x_3=1 \end{cases}.$$

克拉默法则失效是否意味着方程组无解？试考察如下方程组：

$$\begin{cases}x_1-2x_2+4x_3=1\\2x_1-4x_2+8x_3=2\end{cases}.$$

答 不是任意的线性方程组都可以用克拉默法则求解. 克拉默法则只能应用于方程个数与变量个数相等的线性方程组，并且即使方程个数与变量个数相等，该法则也可能失效. 例如，$\begin{cases}x_1-2x_2+4x_3=1\\2x_1+x_2+x_3=0\\3x_1-x_2+5x_3=1\end{cases}$ 的系数行列式 $D=\begin{vmatrix}1&-2&4\\2&1&1\\3&-1&5\end{vmatrix}=0$，克拉默法则失效. 但克拉默法则失效时，并不意味着方程组一定无解. 例如，方程组$\begin{cases}x_1-2x_2+4x_3=1\\2x_1-4x_2+8x_3=2\end{cases}$不能用克拉默法则求解，这并不意味着此方程组一定无解(可能有无穷多解). 任何理论都有其应用的范围.

问题 2 关于 n 阶方阵 $\boldsymbol{A}$ 的伴随矩阵 $\boldsymbol{A}^*$ 有哪些主要结论?

答 关于 n 阶方阵 $\boldsymbol{A}$ 的伴随矩阵 $\boldsymbol{A}^*$ 有下列主要结论：

(1) $\boldsymbol{A}\boldsymbol{A}^*=\boldsymbol{A}^*\boldsymbol{A}=|\boldsymbol{A}|\boldsymbol{E}$;

(2) $|\boldsymbol{A}^*|=|\boldsymbol{A}|^{n-1}$;

(3) $(\boldsymbol{A}^{\mathrm{T}})^*=(\boldsymbol{A}^*)^{\mathrm{T}}$;

(4) $(k\boldsymbol{A})^*=k^{n-1}\boldsymbol{A}^*$，特别地，$(-\boldsymbol{A})^*=(-1)^{n-1}\boldsymbol{A}^*$;

(5) 当 $\boldsymbol{A}$ 可逆时，$\boldsymbol{A}^*=|\boldsymbol{A}|\boldsymbol{A}^{-1}$，$(\boldsymbol{A}^*)^{-1}=\dfrac{1}{|\boldsymbol{A}|}\boldsymbol{A}$.

问题 3 矩阵与方阵的行列式有什么区别与联系?

答 矩阵的记号与行列式的记号很相像，但它们是两个截然不同的概念，两者的区别与联系如下：

(1) 矩阵是一个数表，其记号表示一个表；而行列式是对方形数表根据定义的运算规则得到的一个数，因此可以将行列式记号看作一种运算符号，只有方阵才有其对应的行列式. 矩阵与方阵形相似而质不同，所以在学习中要养成严谨认真的习惯.

(2) 方阵与它的行列式又是紧密相关的，方阵确定了它的行列式，而行列式又是方阵特性的重要标志。例如，方阵的行列式是否为零揭示了方阵的可逆性，矩阵的子式揭示了矩阵的秩的特征等.

(3) 矩阵与行列式的运算也有明显的区别.

对于加法运算：

$$\begin{pmatrix}x_1&x_2\\x_3&x_4\end{pmatrix}+\begin{pmatrix}y_1&y_2\\y_3&y_4\end{pmatrix}=\begin{pmatrix}x_1+y_1&x_2+y_2\\x_3+y_3&x_4+y_4\end{pmatrix},$$

$$\begin{aligned}\begin{vmatrix}x_1&x_2\\x_3&x_4\end{vmatrix}+\begin{vmatrix}y_1&y_2\\y_3&y_4\end{vmatrix}&=\begin{vmatrix}x_1&x_2+y_2\\x_3&x_4+y_4\end{vmatrix}+\begin{vmatrix}y_1&x_2+y_2\\y_3&x_4+y_4\end{vmatrix}\\&=\begin{vmatrix}x_1&x_2\\x_3&x_4\end{vmatrix}+\begin{vmatrix}x_1&y_2\\x_3&y_4\end{vmatrix}+\begin{vmatrix}y_1&x_2\\y_3&x_4\end{vmatrix}+\begin{vmatrix}y_1&y_2\\y_3&y_4\end{vmatrix}.\end{aligned}$$

对于乘法运算：

$$k\begin{pmatrix}x_1&x_2\\x_3&x_4\end{pmatrix}=\begin{pmatrix}kx_1&kx_2\\kx_3&kx_4\end{pmatrix},$$

$$k\begin{vmatrix} x_1 & x_2 \\ x_3 & x_4 \end{vmatrix}=\begin{vmatrix} kx_1 & kx_2 \\ x_3 & x_4 \end{vmatrix}=\begin{vmatrix} x_1 & x_2 \\ kx_3 & kx_4 \end{vmatrix}=\begin{vmatrix} kx_1 & x_2 \\ kx_3 & x_4 \end{vmatrix}=\begin{vmatrix} x_1 & kx_2 \\ x_3 & kx_4 \end{vmatrix}.$$

对于同阶方阵 $\boldsymbol{A}$、$\boldsymbol{B}$，$|\boldsymbol{AB}|=|\boldsymbol{A}||\boldsymbol{B}|=|\boldsymbol{BA}|$，但是 $\boldsymbol{AB}=\boldsymbol{BA}$ 不一定成立.

(4) $\boldsymbol{A}^{-1}$ 与 $|\boldsymbol{A}|^{-1}$ 的区别是：$\boldsymbol{A}^{-1}$ 表示方阵 $\boldsymbol{A}$ 的逆矩阵，如果 $\boldsymbol{A}$ 不可逆，则 $\boldsymbol{A}^{-1}$ 无意义，而 $|\boldsymbol{A}|^{-1}$ 表示行列式 $|\boldsymbol{A}|$ 的数值的倒数.

六、典型例题解析

(一) 基础题

例 2.1　计算排列 32514 的逆序数，并讨论其奇偶性.

解　在排列 32514 中，3 排在首位，故其逆序数为 0；

2 的前面比 2 大的数只有 1 个，故其逆序数为 1；

5 的前面没有比 5 大的数，故其逆序数为 0；

1 的前面比 1 大的数有 3 个，故其逆序数为 3；

4 的前面比 4 大的数有 1 个，故其逆序数为 1.

于是排列 32514 的逆序数为 $t(32514)=0+1+0+3+1=5$，是奇排列.

例 2.2　求排列 $n(n-1)(n-2)\cdots 321$ 的逆序数.

解　因为在这个排列中，$n-1$ 前面比它大的数有 1 个，$n-2$ 前面比它大的数有 2 个，…，2 前面比它大的数有个 $n-2$，1 前面比它大的数有 $n-1$ 个，所以有

$$t(n(n-1)\cdots 321)=1+2+\cdots+(n-2)+(n-1)=\frac{n(n-1)}{2}.$$

例 2.3　计算三阶行列式 $\begin{vmatrix} 1 & 2 & -4 \\ -2 & 2 & 1 \\ -3 & 4 & -2 \end{vmatrix}$.

解　
$$\begin{aligned}原式&=1\times 2\times(-2)+2\times 1\times(-3)+(-2)\times 4\times(-4)-\\&\quad(-4)\times 2\times(-3)-2\times(-2)\times(-2)-1\times 1\times 4\\&=-4-6+32-24-8-4\\&=-14.\end{aligned}$$

例 2.4　解方程 $\begin{vmatrix} 1 & 1 & 1 \\ 2 & 3 & x \\ 4 & 9 & x^2 \end{vmatrix}=0$.

解　方程左边

$$D=3x^2+4x+18-12-2x^2-9x=x^2-5x+6,$$

解方程 $x^2-5x+6=0$，得 $x=2$ 或 $x=3$.

例 2.5　计算行列式 $D=\begin{vmatrix} -2 & 3 & 1 \\ 503 & 201 & 298 \\ 5 & 2 & 3 \end{vmatrix}$.

解 $D=\begin{vmatrix}-2&3&1\\503&201&298\\5&2&3\end{vmatrix}=\begin{vmatrix}-2&3&1\\500+3&200+1&300-2\\5&2&3\end{vmatrix}$

$=\begin{vmatrix}-2&3&1\\500&200&300\\5&2&3\end{vmatrix}+\begin{vmatrix}-2&3&1\\3&1&-2\\5&2&3\end{vmatrix}$

$=0+(-70)$

$=-70.$

例 2.6 写出四阶行列式$\begin{vmatrix}a_{11}&a_{12}&a_{13}&a_{14}\\a_{21}&a_{22}&a_{23}&a_{24}\\a_{31}&a_{32}&a_{33}&a_{34}\\a_{41}&a_{42}&a_{43}&a_{44}\end{vmatrix}$中含有因子 $a_{13}a_{31}$ 的项.

解 四阶行列式 D 的一般项为$(-1)^{t(p_1p_2p_3p_4)}a_{1p_1}a_{2p_2}a_{3p_3}a_{4p_4}$. 由于 $p_1=3$, $p_3=1$, 所以 p_2 和 p_4 只能取 2 或 4.

当 $p_2=2$, $p_4=4$ 时, 有

$$\begin{aligned}(-1)^{t(p_1p_2p_3p_4)}a_{1p_1}a_{2p_2}a_{3p_3}a_{4p_4}&=(-1)^{t(3214)}a_{13}a_{22}a_{31}a_{44}\\&=-a_{13}a_{22}a_{31}a_{44};\end{aligned}$$

当 $p_2=4$, $p_4=2$ 时, 有

$$\begin{aligned}(-1)^{t(p_1p_2p_3p_4)}a_{1p_1}a_{2p_2}a_{3p_3}a_{4p_4}&=(-1)^{t(3412)}a_{13}a_{24}a_{31}a_{42}\\&=a_{13}a_{22}a_{31}a_{44}.\end{aligned}$$

故行列式中含有因子 $a_{13}a_{31}$ 的项为$-a_{13}a_{22}a_{31}a_{44}$ 和 $a_{13}a_{22}a_{31}a_{44}$.

例 2.7 已知三阶行列式$\begin{vmatrix}a&b&c\\u&v&w\\x&y&z\end{vmatrix}=10$, 求下列行列式的值.

(1) $\begin{vmatrix}a+kb&b+c&c\\u+kv&v+w&w\\x+ky&y+z&z\end{vmatrix}$;

(2) $\begin{vmatrix}4a&4b&4c\\x&y&z\\2u-3x&2v-3y&2w-3z\end{vmatrix}$.

解 (1) $\begin{vmatrix}a+kb&b+c&c\\u+kv&v+w&w\\x+ky&y+z&z\end{vmatrix}\xlongequal{c_2+(-1)c_3}\begin{vmatrix}a+kb&b&c\\u+kv&v&w\\x+ky&y&z\end{vmatrix}$

$\xlongequal{c_1+(-k)c_2}\begin{vmatrix}a&b&c\\u&v&w\\x&y&z\end{vmatrix}$

$=10.$

(2) $\begin{vmatrix} 4a & 4b & 4c \\ x & y & z \\ 2u-3x & 2v-3y & 2w-3z \end{vmatrix} \xlongequal{r_2 \leftrightarrow r_3} -\begin{vmatrix} 4a & 4b & 4c \\ 2u-3x & 2v-3y & 2w-3z \\ x & y & z \end{vmatrix}$

$$\xlongequal{\frac{1}{4}\times r_1} -4\begin{vmatrix} a & b & c \\ 2u-3x & 2v-3y & 2w-3z \\ x & y & z \end{vmatrix}$$

$$\xlongequal{r_2+3r_3} -4\begin{vmatrix} a & b & c \\ 2u & 2v & 2w \\ x & y & z \end{vmatrix}$$

$$\xlongequal{\frac{1}{2}\times r_2} -4\times 2\begin{vmatrix} a & b & c \\ u & v & w \\ x & y & z \end{vmatrix} = -80.$$

例 2.8　计算行列式 $D=\begin{vmatrix} 1 & -2 & 5 & 0 \\ -2 & 3 & -8 & -1 \\ 3 & 1 & -2 & 4 \\ 1 & 4 & 2 & -5 \end{vmatrix}$.

解　$D \xlongequal[\substack{r_3+(-3)r_1 \\ r_4+(-1)r_1}]{r_2+2r_1} \begin{vmatrix} 1 & -2 & 5 & 0 \\ 0 & -1 & 2 & -1 \\ 0 & 7 & -17 & 4 \\ 0 & 6 & -3 & -5 \end{vmatrix} \xlongequal[r_4+6r_2]{r_3+7r_2} \begin{vmatrix} 1 & -2 & 5 & 0 \\ 0 & -1 & 2 & -1 \\ 0 & 0 & -3 & -3 \\ 0 & 0 & 9 & -11 \end{vmatrix}$

$$\xlongequal{r_4+3r_3} \begin{vmatrix} 1 & -2 & 5 & 0 \\ 0 & -1 & 2 & -1 \\ 0 & 0 & -3 & -3 \\ 0 & 0 & 0 & -20 \end{vmatrix} = 1\times(-1)\times(-3)\times(-20) = -60.$$

例 2.9　计算行列式 $\begin{vmatrix} 0 & 3 & 4 & 2 \\ 0 & 0 & 7 & 6 \\ 2 & 4 & 3 & 1 \\ 0 & 0 & 5 & 0 \end{vmatrix}$.

解　按第 4 行展开，即得

$$\begin{vmatrix} 0 & 3 & 4 & 2 \\ 0 & 0 & 7 & 6 \\ 2 & 4 & 3 & 1 \\ 0 & 0 & 5 & 0 \end{vmatrix} = 5\times A_{43} = 5\times(-1)^{4+3}\times\begin{vmatrix} 0 & 3 & 2 \\ 0 & 0 & 6 \\ 2 & 4 & 1 \end{vmatrix} = -5\times\begin{vmatrix} 0 & 3 & 2 \\ 0 & 0 & 6 \\ 2 & 4 & 1 \end{vmatrix}.$$

再按第 1 列(或第 2 行)展开，即得

$$\begin{vmatrix} 0 & 3 & 4 & 2 \\ 0 & 0 & 7 & 6 \\ 2 & 4 & 3 & 1 \\ 0 & 0 & 5 & 0 \end{vmatrix} = -5\times 2\times(-1)^{3+1}\times\begin{vmatrix} 3 & 2 \\ 0 & 6 \end{vmatrix} = -180.$$

例 2.10 行列式$\begin{vmatrix} 0 & 1 & -1 & 1 \\ -1 & 0 & 1 & -1 \\ 1 & -1 & 0 & 1 \\ -1 & 1 & -1 & 0 \end{vmatrix}$第二行第一列元素的代数余子式 $A_{21}=$(　　).

A. -2　　B. -1　　C. 1　　D. 2

解 对行列式$\begin{vmatrix} 0 & 1 & -1 & 1 \\ -1 & 0 & 1 & -1 \\ 1 & -1 & 0 & 1 \\ -1 & 1 & -1 & 0 \end{vmatrix}$，有

$$A_{21}=(-1)^{2+1}M_{21}=-\begin{vmatrix} 1 & -1 & 1 \\ -1 & 0 & 1 \\ 1 & -1 & 0 \end{vmatrix}=-\begin{vmatrix} 1 & -1 & 1 \\ 0 & -1 & 2 \\ 0 & 0 & -1 \end{vmatrix}=-1.$$

答案 B.

例 2.11 解三元线性方程组$\begin{cases} x_1-2x_2+x_3=-2 \\ 2x_1+x_2-3x_3=1 \\ -x_1+x_2-x_3=0 \end{cases}$.

解 由于方程组的系数行列式

$$D=\begin{vmatrix} 1 & -2 & 1 \\ 2 & 1 & -3 \\ -1 & 1 & -1 \end{vmatrix}=-5\neq 0,\ D_1=\begin{vmatrix} -2 & -2 & 1 \\ 1 & 1 & -3 \\ 0 & 1 & -1 \end{vmatrix}=-5,$$

$$D_2=\begin{vmatrix} 1 & -2 & 1 \\ 2 & 1 & -3 \\ -1 & 0 & -1 \end{vmatrix}=-10,\ D_3=\begin{vmatrix} 1 & -2 & -2 \\ 2 & 1 & 1 \\ -1 & 1 & 0 \end{vmatrix}=-5,$$

故所求方程组的解为

$$x_1=\frac{D_1}{D}=1,\ x_2=\frac{D_2}{D}=2,\ x_3=\frac{D_3}{D}=1.$$

例 2.12 求矩阵 $\boldsymbol{A}$、$\boldsymbol{B}$ 的秩，其中

$$\boldsymbol{A}=\begin{pmatrix} 3 & 2 & 1 & 1 \\ 1 & 2 & -3 & 2 \\ 4 & 4 & -2 & 3 \end{pmatrix},\ \boldsymbol{B}=\begin{pmatrix} 2 & -1 & 0 & 3 & -2 \\ 0 & 3 & 1 & -2 & 5 \\ 0 & 0 & 0 & 4 & -3 \\ 0 & 0 & 0 & 0 & 0 \end{pmatrix}.$$

解 因为 $\boldsymbol{A}$ 的一个二阶子式$\begin{vmatrix} 3 & 2 \\ 1 & 2 \end{vmatrix}=4\neq 0$ 是非零子式，而 $\boldsymbol{A}$ 的所有(4 个)三阶子式

$$\begin{vmatrix} 3 & 2 & 1 \\ 1 & 2 & -3 \\ 4 & 4 & -2 \end{vmatrix}=0,\ \begin{vmatrix} 3 & 2 & 1 \\ 1 & 2 & 2 \\ 4 & 4 & 3 \end{vmatrix}=0,\ \begin{vmatrix} 3 & 1 & 1 \\ 1 & -3 & 2 \\ 4 & -2 & 3 \end{vmatrix}=0,\ \begin{vmatrix} 2 & 1 & 1 \\ 2 & -3 & 2 \\ 4 & -2 & 3 \end{vmatrix}=0.$$

所以，由矩阵秩的定义知 $R(\boldsymbol{A})=2$.

$\boldsymbol{B}$ 是一个行阶梯形矩阵，有 3 个非零行(元素不全为 0 的行)，它的所有四阶子式全为 0 (因为所有四阶子式含有全零行). 取非零行的非零首元(非 0 行第一不等于 0 的元)所在的行和列，构成的三阶子式是一个上三角形行列式

$$\begin{vmatrix} 2 & -1 & 3 \\ 0 & 3 & -2 \\ 0 & 0 & 4 \end{vmatrix}=24\neq 0$$

所以，由矩阵秩的定义知 $R(\boldsymbol{A})=3$，即行阶梯形矩阵非零行的行数.

例 2.13　设 $\boldsymbol{A}=\begin{pmatrix} a & b \\ c & d \end{pmatrix}$.

(1) 求 $\boldsymbol{A}$ 的伴随矩阵 $\boldsymbol{A}^*$；

(2) a，b，c，d 满足什么条件时，$\boldsymbol{A}$ 可逆？并求 $\boldsymbol{A}^{-1}$.

解　(1) 且对二阶方阵 $\boldsymbol{A}$，求 $\boldsymbol{A}^*$ 的口诀为“主交换，次变号”即

$$\boldsymbol{A}^*=\begin{pmatrix} d & -b \\ -c & a \end{pmatrix}.$$

(2) 由 $|\boldsymbol{A}|=\begin{vmatrix} a & b \\ c & d \end{vmatrix}=ad-bc$，故当 $ad-bc\neq 0$ 时，即 $|\boldsymbol{A}|\neq 0$，$\boldsymbol{A}$ 为可逆矩阵，此时

$$\boldsymbol{A}^{-1}=\frac{1}{|\boldsymbol{A}|}\boldsymbol{A}^*=\frac{1}{ad-bc}\begin{pmatrix} d & -b \\ -c & a \end{pmatrix}$$

(二) 拓展题

1. 计算逆序数的常用方法

例 2.14　按自然数从小到大为标准次序，计算以下各排列的逆序数，并指出它们的奇偶性.

(1) 42531，(2) $135\cdots(2n-1)246\cdots(2n)$.

解　(1) 对于所给排列，4 在首位，逆序个数为 0；2 的前面有 1 个比它大的数，逆序个数为 1；5 的前面没有比它大的数，逆序个数为 0；3 的前面有 2 个比它大的数，逆序个数为 2；1 的前面有 4 个比它大的数，逆序个数为 4. 故排列 42531 的逆序数为 7$(0+1+0+2+4=7)$，即 $\tau(42531)=7$，因而它是奇排列.

(2) 同理可得

$$t[135\cdots(2n-1)246\cdots(2n)]=0+(n-1)+(n-2)+\cdots+2+1=\frac{n(n+1)}{2}.$$

当 $n=4k$ 或 $4k+1$ 时，此排列为偶排列；当 $n=4k+2$ 或 $4k+3$ 时，排列为奇排列.

注：上述计算逆序数的方法是“向前看”法，即看每个数的前面有几个数比它大，则该数的逆序数就是几. 同样，也可以采取“向后看”的方法，看每个数的后面有几个数比它小，则该数的逆序数就是几.

2. 计算数字型行列式

1) 定义法

定义法适用于含零元素较多的简单、特殊行列式的计算

例 2.15 计算行列式 $D_6=\begin{vmatrix} 0 & 0 & \cdots & 0 & 1 \\ 0 & 0 & \cdots & 2 & 0 \\ \vdots & \vdots & & \vdots & \vdots \\ 0 & 5 & \cdots & 0 & 0 \\ 6 & 0 & \cdots & 0 & 0 \end{vmatrix}$.

分析 由观察发现，行列式中的零元素很多，直接使用定义法求解.

解

$$\begin{vmatrix} 0 & 0 & \cdots & 0 & 1 \\ 0 & 0 & \cdots & 2 & 0 \\ \vdots & \vdots & & \vdots & 0 \\ 0 & 5 & \cdots & 0 & 0 \\ 6 & 0 & \cdots & 0 & 0 \end{vmatrix} = (-1)^{t(654321)}1\times 2\times 3\times 4\times 5\times 6=-6!.$$

2）化三角形法

我们知道，上三角形行列式或下三角形行列式的值等于它的主对角线上各元素的乘积.所谓化三角形法，就是利用行列式的性质将原行列式化为上三角形行列式或下三角形行列式来进行计算.

例 2.16 计算行列式 $D_4=\begin{vmatrix} a & b & b & b \\ b & a & b & b \\ b & b & a & b \\ b & b & b & a \end{vmatrix}$.

解法 1 这个行列式的特点是它的每一行的元素之和均为 $a+3b$（行和相同行列式），可以先把行列式的后 3 列都加到第 1 列上去，提出第 1 列的公因子 $a+3b$，再用后 3 行都减去第 1 行：

$$\begin{vmatrix} a & b & b & b \\ b & a & b & b \\ b & b & a & b \\ b & b & b & a \end{vmatrix}=\begin{vmatrix} a+3b & b & b & b \\ a+3b & a & b & b \\ a+3b & b & a & b \\ a+3b & b & b & a \end{vmatrix}$$

$$=(a+3b)\begin{vmatrix} 1 & b & b & b \\ 1 & a & b & b \\ 1 & b & a & b \\ 1 & b & b & a \end{vmatrix}$$

$$=(a+3b)\begin{vmatrix} 1 & b & b & b \\ 0 & a-b & 0 & 0 \\ 0 & 0 & a-b & 0 \\ 0 & 0 & 0 & a-b \end{vmatrix}$$

$$=(a+3b)(a-b)^3$$

解法 2 这个行列式每一行元素中有 3 个 b，可以采用“加边法”来计算，即是构造一个与 D_4 有相同值的五阶行列式，这样得到一个“爪形”行列式，如果 $a=b$，则原行列式的值为 0，假设 $a\neq b$，即 $a-b\neq 0$，把后 4 列的 $\dfrac{1}{a-b}$ 倍加到第 1 列上，可以把第 1 列的 -1 化为 0.

$$D_4=\begin{vmatrix} a & b & b & b \\ b & a & b & b \\ b & b & a & b \\ b & b & b & a \end{vmatrix}=\begin{vmatrix} 1 & b & b & b & b \\ 0 & a & b & b & b \\ 0 & b & a & b & b \\ 0 & b & b & a & b \\ 0 & b & b & b & a \end{vmatrix}$$

$$\xlongequal[r_4-r_1,r_5-r_1]{r_2-r_1,r_3-r_1}\begin{vmatrix} 1 & b & b & b & b \\ -1 & a-b & 0 & 0 & 0 \\ -1 & 0 & a-b & 0 & 0 \\ -1 & 0 & 0 & a-b & 0 \\ -1 & 0 & 0 & 0 & a-b \end{vmatrix}$$

$$=\begin{vmatrix} 1+\dfrac{4b}{a-b} & b & b & b & b \\ 0 & a-b & 0 & 0 & 0 \\ 0 & 0 & a-b & 0 & 0 \\ 0 & 0 & 0 & a-b & 0 \\ 0 & 0 & 0 & 0 & a-b \end{vmatrix}$$

$$=\left(1+\frac{4b}{a-b}\right)(a-b)^4=(a+3b)(a-b)^3$$

例 2.17　计算 $D=\begin{vmatrix} 0 & 1 & 1 & \cdots & 1 & 1 \\ 1 & 0 & 1 & \cdots & 1 & 1 \\ 1 & 1 & 0 & \cdots & 1 & 1 \\ \vdots & \vdots & \vdots & & \vdots & \vdots \\ 1 & 1 & 1 & \cdots & 0 & 1 \\ 1 & 1 & 1 & \cdots & 1 & 0 \end{vmatrix}$.

提示：行列和相等行列式，将各行加到第 1 行，再提取公因式，然后将第 1 行乘以 -1 加到其余各行.

解

$$D=(n-1)\begin{vmatrix} 1 & 1 & 1 & \cdots & 1 & 1 \\ 1 & 0 & 1 & \cdots & 1 & 1 \\ 1 & 1 & 0 & \cdots & 1 & 1 \\ \vdots & \vdots & \vdots & & \vdots & \vdots \\ 1 & 1 & 1 & \cdots & 0 & 1 \\ 1 & 1 & 1 & \cdots & 1 & 0 \end{vmatrix}$$

$$=(n-1)\begin{vmatrix} 1 & 1 & 1 & \cdots & 1 & 1 \\ 0 & -1 & 0 & \cdots & 0 & 0 \\ 0 & 0 & -1 & \cdots & 0 & 0 \\ \vdots & \vdots & \vdots & & \vdots & \vdots \\ 0 & 0 & 0 & \cdots & -1 & 0 \\ 0 & 0 & 0 & \cdots & 0 & -1 \end{vmatrix}$$

$$=(-1)^{n-1}(n-1)$$

例 2.18 计算 $D_n=\begin{vmatrix} x+a_1 & a_2 & \cdots & a_n \\ a_1 & x+a_2 & \cdots & a_n \\ \vdots & \vdots & & \vdots \\ a_1 & a_2 & \cdots & x+a_n \end{vmatrix}$.

提示：D_n 除对角元素外，各列元素相同，只要用 D_n 的第一行乘以 -1 再加到其余各行，将它变成“爪形”行列式，再“断其一爪”求解.

解

$$D_n=\begin{vmatrix} x+a_1 & a_2 & \cdots & a_n \\ -x & x & \cdots & 0 \\ \vdots & \vdots & & \vdots \\ -x & 0 & \cdots & x \end{vmatrix}=\begin{vmatrix} x+a_1+\sum\limits_{k=2}^{n}a_k & a_2 & \cdots & a_n \\ 0 & x & \cdots & 0 \\ \vdots & \vdots & & \vdots \\ 0 & 0 & \cdots & x \end{vmatrix}$$

$$=x^n+x^{n-1}\sum_{k=1}^{n}a_k.$$

例 2.19 设$D=\begin{vmatrix} a_{11}\cdots a_{1k} & & & \\ \vdots \quad \vdots & & \text{\Large 0} & \\ a_{k1}\cdots a_{kk} & & & \\ c_{11}\cdots c_{1k} & & b_{11}\cdots b_{1n} & \\ \vdots \quad \vdots & & \vdots \quad \vdots & \\ c_{n1}\cdots c_{nk} & & b_{n1}\cdots b_{nn} & \end{vmatrix}$，$D_1=\det(a_{ij})=\begin{vmatrix} a_{11}\cdots a_{1k} \\ \vdots \quad \vdots \\ a_{k1}\cdots a_{kk} \end{vmatrix}$，$D_2=\det(b_{ij})=\begin{vmatrix} b_{11}\cdots b_{1n} \\ \vdots \quad \vdots \\ b_{n1}\cdots b_{nn} \end{vmatrix}$，证明 $D=D_1D_2$.

证明 对 D_1 作行变换，相当于对 D 的前 k 行作相同的行变换，且 D 的后 n 行保持不变；对 D_2 作列变换，相当于对 D 的后 n 列作相同的列变换，且 D 的前 k 列保持不变.

对 D_1 作适当的行变换 r_i+kr_j，可将 D_1 化为下三角形；同理，对 D_2 作适当的列变换 c_i+kc_j，可将 D_2 化为下三角形，分别设为

$$D_1=\begin{vmatrix} p_{11} & & \text{\Large 0} \\ \vdots & \ddots & \\ p_{k1} & \cdots & p_{kk} \end{vmatrix}=p_{11}\cdots p_{kk},\quad D_2=\begin{vmatrix} q_{11} & & \text{\Large 0} \\ \vdots & \ddots & \\ q_{n1} & \cdots & q_{nn} \end{vmatrix}=q_{11}\cdots q_{nn},$$

故对 D 的前 k 行作上述行变换，和对 D 的后 n 列作上述列变换后，D 可化为

$$D=\begin{vmatrix} p_{11} & & & & & \\ \vdots & \ddots & & & \text{\Large 0} & \\ p_{k1} & \cdots & p_{kk} & & & \\ c_{11} & \cdots & c_{1k} & q_{11} & & \\ \vdots & & \vdots & \vdots & \ddots & \\ c_{n1} & \cdots & c_{nk} & q_{n1} & \cdots & q_{nn} \end{vmatrix}=p_{11}\cdots p_{kk}q_{11}\cdots q_{nn}=D_1D_2.$$

例 2.20 计算四阶行列式

$$D=\begin{vmatrix}0&b&0&-b\\b&0&-b&0\\a&0&a&b\\0&a&b&a\end{vmatrix}.$$

解

$$D=\begin{vmatrix}0&b&0&-b\\b&0&-b&0\\a&0&a&b\\0&a&b&a\end{vmatrix}\xlongequal[c_4+c_2]{c_3+c_1}\begin{vmatrix}0&b&0&0\\b&0&0&0\\a&0&2a&b\\0&a&b&2a\end{vmatrix}$$

$$=\begin{vmatrix}0&b\\b&0\end{vmatrix}\cdot\begin{vmatrix}2a&b\\b&2a\end{vmatrix}=-b^2(4a^2-b^2).$$

例 2.21 计算行列式

$$D=\begin{vmatrix}a&c&b&d\\c&a&b&d\\c&a&d&b\\a&c&d&b\end{vmatrix}.$$

解

$$D=\begin{vmatrix}a&c&b&d\\c&a&b&d\\c&a&d&b\\a&c&d&b\end{vmatrix}\xlongequal[r_4-r_1]{r_3-r_2}\begin{vmatrix}a&c&b&d\\c&a&b&d\\0&0&d-b&b-d\\0&0&d-b&b-d\end{vmatrix}$$

$$=\begin{vmatrix}a&c\\c&a\end{vmatrix}\begin{vmatrix}d-b&b-d\\d-b&b-d\end{vmatrix}$$

$$=0.$$

3) 展开降阶法

展开降阶法就是利用行列式的按行(列)展开处理将行列式展开降阶. 通常先利用行列式的性质把原行列式的某行(列)的元素尽可能多地变为 0，使该行(列)不为 0 的元素只有一个或两个，然后再按该行(列)展开降阶后进行计算.

例 2.22 计算行列式

$$D=\begin{vmatrix}2&0&0&4\\3&1&0&0\\5&0&1&0\\0&2&3&2\end{vmatrix}.$$

解 行列式 D 按第 1 行展开，有

$$D=2\times(-1)^{1+1}\begin{vmatrix}1&0&0\\0&1&0\\2&3&2\end{vmatrix}+4\times(-1)^{1+4}\begin{vmatrix}3&1&0\\5&0&1\\0&3&3\end{vmatrix}$$

$$=2\times2-4\times(-6-15)$$

$$=88.$$

例 2.23 计算行列式

$$D=\begin{vmatrix} a & b & 0 & 0 \\ 0 & a & b & 0 \\ 0 & 0 & a & b \\ b & 0 & 0 & a \end{vmatrix}.$$

解

$$D=a\begin{vmatrix} a & b & 0 \\ 0 & a & b \\ 0 & 0 & a \end{vmatrix}+(-1)^{4+1}b\begin{vmatrix} b & 0 & 0 \\ a & b & 0 \\ 0 & a & b \end{vmatrix}=a^4-b^4.$$

4）加边法

加边法就是给行列式添加1行和1列，使升阶后的行列式的值保持不变. 一般来讲，如果一个 n 阶行列式 D_n 除主对角线上的元素外，每一行(列)的元素分别是 $n-1$ 个元素 a_1，a_2，…，a_{i-1}，a_{i+1}，…，a_n 的倍数，即为 k_ia_1，k_ia_2，…，k_ia_{i-1}，k_ia_{i+1}，…，$k_ia_n(i=1, 2, \cdots, n)$，则可添加第1行(列)的元素依次为1，$a_1$，$a_2$，…，$a_{i-1}$，$a_{i+1}$，…，$a_n$，第1列(行)的元素依次为1，0，…，0，将 D_n 转化为 D_{n+1} 进行计算.

例 2.24 计算行列式

$$D=\begin{vmatrix} 1+x & 1 & 1 & 1 \\ 1 & 1-x & 1 & 1 \\ 1 & 1 & 1+y & 1 \\ 1 & 1 & 1 & 1-y \end{vmatrix}.$$

解 当 $x=0$ 或 $y=0$ 时，$D=0$，现假设 $x\neq 0$ 且 $y\neq 0$，由引理知

$$D=\begin{vmatrix} 1 & 1 & 1 & 1 & 1 \\ 0 & 1+x & 1 & 1 & 1 \\ 0 & 1 & 1-x & 1 & 1 \\ 0 & 1 & 1 & 1+y & 1 \\ 0 & 1 & 1 & 1 & 1-y \end{vmatrix}\xlongequal[i=2,3,4,5]{r(i+1(-1))}\begin{vmatrix} 1 & 1 & 1 & 1 & 1 \\ -1 & x & 0 & 0 & 0 \\ -1 & 0 & -x & 0 & 0 \\ -1 & 0 & 0 & y & 0 \\ -1 & 0 & 0 & 0 & -y \end{vmatrix}$$

$$\xlongequal[\substack{c\left[1+4\left(\frac{1}{y}\right)\right] \\ c\left[1+5\left(-\frac{1}{y}\right)\right]}]{\substack{c\left[1+2\left(\frac{1}{x}\right)\right] \\ c\left[1+3\left(-\frac{1}{x}\right)\right]}}\begin{vmatrix} 1 & 1 & 1 & 1 & 1 \\ 0 & x & 0 & 0 & 0 \\ 0 & 0 & -x & 0 & 0 \\ 0 & 0 & 0 & y & 0 \\ 0 & 0 & 0 & 0 & -y \end{vmatrix}$$

$$=x^2y^2.$$

5）范德蒙德行列式的计算公式

例 2.25 证明范德蒙德(Vander monde)行列式

$$V_n=\begin{vmatrix} 1 & 1 & 1 & \cdots & 1 \\ x_1 & x_2 & x_3 & \cdots & x_n \\ x_1^2 & x_2^2 & x_3^2 & \cdots & x_n^2 \\ \vdots & \vdots & \vdots & & \vdots \\ x_1^{n-1} & x_2^{n-1} & x_3^{n-1} & \cdots & x_n^{n-1} \end{vmatrix}=\prod_{1\leqslant j\leqslant i\leqslant n}(x_i-x_j),$$

其中，连乘积

$$\prod_{1\leqslant j\leqslant i\leqslant n}(x_i-x_j)=(x_2-x_1)(x_3-x_1)\cdots(x_n-x_1)(x_3-x_2)\cdots(x_n-x_2)\cdots(x_{n-1}-x_{n-2})(x_n-x_{n-2})(x_n-x_{n-1})$$

是满足条件 $1\leqslant j<i\leqslant n$ 的所有因子 (x_i-x_j) 的乘积.

证明　用数学归纳法证明. 当 $n=2$ 时，有

$$V_2=\begin{vmatrix}1 & 1\\ x_1 & x_2\end{vmatrix}=x_2-x_1=\prod_{1\leqslant j\leqslant i\leqslant 2}(x_i-x_j),$$

上式证明结论成立. 假设结论对 $n-1$ 阶范德蒙德行列式成立，下面证明对 n 阶范德蒙德行列式结论也成立.

在 V_n 中，从第 n 行起，依次将前 1 行乘 $-x_1$ 再加到后 1 行，得

$$V_n=\begin{vmatrix}1 & 1 & 1 & \cdots & 1\\ 0 & x_2-x_1 & x_3-x_2 & \cdots & x_n-x_{n-1}\\ 0 & x_2(x_2-x_1) & x_3(x_3-x_2) & \cdots & x_n(x_n-x_{n-1})\\ \vdots & \vdots & \vdots & & \vdots\\ 0 & x_2^{n-2}(x_2-x_1) & x_3^{n-2}(x_3-x_2) & \cdots & x_n^{n-2}(x_n-x_{n-1})\end{vmatrix}$$

按第 1 列展开，并分别提取公因子，得

$$V_n=(x_2-x_1)(x_3-x_1)\cdots(x_n-1)\begin{vmatrix}1 & 1 & \cdots & 1\\ x_2 & x_3 & \cdots & x_n\\ x_2^2 & x_3^2 & \cdots & x_n^2\\ \vdots & \vdots & & \vdots\\ x_2^{n-2} & x_3^{n-2} & \cdots & x_n^{n-2}\end{vmatrix}$$

上式右边的行列式是 $n-1$ 阶范德蒙德行列式，根据归纳假设得

$$V_n=(x_2-x_1)(x_3-x_1)\cdots(x_n-1)\prod_{2\leqslant j\leqslant i\leqslant n}(x_i-x_j),$$

所以

$$V_n=\prod_{1\leqslant j\leqslant i\leqslant n}(x_i-x_j).$$

注：① 三阶范德蒙德行列式 $V_3=\begin{vmatrix}1 & 1 & 1\\ x_1 & x_2 & x_3\\ x_1^2 & x_2^2 & x_3^2\end{vmatrix}=(x_2-x_1)(x_3-x_1)(x_3-x_2)$；

② 对范德蒙德行列式的证明，通过分析其结构特点，采用“归纳法”由低阶到高阶，事先假设成立到验证成立，这是数学中常用的一种方法. 我们平时也要养成辩证的、严谨的科学思维习惯.

例 2.26　计算 $D_n=\begin{vmatrix}1 & 1 & 1 & \cdots & 1\\ 2 & 2^2 & 2^3 & \cdots & 2^n\\ 3 & 3^2 & 3^3 & \cdots & 3^n\\ \vdots & \vdots & \vdots & & \vdots\\ n & n^2 & n^3 & \cdots & n^n\end{vmatrix}$.

提示:第 2 行提取 2，第 3 行提取 3，…，第 n 行提取 n，然后用范德蒙德行列式求解.

解 $$D_n=n!\begin{vmatrix}1&1&1&\cdots&1\\1&2&2^2&\cdots&2^{n-1}\\1&3&3^2&\cdots&3^{n-1}\\\vdots&\vdots&\vdots&&\vdots\\1&n&n^2&&n^{n-1}\end{vmatrix}=n!\prod_{1\leqslant j<i\leqslant n}(i-j).$$

例 2.27 设 $D(x)=\begin{vmatrix}1&x&x^2&x^3\\1&2&4&8\\1&3&9&27\\1&4&16&64\end{vmatrix}$.

求：(1) $D(x)$中，x^3 项的系数？

(2) 方程 $D(x)=0$ 有几个根？试写出其所有的根.

分析 ① 范德蒙德行列式的判别和计算公式；② 行列式按行(列)展开的定理.

解 (1) x^3 项的系数$=A_{14}=(-1)^5\begin{vmatrix}1&2&4\\1&3&9\\1&4&16\end{vmatrix}=-(3-2)(4-2)(4-3)=-2.$

(2) 因为

$$D(x)=(2-x)(3-x)(4-x)(3-2)(4-2)(4-3),$$

所以方程 $D(x)=0$ 有 3 个根：$x_1=2$，$x_2=3$，$x_3=4$.

6) 递推公式法

例 2.28 证明

$$D_n=\begin{vmatrix}a+b&ab&0&\cdots&0&0\\1&a+b&ab&\cdots&0&0\\0&1&a+b&\cdots&0&0\\\vdots&\vdots&\vdots&&\vdots&\vdots\\0&0&0&\cdots&a+b&ab\\0&0&0&\cdots&1&a+b\end{vmatrix}=\frac{a^{n+1}-b^{n+1}}{a-b}.$$

证明 $D_1=a+b=\dfrac{a^2-b^2}{a-b}$，$D_2=\begin{vmatrix}a+b&ab\\1&a+b\end{vmatrix}=a^2+ab+b^2=\dfrac{a^3-b^3}{a-b}$.

假设命题对于 $n-1$ 阶与 $n-2$ 阶行列式成立. 现考虑 n 阶行列式，按第 1 行展开，由数学归纳法即得

$$\begin{aligned}D_n&=(a+b)A_{11}+abA_{12}\\&=(a+b)\begin{vmatrix}a+b&ab&\cdots&0&0\\1&a+b&\cdots&0&0\\\vdots&\vdots&&\vdots&\vdots\\0&0&\cdots&a+b&ab\\0&0&\cdots&1&a+b\end{vmatrix}-ab\begin{vmatrix}1&ab&\cdots&0&0\\0&a+b&\cdots&0&0\\\vdots&\vdots&&\vdots&\vdots\\0&0&\cdots&a+b&ab\\0&0&\cdots&1&a+b\end{vmatrix}\\&=(a+b)\frac{a^n-b^n}{a-b}-ab\,\frac{a^{n-1}-b^{n-1}}{a-b}=\frac{a^{n+1}-b^{n+1}}{a-b}.\end{aligned}$$

此方法称为**递推法**，在求解较复杂的 n 阶行列式时经常用到，其关键在于找到递推

公式.

例 2.29　计算 $D=\begin{vmatrix} 1-a & a & 0 & 0 & 0 \\ -1 & 1-a & a & 0 & 0 \\ 0 & -1 & 1-a & a & 0 \\ 0 & 0 & -1 & 1-a & a \\ 0 & 0 & 0 & -1 & 1-a \end{vmatrix}$.

解

提示：类似三对角线行列式 $\begin{vmatrix} a & b & 0 & 0 \\ c & a & b & 0 \\ 0 & c & a & b \\ 0 & 0 & c & a \end{vmatrix}$ 主要用递推法，注意到本题中行列式除首末两行外其余行的元素之和相等且等于 0，故将各列元素加到第 1 列，得

$$D=\begin{vmatrix} 1 & a & 0 & 0 & 0 \\ 0 & 1-a & a & 0 & 0 \\ 0 & -1 & 1-a & a & 0 \\ 0 & 0 & -1 & 1-a & a \\ -a & 0 & 0 & -1 & 1-a \end{vmatrix}$$

$$=\begin{vmatrix} 1-a & a & 0 & 0 \\ -1 & 1-a & a & 0 \\ 0 & -1 & 1-a & a \\ 0 & 0 & -1 & 1-a \end{vmatrix}+$$

$$(-a)(-1)^{5+1}\begin{vmatrix} a & 0 & 0 & 0 \\ 1-a & a & 0 & 0 \\ -1 & 1-a & a & 0 \\ 0 & -1 & 1-a & a \end{vmatrix},$$

$$D_5=D_4+(-a)(-1)^{5+1}a^4,$$

那么

$$D_4=D_3+(-a)(-1)^{4+1}a^3,$$

$$D_3=D_2+(-a)(-1)^{3+1}a^2.$$

把这 3 个式子相加，并把 $D_2=1-a+a^2$ 代入上式中，得

$$D_5=1-a+a^2-a^3+a^4-a^5.$$

例 2.30　计算 $D_n=\begin{vmatrix} 1 & -1 & 0 & \cdots & 0 \\ 0 & 1 & -1 & \cdots & 0 \\ \vdots & \vdots & \vdots & & \vdots \\ 0 & 0 & 0 & \cdots & -1 \\ 1 & 1 & 1 & \cdots & 1 \end{vmatrix}$.

提示　此行列式中，第 1 列加到第 2 列，第 2 列加到第 3 列，第 3 列…，或按照第 1 列展开求出 $D_n=D_{n-1}+1$，以此递推即可.

解 $D_n=\begin{vmatrix}1&0&0&\cdots&0\\0&1&0&\cdots&0\\\vdots&\vdots&\vdots&&\vdots\\0&0&0&\cdots&0\\1&2&3&\cdots&n\end{vmatrix}=n.$

例 2.31 计算 $D_n=\begin{vmatrix}1&2&3&\cdots&n\\2&3&4&\cdots&n+1\\\vdots&\vdots&\vdots&&\vdots\\n&n+1&n+2&\cdots&2n-1\end{vmatrix}$.

提示： 行列递增，多减少，即用第 n 行减去第 $n-1$ 行，依次递推.

解

$$D_n=\begin{vmatrix}1&1&1&\cdots&1\\1&1&1&\cdots&1\\\vdots&\vdots&\vdots&&\vdots\\1&1&1&\cdots&1\\n&n+1&n+2&\cdots&2n-1\end{vmatrix}=\begin{vmatrix}1&1&1&\cdots&1\\0&0&0&\cdots&0\\\vdots&\vdots&\vdots&&\vdots\\0&0&0&\cdots&0\\n&n+1&n+2&\cdots&2n-1\end{vmatrix}=0.$$

例 2.32 计算 $D_n=\det(a_{ij})$，$a_{ij}=|i-j|$.

提示:先写出行列式 D_n，它是一个按列(行)递增的行列式逐行相减，多减少，从最后1行开始，每一行乘-1加到前1行，然后第1列加到第2列，加到第3列，…

$$D_n=\begin{vmatrix}0&1&2&3&\cdots&n-1\\1&0&1&2&\cdots&n-2\\2&1&0&1&\cdots&n-3\\3&2&1&0&\cdots&n-4\\\vdots&\vdots&\vdots&\vdots&&\vdots\\n-1&n-2&n-3&n-4&\cdots&0\end{vmatrix}$$

$$=\begin{vmatrix}-1&1&1&1&\cdots&1\\-1&-1&1&1&\cdots&1\\-1&-1&-1&1&\cdots&1\\-1&-1&-1&-1&\cdots&1\\\vdots&\vdots&\vdots&\vdots&&\vdots\\n-1&n-2&n-3&n-4&\cdots&0\end{vmatrix}$$

$$=\begin{vmatrix}-1&0&0&0&\cdots&0\\-1&-2&0&0&\cdots&0\\-1&-2&-2&0&\cdots&0\\-1&-2&-2&-2&\cdots&0\\\vdots&\vdots&\vdots&\vdots&&\vdots\\n-1&2n-3&2n-4&2n-5&\cdots&n-1\end{vmatrix}$$

$$=(n-1)(-2)^{n-2}(-1)=(-1)^{n-1}(n-1)(2)^{n-2}.$$

例 2.33　求方程 $f(x)=0$ 的根，其中

$$f(x)=\begin{vmatrix} x-1 & x-2 & x-1 & x \\ x-2 & x-4 & x-2 & x \\ x-3 & x-6 & x-4 & x-1 \\ x-4 & x-8 & 2x-5 & x-2 \end{vmatrix}.$$

解　由观察可知，$x=0$ 是 1 个根. 因为 $x=0$ 时，行列式的第 1、2 列成比例，所以 $f(0)=0$. 要求其他根，需展开这个行列式，将第 1 列乘以 -1 加到第 2、3、4 列，再将变换后的第 2 列加到第 4 列，结合例 4，即得

$$f(x)=\begin{vmatrix} x-1 & -1 & 0 & 1 \\ x-2 & -2 & 0 & 1 \\ x-3 & -3 & -1 & 2 \\ x-4 & -4 & x-1 & 2 \end{vmatrix}=\begin{vmatrix} x-1 & -1 & 0 & 0 \\ x-2 & -2 & 0 & 0 \\ x-3 & -3 & -1 & -1 \\ x-4 & -4 & x-1 & -2 \end{vmatrix}$$

$$=\begin{vmatrix} x-1 & -1 \\ x-2 & -2 \end{vmatrix}\cdot\begin{vmatrix} -1 & -1 \\ x-1 & -2 \end{vmatrix}=-x(x+1).$$

所以方程 $f(x)=0$ 有两个根：0 与 -1.

例 2.34　设某 3 阶行列式的第 2 行元素分别为 -1，2，3，对应的余子式分别为 -3，-2，1，则此行列式的值为__________.

解　$D=(-1)\cdot A_{21}+2A_{22}+3A_{23}$

$=(-1)(-1)^{2+1}M_{21}+2(-1)^{2+2}M_{22}+3(-1)^{2+3}M_{23}$

$=-3-4-3=-10.$

例 2.35　已知行列式的第 1 列的元素为 1，4，-3，2，第 2 列元素的代数余子式为 2，3，4，x，则 $x=$__________.

解　因第 1 列的元素为 1，4，-3，2，第 2 列元素的代数余子式为 2，3，4，x，故

$$1\times2+4\times3+(-3)\times4+2x=0.$$

所以 $x=-1$.

例 2.36　已知 $\begin{vmatrix} a_{11} & a_{12} & a_{13} \\ a_{21} & a_{22} & a_{23} \\ a_{31} & a_{32} & a_{33} \end{vmatrix}=3$，那么 $\begin{vmatrix} 2a_{11} & 2a_{12} & 2a_{13} \\ a_{21} & a_{22} & a_{23} \\ -2a_{31} & -2a_{32} & -2a_{33} \end{vmatrix}=(\quad)$.

A. -24　　B. -12　　C. -6　　D. 12

解　$\begin{vmatrix} 2a_{11} & 2a_{12} & 2a_{13} \\ a_{21} & a_{22} & a_{23} \\ -2a_{31} & -2a_{32} & -2a_{33} \end{vmatrix}=2\times(-2)\begin{vmatrix} a_{11} & a_{12} & a_{13} \\ a_{21} & a_{22} & a_{23} \\ a_{31} & a_{32} & a_{33} \end{vmatrix}=-12.$

答案　B.

例 2.37　设行列式 $\begin{vmatrix} a_1 & b_1 \\ a_2 & b_2 \end{vmatrix}=1$，$\begin{vmatrix} a_1 & c_1 \\ a_2 & c_2 \end{vmatrix}=2$，则 $\begin{vmatrix} a_1 & b_1+c_1 \\ a_2 & b_2+c_2 \end{vmatrix}=(\quad)$.

A. -3　　B. -1　　C. 1　　D. 3

解　$\begin{vmatrix} a_1 & b_1+c_1 \\ a_2 & b_2+c_2 \end{vmatrix}=\begin{vmatrix} a_1 & b_1 \\ a_2 & b_2 \end{vmatrix}+\begin{vmatrix} a_1 & c_1 \\ a_2 & c_2 \end{vmatrix}=3.$

答案 D.

3. 计算抽象型行列式

例 2.38 设 $\boldsymbol{A}$ 为 n 阶方阵，λ 为实数，则 $|\lambda\boldsymbol{A}|=($　　$)$.

A. $\lambda|\boldsymbol{A}|$　　B. $|\lambda||\boldsymbol{A}|$　　C. $\lambda^n|\boldsymbol{A}|$　　D. $|\lambda|^n|\boldsymbol{A}|$

分析　方阵行列式的性质：$|\lambda\boldsymbol{A}|=\lambda^n|\boldsymbol{A}|$.

答案 C.

例 2.39 矩阵 $\boldsymbol{A}=\begin{pmatrix}1&2\\3&4\end{pmatrix}$，$\boldsymbol{B}=\begin{pmatrix}1&2\\4&5\end{pmatrix}$，则行列式 $|\boldsymbol{A}^{\mathrm{T}}\boldsymbol{B}^{-1}|=$__________.

解　$|\boldsymbol{A}^{\mathrm{T}}\boldsymbol{B}^{-1}|=|\boldsymbol{A}^{\mathrm{T}}||\boldsymbol{B}^{-1}|=|\boldsymbol{A}|\dfrac{1}{|\boldsymbol{B}|}=(-2)\times\dfrac{1}{(-3)}=\dfrac{2}{3}$.

答案 $\dfrac{2}{3}$.

例 2.40 三阶矩阵 $\boldsymbol{A}=\begin{pmatrix}1&0&0\\2&2&0\\3&3&3\end{pmatrix}$，则 $\boldsymbol{A}^*\boldsymbol{A}=$__________.

分析　利用重要公式 $\boldsymbol{A}\boldsymbol{A}^*=\boldsymbol{A}^*\boldsymbol{A}=|\boldsymbol{A}|\boldsymbol{E}$.

答案　$\boldsymbol{A}^*\boldsymbol{A}=\begin{vmatrix}1&0&0\\2&2&0\\3&3&3\end{vmatrix}\boldsymbol{E}=6\boldsymbol{E}=\begin{pmatrix}6&0&0\\0&6&0\\0&0&6\end{pmatrix}$.

例 2.41 $\boldsymbol{A}=\begin{pmatrix}2&0&0\\3&6&3\\5&3&2\end{pmatrix}$，则 $|\boldsymbol{A}^*|=$__________.

解　因为 $\boldsymbol{A}^*=|\boldsymbol{A}|\boldsymbol{A}^{-1}$，所以

$$|\boldsymbol{A}^*|=||\boldsymbol{A}|\boldsymbol{A}^{-1}|=|\boldsymbol{A}|^3|\boldsymbol{A}^{-1}|,$$

而

$$|\boldsymbol{A}|=\begin{vmatrix}2&0&0\\3&6&3\\5&3&2\end{vmatrix}=6,$$

即 $|\boldsymbol{A}^*|=|\boldsymbol{A}|^{3-1}=6^2=36$.

4. 利用克拉默法则解线性方程组

例 2.42 解线性方程组

$$\begin{cases}2x_1+x_2-5x_3+x_4=8\\x_1-3x_2-6x_4=9\\2x_2-x_3+2x_4=-5\\x_1+4x_2-7x_3+6x_4=0\end{cases}.$$

解

$$D=\begin{vmatrix}2&1&-5&1\\1&-3&0&-6\\0&2&-1&2\\1&4&-7&6\end{vmatrix}=27,$$

$$D_1=\begin{vmatrix}8&1&-5&1\\9&-3&0&-6\\-5&2&-1&2\\0&4&-7&6\end{vmatrix}=81,\ D_2=\begin{vmatrix}2&8&-5&1\\1&9&0&-6\\0&-5&-1&2\\1&0&-7&6\end{vmatrix}=-108,$$

$$D_3=\begin{vmatrix}2&1&8&1\\1&-3&9&-6\\0&2&-5&2\\1&4&0&6\end{vmatrix}=-27,\ D_4=\begin{vmatrix}2&1&-5&8\\1&-3&0&9\\0&2&-1&-5\\1&4&-7&0\end{vmatrix}=27.$$

于是方程组有解：$x_1=3$，$x_2=-4$，$x_3=-1$，$x_4=1$.

例 2.43　λ 为何值时齐次线性方程组

$$\begin{cases}(5-\lambda)x_1+2x_2+2x_3=0\\ 2x_1+(6-\lambda)x_2=0\\ 2x_1+(4-\lambda)x_3=0\end{cases}$$

有非零解？

解　方程组的系数行列式为

$$D=\begin{vmatrix}5-\lambda&2&2\\2&6-\lambda&0\\2&0&4-\lambda\end{vmatrix}=(5-\lambda)(2-\lambda)(8-\lambda).$$

若方程组有非零解，则它的系数行列式 $D=0$，从而有 $\lambda=2$，$\lambda=5$，$\lambda=8$，容易验证，当 $\lambda=2$，$\lambda=5$ 或 $\lambda=8$ 时，齐次线性方程组有非零解.

例 2.44　求 4 个平面 $a_ix+b_iy+c_iz+d_i=0\ (i=1, 2, 3, 4)$相交于一点$(x_0, y_0, z_0)$的充分必要条件.

解　我们把平面方程写为

$$a_ix+b_iy+c_iz+d_it=0,$$

其中，$t=1$，于是 4 个平面交于一点，即 x，y，z，t 的齐次线性方程组为

$$\begin{cases}a_1x+b_1y+c_1z+d_1t=0\\a_2x+b_2y+c_2z+d_2t=0\\a_3x+b_3y+c_3z+d_3t=0\\a_4x+b_4y+c_4z+d_4t=0\end{cases},$$

有唯一的一组非零解$(x_0, y_0, z_0, 1)$，根据齐次线性方程组有非零解的充分必要条件是系数行列式等于 0，即 4 个平面相交于一点的充分必要条件为

$$\begin{vmatrix}a_1&b_1&c_1&d_1\\a_2&b_2&c_2&d_2\\a_3&b_3&c_3&d_3\\a_4&b_4&c_4&d_4\end{vmatrix}=0.$$

5. 矩阵的秩的相关内容

例 2.45　设矩阵 $\boldsymbol{A}=\begin{pmatrix}1&0&-1&0\\0&-2&3&4\\0&0&0&5\end{pmatrix}$，则 $\boldsymbol{A}$ 中(　　).

A. 所有 2 阶子式都不为零　　　　　B. 所有 2 阶子式都为零

C. 所有 3 阶子式都不为零　　　　　D. 存在一个 3 阶子式不为零

分析　矩阵的 k 阶子式的概念.

答案　D.

例 2.46　设矩阵 $\boldsymbol{A}=\begin{pmatrix}1&0&1\\0&2&0\\0&0&1\end{pmatrix}$，矩阵 $\boldsymbol{B}=\boldsymbol{A}-\boldsymbol{E}$，则矩阵 $\boldsymbol{B}$ 的秩 $R(\boldsymbol{B})=$ ______.

分析　矩阵秩的概念.

解　$\boldsymbol{B}=\boldsymbol{A}-\boldsymbol{E}=\begin{pmatrix}0&0&1\\0&1&0\\0&0&0\end{pmatrix}$.

答案　$R(\boldsymbol{B})=2$.

例 2.47　设矩阵 $\boldsymbol{A}=\begin{pmatrix}1&2&-1&3\\4&8&-4&12\\3&6&-3&a\end{pmatrix}$，问 a 为何值时，

(1) 秩 $R(\boldsymbol{A})=1$；

(2) 秩 $R(\boldsymbol{A})=2$.

分析　求矩阵秩的方法.

解　$\boldsymbol{A}=\begin{pmatrix}1&2&-1&3\\4&8&-4&12\\3&6&-3&a\end{pmatrix}\xrightarrow{r_2-4r_1,\ r_3-3r_1}\begin{pmatrix}1&2&-1&3\\0&0&0&0\\0&0&0&a-9\end{pmatrix}$

$$\rightarrow\begin{pmatrix}1&2&-1&3\\0&0&0&a-9\\0&0&0&0\end{pmatrix}.$$

当 $a=9$ 时，$R(\boldsymbol{A})=1$；当 $a\neq 9$ 时，$R(\boldsymbol{A})=2$.

例 2.48　设 $\boldsymbol{A}$ 为 $m\times n$ 矩阵，$\boldsymbol{C}$ 是 n 阶可逆矩阵，矩阵 $\boldsymbol{A}$ 的秩为 r，则矩阵 $\boldsymbol{B}=\boldsymbol{AC}$ 的秩为______.

分析　**用可逆矩阵左(右)乘任意矩阵 $\boldsymbol{A}$，$\boldsymbol{A}$** 的秩不变.

答案　r.

例 2.49　设 3 阶方阵 $\boldsymbol{A}$ 的秩为 2，则与 $\boldsymbol{A}$ 等价的矩阵为(　　).

A. $\begin{pmatrix}1&1&1\\0&0&0\\0&0&0\end{pmatrix}$　　B. $\begin{pmatrix}1&1&1\\0&1&1\\0&0&0\end{pmatrix}$　　C. $\begin{pmatrix}1&1&1\\2&2&2\\0&0&0\end{pmatrix}$　　D. $\begin{pmatrix}1&1&1\\2&2&2\\3&3&3\end{pmatrix}$

分析　矩阵等价的概念，等价矩阵有相等的秩，同形的两个矩阵只要其秩相等，其必等价.

解　因为选项 A、C、D 的秩都为 1，B 的秩等于 2. 故答案为 B.

例 2.50　求矩阵 $\boldsymbol{A}$、$\boldsymbol{B}$ 的秩，其中

$$A=\begin{pmatrix}3&2&1&1\\1&2&-3&2\\4&4&-2&3\end{pmatrix},\ B=\begin{pmatrix}2&-1&0&3&-2\\0&3&1&-2&5\\0&0&0&4&-3\\0&0&0&0&0\end{pmatrix}.$$

解　因为 A 的一个二阶子式 $\begin{vmatrix}3&2\\1&2\end{vmatrix}=4\neq0$ 是非零子式，而 A 的所有 4 个三阶子式

$$\begin{vmatrix}3&2&1\\1&2&-3\\4&4&-2\end{vmatrix}=0,\ \begin{vmatrix}3&2&1\\1&2&2\\4&4&3\end{vmatrix}=0,\ \begin{vmatrix}3&1&1\\1&-3&2\\4&-2&3\end{vmatrix}=0,\ \begin{vmatrix}2&1&1\\2&-3&2\\4&-2&3\end{vmatrix}=0.$$

所以由矩阵秩的定义知 $R(A)=2$.

B 是一个行阶梯形矩阵，有 3 个非零行，它的所有四阶子式全为零(因为其所有四阶子式含有全零行). 取非零行的非零首元所在的行和列，构成的三阶子式是一个上三角形行列式

$$\begin{vmatrix}2&-1&3\\0&3&-2\\0&0&4\end{vmatrix}=24\neq0,$$

所以由矩阵秩的定义知 $R(B)=3$，即行阶梯形矩阵非零行的行数.

例 2.51　求矩阵 $A=\begin{pmatrix}1&-2&2&-1&1\\2&-4&8&0&2\\-2&4&-2&3&3\\3&-6&0&-6&4\end{pmatrix}$ 的秩，并求一个最高阶非零子式.

解　对 A 作行初等变换如下：

$$A\xrightarrow[\substack{r_3+2r_1\\r_4-3r_1}]{r_2-2r_1}\begin{pmatrix}1&-2&2&-1&1\\0&0&4&2&0\\0&0&2&1&5\\0&0&-6&-3&1\end{pmatrix}\xrightarrow{\frac{1}{2}r_2}\begin{pmatrix}1&-2&2&-1&1\\0&0&2&1&0\\0&0&2&1&5\\0&0&-6&-3&1\end{pmatrix}$$

$$\xrightarrow[r_4+3r_2]{r_3-r_2}\begin{pmatrix}1&-2&2&-1&1\\0&0&2&1&0\\0&0&0&0&5\\0&0&0&0&1\end{pmatrix}\xrightarrow{r_4-\frac{1}{5}r_3}\begin{pmatrix}1&-2&2&-1&1\\0&0&2&1&0\\0&0&0&0&5\\0&0&0&0&0\end{pmatrix}=B.$$

因为 B 中有 3 个非零行，所以 $R(A)=3$. 取非零行非零首元所在的行与列，即 A 中第 1，2，3 行和 1，3，5 列交叉处的元素，构成一个三阶非零子式

$$D=\begin{vmatrix}1&2&1\\2&8&2\\-2&-2&3\end{vmatrix}=20\neq0.$$

例 2.52　设 $A=\begin{pmatrix}1&-1&1&2\\3&\lambda&-1&2\\5&3&\mu&6\end{pmatrix}$，已知 $R(A)=2$，求 λ 与 μ 的值.

解 $A \xrightarrow[r_3-5r_1]{r_2-3r_3} \begin{pmatrix} 1 & -1 & 1 & 2 \\ 0 & \lambda+3 & -4 & -4 \\ 0 & 8 & \mu-5 & -4 \end{pmatrix} \xrightarrow{r_3-r_2} \begin{pmatrix} 1 & -1 & 1 & 2 \\ 0 & \lambda+3 & -4 & -4 \\ 0 & 5-\lambda & \mu-1 & 0 \end{pmatrix}$，

因为 $R(\boldsymbol{A})=2$，故

$$\begin{cases} 5-\lambda=0 \\ \mu-1=0 \end{cases},$$

即 $\begin{cases} \lambda=5 \\ \mu=1 \end{cases}$.

例 2.53 $\boldsymbol{A}$ 为 n 阶矩阵，证明 $R(\boldsymbol{A}+\boldsymbol{E})+R(\boldsymbol{A}-\boldsymbol{E})\geqslant n$.

证明 因为$(\boldsymbol{A}+\boldsymbol{E})+R(\boldsymbol{A}-\boldsymbol{E})=2\boldsymbol{E}$，由矩阵的秩的性质，有

$$R(\boldsymbol{A}+\boldsymbol{E})+R(\boldsymbol{A}-\boldsymbol{E})\geqslant R(2\boldsymbol{E})=n,$$

而 $R(\boldsymbol{E}-\boldsymbol{A})=R(\boldsymbol{A}-\boldsymbol{E})$，所以 $R(\boldsymbol{A}+\boldsymbol{E})+R(\boldsymbol{A}-\boldsymbol{E})\geqslant n$.

(三) 历年考研真题

例 2.54(2023 年考研数一) 已知 n 阶矩阵 $\boldsymbol{A}$，$\boldsymbol{B}$，$\boldsymbol{C}$ 满足 $\boldsymbol{ABC}=\boldsymbol{O}$，$\boldsymbol{E}$ 为 n 阶单位矩阵，记矩阵 $\begin{pmatrix} \boldsymbol{O} & \boldsymbol{A} \\ \boldsymbol{BC} & \boldsymbol{E} \end{pmatrix}$，$\begin{pmatrix} \boldsymbol{AB} & \boldsymbol{C} \\ \boldsymbol{O} & \boldsymbol{E} \end{pmatrix}\begin{pmatrix} \boldsymbol{E} & \boldsymbol{AB} \\ \boldsymbol{AB} & \boldsymbol{O} \end{pmatrix}$的秩分别为 γ_1，γ_2，γ_3，则(　　).

A. $\gamma_1\leqslant\gamma_2\leqslant\gamma_3$　　B. $\gamma_1\leqslant\gamma_3\leqslant\gamma_2$　　C. $\gamma_3\leqslant\gamma_1\leqslant\gamma_2$　　D. $\gamma_2\leqslant\gamma_1\leqslant\gamma_3$

解 因为矩阵的初等变换不改变矩阵的秩：

$$\gamma_1=R\begin{pmatrix} \boldsymbol{O} & \boldsymbol{A} \\ \boldsymbol{BC} & \boldsymbol{E} \end{pmatrix}=R\begin{pmatrix} \boldsymbol{O} & \boldsymbol{O} \\ \boldsymbol{BC} & \boldsymbol{E} \end{pmatrix}=n,\ \gamma_2=R\begin{pmatrix} \boldsymbol{AB} & \boldsymbol{C} \\ \boldsymbol{O} & \boldsymbol{E} \end{pmatrix}=R\begin{pmatrix} \boldsymbol{AB} & \boldsymbol{O} \\ \boldsymbol{O} & \boldsymbol{E} \end{pmatrix}=R(\boldsymbol{AB})+n,$$

$$\gamma_3=R\begin{pmatrix} \boldsymbol{E} & \boldsymbol{AB} \\ \boldsymbol{AB} & \boldsymbol{O} \end{pmatrix}=R\begin{pmatrix} E & O \\ AB & -ABAB \end{pmatrix}=R\begin{pmatrix} \boldsymbol{E} & \boldsymbol{O} \\ & -\boldsymbol{ABAB} \end{pmatrix}=R(\boldsymbol{ABAB})+n,$$

故本题选 B.

例 2.55(2022 年考研数一) 设 $\boldsymbol{A}$、$\boldsymbol{B}$ 为 n 阶实矩阵，下列不成立的是(　　).

A. $R\begin{pmatrix} \boldsymbol{A} & \boldsymbol{O} \\ \boldsymbol{O} & \boldsymbol{A}^{\mathrm{T}}\boldsymbol{A} \end{pmatrix}=2R(\boldsymbol{A})$　　B. $R\begin{pmatrix} \boldsymbol{A} & \boldsymbol{AB} \\ \boldsymbol{O} & \boldsymbol{A}^{\mathrm{T}} \end{pmatrix}=2R(\boldsymbol{A})$

C. $R\begin{pmatrix} \boldsymbol{A} & \boldsymbol{BA} \\ \boldsymbol{O} & \boldsymbol{AA}^{\mathrm{T}} \end{pmatrix}=2R(\boldsymbol{A})$　　D. $R\begin{pmatrix} \boldsymbol{A} & \boldsymbol{O} \\ \boldsymbol{BA} & \boldsymbol{A}^{\mathrm{T}} \end{pmatrix}=2R(\boldsymbol{A})$

解 对于 A 选项，由 $R(\boldsymbol{A}^{\mathrm{T}}\boldsymbol{A})=R(\boldsymbol{A})$，则

$$R\begin{pmatrix} \boldsymbol{A} & \boldsymbol{O} \\ \boldsymbol{O} & \boldsymbol{A}^{\mathrm{T}}\boldsymbol{A} \end{pmatrix}=R(\boldsymbol{A})+R(\boldsymbol{A}^{\mathrm{T}}\boldsymbol{A})=2R(\boldsymbol{A})，故 A 正确.$$

对于其他选项，有以下两种解法：

解法 1：由 $\boldsymbol{AB}$ 的列可由 $\boldsymbol{A}$ 的列表示，故

$$\begin{pmatrix} \boldsymbol{A} & \boldsymbol{AB} \\ \boldsymbol{O} & \boldsymbol{A}^{\mathrm{T}} \end{pmatrix}\xrightarrow{\text{列}}\begin{pmatrix} \boldsymbol{A} & \boldsymbol{O} \\ \boldsymbol{O} & A^{\mathrm{T}} \end{pmatrix},$$

则

$$r\begin{pmatrix} \boldsymbol{A} & \boldsymbol{AB} \\ \boldsymbol{O} & \boldsymbol{A}^{\mathrm{T}} \end{pmatrix}=r\begin{pmatrix} \boldsymbol{A} & \boldsymbol{O} \\ \boldsymbol{O} & \boldsymbol{A}^{\mathrm{T}} \end{pmatrix}=r(\boldsymbol{A})+R(\boldsymbol{A}^{\mathrm{T}})=2R(\boldsymbol{A}),$$

同理，$\boldsymbol{BA}$ 的行可由 $\boldsymbol{A}$ 的列表示，故 $\begin{pmatrix}\boldsymbol{A} & \boldsymbol{O}\\ \boldsymbol{BA} & \boldsymbol{A}^{\mathrm{T}}\end{pmatrix}\xrightarrow{\text{行}}\begin{pmatrix}\boldsymbol{A} & \boldsymbol{O}\\ \boldsymbol{O} & \boldsymbol{A}^{\mathrm{T}}\end{pmatrix}$，则 $\begin{pmatrix}\boldsymbol{A} & \boldsymbol{O}\\ \boldsymbol{BA} & \boldsymbol{A}^{\mathrm{T}}\end{pmatrix}=R\begin{pmatrix}\boldsymbol{A} & \boldsymbol{O}\\ \boldsymbol{O} & \boldsymbol{A}^{\mathrm{T}}\end{pmatrix}=R(\boldsymbol{A})+R(\boldsymbol{A}^{\mathrm{T}})=2R(\boldsymbol{A})$，故本题选 C.

解法 2：利用广义初等变换.

$$\begin{pmatrix}\boldsymbol{A} & \boldsymbol{AB}\\ \boldsymbol{O} & \boldsymbol{A}^{\mathrm{T}}\end{pmatrix}\begin{pmatrix}\boldsymbol{E} & -\boldsymbol{B}\\ \boldsymbol{O} & \boldsymbol{E}\end{pmatrix}=\begin{pmatrix}\boldsymbol{A} & \boldsymbol{O}\\ \boldsymbol{O} & \boldsymbol{A}^{\mathrm{T}}\end{pmatrix},$$

则

$$R\begin{pmatrix}\boldsymbol{A} & \boldsymbol{AB}\\ \boldsymbol{O} & \boldsymbol{A}^{\mathrm{T}}\end{pmatrix}=R\begin{pmatrix}\boldsymbol{A} & \boldsymbol{O}\\ \boldsymbol{O} & \boldsymbol{A}^{\mathrm{T}}\end{pmatrix}=R(\boldsymbol{A})+R(\boldsymbol{A}^{\mathrm{T}})=2R(\boldsymbol{A}).$$

同理，有

$$\begin{pmatrix}\boldsymbol{E} & \boldsymbol{O}\\ -\boldsymbol{B} & \boldsymbol{E}\end{pmatrix}\begin{pmatrix}\boldsymbol{A} & \boldsymbol{O}\\ \boldsymbol{BA} & \boldsymbol{A}^{\mathrm{T}}\end{pmatrix}=\begin{pmatrix}\boldsymbol{A} & \boldsymbol{O}\\ \boldsymbol{O} & \boldsymbol{A}^{\mathrm{T}}\end{pmatrix},$$

则

$$\begin{pmatrix}\boldsymbol{A} & \boldsymbol{O}\\ \boldsymbol{BA} & \boldsymbol{A}^{\mathrm{T}}\end{pmatrix}=R\begin{pmatrix}\boldsymbol{A} & \boldsymbol{O}\\ \boldsymbol{O} & \boldsymbol{A}^{\mathrm{T}}\end{pmatrix}=R(\boldsymbol{A})+R(\boldsymbol{A}^{\mathrm{T}})=2R(\boldsymbol{A}).$$

故本题选 C.

例 2.56（2022 年考研数一）　设 $\boldsymbol{A}=(a_{ij})$ 为 3 阶矩阵，A_{ij} 为代数余子式，若 $\boldsymbol{A}$ 的每行元素之和均为 2，且 $|\boldsymbol{A}|=3$，则 $A_{11}+A_{21}+A_{31}=$____________.

解　$\boldsymbol{A}^*=\begin{pmatrix}A_{11} & A_{12} & A_{13}\\ A_{21} & A_{22} & A_{23}\\ A_{31} & A_{32} & A_{33}\end{pmatrix}$，$A_{11}+A_{21}+A_{31}$ 是 $\boldsymbol{A}^*$ 的第一行元素之和，由 $\boldsymbol{A}\begin{pmatrix}1\\1\\1\end{pmatrix}=\begin{pmatrix}2\\2\\2\end{pmatrix}$，有

$$\boldsymbol{A}^*\begin{pmatrix}2\\2\\2\end{pmatrix}=\boldsymbol{A}^*\boldsymbol{A}\begin{pmatrix}1\\1\\1\end{pmatrix}=|\boldsymbol{A}|\boldsymbol{E}\begin{pmatrix}1\\1\\1\end{pmatrix}=\begin{pmatrix}3\\3\\3\end{pmatrix},$$

所以 $\boldsymbol{A}^*\begin{pmatrix}1\\1\\1\end{pmatrix}=\begin{pmatrix}\frac{3}{2}\\ \frac{3}{2}\\ \frac{3}{2}\end{pmatrix}$，即 $A_{11}+A_{21}+A_{31}=\dfrac{3}{2}$.

例 2.57（2021 年考研数二）　多项式 $f(x)=\begin{vmatrix}x & x & 1 & 2x\\ 1 & x & 2 & -1\\ 2 & 1 & x & 1\\ 2 & -1 & 1 & x\end{vmatrix}$ 中 x^3 项的系数为____________.

解　由于 $|\boldsymbol{A}|$ 就是不同行不同列的 n 项乘积的代数和，为了得到 x^3 项，第 1 行不能取

$a_{11}=x$，$a_{13}=1$.

当取 $a_{12}=x$ 时，有 $(-1)^{t(2134)}a_{12}a_{21}a_{33}a_{44}=-x^3$；

当取 $a_{14}=2x$ 时，有 $(-1)^{t(4231)}a_{14}a_{22}a_{33}a_{41}=-4x^3$.

故 x^3 项为 $-x^3-4x^3=-5x^3$.

本题答案为-5.

例 2.58(2020 年考研数一)　行列式 $\begin{vmatrix} a & 0 & -1 & 1 \\ 0 & a & 1 & -1 \\ -1 & 1 & a & 0 \\ 1 & -1 & 0 & a \end{vmatrix}=$____________.

分析　这是四阶数字型行列式的计算. 利用每列元素之和相等的规律，先求和，提出公共因子，再进一步计算.

解

$$\begin{vmatrix} a & 0 & -1 & 1 \\ 0 & a & 1 & -1 \\ -1 & 1 & a & 0 \\ 1 & -1 & 0 & a \end{vmatrix}=a\begin{vmatrix} 1 & 1 & 1 & 1 \\ 0 & a & 1 & -1 \\ 0 & 2 & a+1 & 1 \\ 0 & 0 & a & a \end{vmatrix}=a\begin{vmatrix} a & 1 & -1 \\ 2 & a+1 & 1 \\ 0 & a & a \end{vmatrix}$$

$$=a^2\begin{vmatrix} a & 1 & -1 \\ 2 & a+1 & 1 \\ 0 & 1 & 1 \end{vmatrix}$$

$$=a^2(a^2-4).$$

注：对于数字型行列式，每行元素之和相等或者每列元素之和相等，是考研中的热点，但是其也是基础题型.

例 2.59(2019 年考研数二)　已知矩阵 $\boldsymbol{A}=\begin{pmatrix} 1 & -1 & 0 & 0 \\ -2 & 1 & -1 & 1 \\ 3 & -2 & 2 & -1 \\ 0 & 0 & 3 & 4 \end{pmatrix}$，$A_{ij}$ 表示 $|\boldsymbol{A}|$ 中 (i,j)元的代数余子式，则 $A_{11}-A_{12}=$____________.

分析　直接使用行列展开式定理计算即可.

解　$A_{11}-A_{12}=|\boldsymbol{A}|=\begin{vmatrix} 1 & -1 & 0 & 0 \\ -2 & 1 & -1 & 1 \\ 3 & -2 & 2 & -1 \\ 0 & 0 & 3 & 4 \end{vmatrix}=\begin{vmatrix} 1 & 0 & 0 & 0 \\ -2 & -1 & -1 & 1 \\ 3 & 1 & 2 & -1 \\ 0 & 0 & 3 & 4 \end{vmatrix}$

$$=1\times(-1)^{1+1}\begin{vmatrix} -1 & -1 & 1 \\ 1 & 2 & -1 \\ 0 & 3 & 4 \end{vmatrix}=\begin{vmatrix} -1 & -1 & 1 \\ 1 & 2 & -1 \\ 0 & 3 & 4 \end{vmatrix}$$

$$=(-1)\times(-1)^{1+1}\begin{vmatrix} 1 & 0 \\ 3 & 4 \end{vmatrix}=-4.$$

本题答案为-4.

例 2.60(2018 年考研数一)　设 $\boldsymbol{A}$、$\boldsymbol{B}$ 为 n 阶矩阵，记 $R(\boldsymbol{X})$为矩阵 $\boldsymbol{X}$ 的秩，$(\boldsymbol{X},\boldsymbol{Y})$表示分块矩阵，则(　　).

A. $R(\boldsymbol{A}, \boldsymbol{AB})=R(\boldsymbol{A})$　　　　B. $R(\boldsymbol{A}, \boldsymbol{BA})=R(\boldsymbol{A})$

C. $R(\boldsymbol{A}, \boldsymbol{B})=\max\{R(\boldsymbol{A}), R(\boldsymbol{B})\}$　　　　D. $R(\boldsymbol{A}, \boldsymbol{B})=R(\boldsymbol{A}^{\mathrm{T}}\boldsymbol{B}^{\mathrm{T}})$

解　设 $\boldsymbol{C}=\boldsymbol{AB}$，则可知 $\boldsymbol{C}$ 的列向量可以由 $\boldsymbol{A}$ 的列向量线性表示，则 $R(\boldsymbol{A}, \boldsymbol{C})=R(\boldsymbol{A}, \boldsymbol{AB})=R(\boldsymbol{A})$，故本题选 A.

七、自　测　题

自测题(A)

一、填空题

1. 若 $a_{1i}a_{23}a_{35}a_{5j}a_{44}$ 是五阶行列式中带正号的一项，则 $i=$__________，$j=$__________.

解　由行列式的定义，可令 $i=1$，$j=2$，$t(12354)+t(13524)=1+3=4$，取正号.

若令 $i=2$，$j=1$，$t(12354)+t(23514)=1+4=5$，取负号(不合题意，舍去). 故 $i=1$，$j=2$.

2. 若将 n 阶行列式 D 的每一个元素添上负号得到新行列式为 $\bar{D}$，则 $\bar{D}=$__________.

解　即行列式 D 的每一行都有一个 -1 的公因子，所以 $\bar{D}=(-1)^nD$.

3. 若四阶行列式 D 中第 4 行的元素依次为 1，2，3，4，它们的余子式分别为 2，3，4，5，则行列式的值为________.

解　由四阶行列式按第 4 行展开有

$$\begin{aligned}D&=a_{41}A_{41}+a_{42}A_{42}+a_{43}A_{43}+a_{44}A_{44}=-a_{41}M_{41}+a_{42}M_{42}-a_{43}M_{43}+a_{44}M_{44}\\&=-1\times2+2\times3-3\times4+4\times5=12.\end{aligned}$$

4. 设三阶方阵 $\boldsymbol{A}=\begin{pmatrix}2&0&0\\0&x&y\\0&2&3\end{pmatrix}$ 可逆，则 x，y 应满足条件________.

解　由于 $\boldsymbol{A}$ 可逆，则其行列式不等于零，即 $|\boldsymbol{A}|=\begin{vmatrix}2&0&0\\0&x&y\\0&2&3\end{vmatrix}=2\times(3x-2y)\neq0 \Rightarrow$

$3x\neq2y$，所以，x、y 应满足条件 $3x\neq2y$.

5. $\boldsymbol{A}$、$\boldsymbol{B}$ 均为 n 阶方阵，$|\boldsymbol{A}|=|\boldsymbol{B}|=3$，则 $\left|\dfrac{1}{2}\boldsymbol{AB}^{-1}\right|=$__________.

解　由于 $\left|\dfrac{1}{2}\boldsymbol{AB}^{-1}\right|=\left(\dfrac{1}{2}\right)^n|\boldsymbol{A}||\boldsymbol{B}^{-1}|=\left(\dfrac{1}{2}\right)^n|\boldsymbol{A}||\boldsymbol{B}|^{-1}=\left(\dfrac{1}{2}\right)^n$.

二、单项选择题

1. 设 $\begin{vmatrix}a_{11}&a_{12}&a_{13}\\a_{21}&a_{22}&a_{23}\\a_{31}&a_{32}&a_{33}\end{vmatrix}=M\neq0$，则行列式 $\begin{vmatrix}-2a_{11}&-2a_{12}&-2a_{13}\\-2a_{31}&-2a_{32}&-2a_{33}\\-2a_{21}&-2a_{22}&-2a_{23}\end{vmatrix}=$(　A　).

A. $8M$　　B. $2M$　　C. $-2M$　　D. $-8M$

解 $\begin{vmatrix} -2a_{11} & -2a_{12} & -2a_{13} \\ -2a_{31} & -2a_{32} & -2a_{33} \\ -2a_{21} & -2a_{22} & -2a_{23} \end{vmatrix} = (-2)^3 \begin{vmatrix} a_{11} & a_{12} & a_{13} \\ a_{31} & a_{32} & a_{33} \\ a_{21} & a_{22} & a_{23} \end{vmatrix}$

$$= (-8)(-1)\begin{vmatrix} a_{11} & a_{12} & a_{13} \\ a_{21} & a_{22} & a_{23} \\ a_{31} & a_{32} & a_{33} \end{vmatrix} = 8M.$$

2. 设 $\boldsymbol{A}$ 为 n 阶方阵，且 $|\boldsymbol{A}| = a \neq 0$，则 $|\boldsymbol{A}^*| =$（ C ）.

A. a　　B. $\dfrac{1}{a}$　　C. a^{n-1}　　D. a^n

解 因为

$$\boldsymbol{A}^* = |\boldsymbol{A}|\boldsymbol{A}^{-1} \Rightarrow |\boldsymbol{A}^*| = ||\boldsymbol{A}|\boldsymbol{A}^{-1}| = |\boldsymbol{A}|^n|\boldsymbol{A}^{-1}| = |\boldsymbol{A}|^n \cdot |\boldsymbol{A}|^{-1} = |\boldsymbol{A}|^{n-1}.$$

3. 设 $\boldsymbol{A}$、$\boldsymbol{B}$ 为 $n(n \geqslant 2)$ 阶方阵，则必有（ B ）.

A. $|\boldsymbol{A}+\boldsymbol{B}| = |\boldsymbol{A}| + |\boldsymbol{B}|$　　B. $|\boldsymbol{AB}| = |\boldsymbol{BA}|$

C. $||\boldsymbol{A}|\boldsymbol{B}| = ||\boldsymbol{B}|\boldsymbol{A}|$　　D. $|\boldsymbol{A}-\boldsymbol{B}| = |\boldsymbol{B}-\boldsymbol{A}|$

解 对选项 B，由 $\boldsymbol{A}$、$\boldsymbol{B}$ 为 $n(n \geqslant 2)$ 阶方阵，有 $|\boldsymbol{AB}| = |\boldsymbol{A}||\boldsymbol{B}| = |\boldsymbol{B}||\boldsymbol{A}| = |\boldsymbol{BA}|$.

4. 设 $\boldsymbol{A}$ 为 n 阶可逆矩阵，$\boldsymbol{A}^*$ 是 $\boldsymbol{A}$ 的伴随矩阵，则下列各式正确的是（ B ）.

A. $(2\boldsymbol{A})^{-1} = 2\boldsymbol{A}^{-1}$　　B. $(\boldsymbol{A}^*)^{-1} = \dfrac{\boldsymbol{A}}{|\boldsymbol{A}|}$

C. $(\boldsymbol{A}^*)^{-1} = \dfrac{\boldsymbol{A}^{-1}}{|\boldsymbol{A}|}$　　D. $((\boldsymbol{A}^{\mathrm{T}})^{-1})^{\mathrm{T}} = ((\boldsymbol{A}^{-1})^{\mathrm{T}})^{-1}$

解 对选项 A，$(2\boldsymbol{A})^{-1} = \dfrac{1}{2}\boldsymbol{A}^{-1}$.

对选项 B、C，因为 $\boldsymbol{A}^* = |\boldsymbol{A}|\boldsymbol{A}^{-1}$，$\dfrac{1}{|\boldsymbol{A}|}\boldsymbol{A}^*\boldsymbol{A} = \dfrac{1}{|\boldsymbol{A}|}|\boldsymbol{A}|\boldsymbol{A}^{-1}\boldsymbol{A} = \boldsymbol{E}$，所以 $(\boldsymbol{A}^*)^{-1} = \dfrac{\boldsymbol{A}}{|\boldsymbol{A}|}$.

选项 D，$((\boldsymbol{A}^{\mathrm{T}})^{-1})^{\mathrm{T}} = ((\boldsymbol{A}^{\mathrm{T}})^{\mathrm{T}})^{-1} = \boldsymbol{A}^{-1}$.

5. 矩阵 $\begin{pmatrix} 1 & 2 & 1 & 0 \\ 3 & -1 & 0 & 2 \\ -1 & a & 2 & -2 \end{pmatrix}$ 的秩为 2，则 $a =$（ D ）.

A. 2　　B. 3　　C. 4　　D. 5

解 通过初等变换，$\begin{pmatrix} 1 & 2 & 1 & 0 \\ 3 & -1 & 0 & 2 \\ -1 & a & 2 & -2 \end{pmatrix} \to \begin{pmatrix} 1 & 2 & 1 & 0 \\ 0 & -7 & -3 & 2 \\ 0 & a+2 & 3 & -2 \end{pmatrix} \to \begin{pmatrix} 1 & 2 & 1 & 0 \\ 0 & -7 & -3 & 2 \\ 0 & a-5 & 0 & 0 \end{pmatrix}$.

由秩为 2 可得，$a = 5$.

三、计算题

1. 计算行列式：$\begin{vmatrix} 4 & 1 & 1 & 1 \\ 1 & 4 & 1 & 1 \\ 1 & 1 & 4 & 1 \\ 1 & 1 & 1 & 4 \end{vmatrix}$.

解 $\begin{vmatrix} 4 & 1 & 1 & 1 \\ 1 & 4 & 1 & 1 \\ 1 & 1 & 4 & 1 \\ 1 & 1 & 1 & 4 \end{vmatrix} \xlongequal[\text{第一列上}]{\text{各列加到}} \begin{vmatrix} 7 & 1 & 1 & 1 \\ 7 & 4 & 1 & 1 \\ 7 & 1 & 4 & 1 \\ 7 & 1 & 1 & 4 \end{vmatrix} \xlongequal[\text{到外面}]{\text{第一列提}} 7\begin{vmatrix} 1 & 1 & 1 & 1 \\ 1 & 4 & 1 & 1 \\ 1 & 1 & 4 & 1 \\ 1 & 1 & 1 & 4 \end{vmatrix}$

$$\xlongequal[\text{加到各行上}]{\text{第一行乘}-1} 7\begin{vmatrix} 1 & 1 & 1 & 1 \\ 0 & 3 & 0 & 0 \\ 0 & 0 & 3 & 0 \\ 0 & 0 & 0 & 3 \end{vmatrix} = 7\times 3^3 = 189.$$

2. 计算行列式：$\begin{vmatrix} a_1 & 0 & 0 & b_1 \\ 0 & a_2 & b_2 & 0 \\ 0 & b_3 & a_3 & 0 \\ b_4 & 0 & 0 & a_4 \end{vmatrix}$.

解 先按第一行展开，再按第三行展开，有

$$\begin{vmatrix} a_1 & 0 & 0 & b_1 \\ 0 & a_2 & b_2 & 0 \\ 0 & b_3 & a_3 & 0 \\ b_4 & 0 & 0 & a_4 \end{vmatrix} = a_1\begin{vmatrix} a_2 & b_2 & 0 \\ b_3 & a_3 & 0 \\ 0 & 0 & a_4 \end{vmatrix} - b_1\begin{vmatrix} 0 & a_2 & b_2 \\ 0 & b_3 & a_3 \\ b_4 & 0 & 0 \end{vmatrix}$$

$$= (a_1a_4 - b_1b_4)(a_2a_3 - b_2b_3).$$

3. 计算行列式$\begin{vmatrix} a & 1 & 0 & 0 \\ -1 & b & 1 & 0 \\ 0 & -1 & c & 1 \\ 0 & 0 & -1 & d \end{vmatrix}$.

解 $D \xlongequal{r_1+ar_2} \begin{vmatrix} 0 & ab+1 & a & 0 \\ -1 & b & 1 & 0 \\ 0 & -1 & c & 1 \\ 0 & 0 & -1 & d \end{vmatrix} = \begin{vmatrix} ab+1 & a & 0 \\ -1 & c & 1 \\ 0 & -1 & d \end{vmatrix}$

$$\xlongequal{c_3+dc_2} \begin{vmatrix} ab+1 & a & ad \\ -1 & c & cd+1 \\ 0 & -1 & 0 \end{vmatrix}$$

$$= \begin{vmatrix} ab+1 & ad \\ -1 & cd+1 \end{vmatrix} = (ab+1)(cd+1) + ad$$

$$= abcd + ab + ad + cd + 1.$$

4. 设三阶矩阵 $\boldsymbol{A}$、$\boldsymbol{B}$ 满足关系 $\boldsymbol{A}^{-1}\boldsymbol{BA} = 6\boldsymbol{A} + \boldsymbol{BA}$，且

$$\boldsymbol{A} = \begin{pmatrix} \frac{1}{2} & 0 & 0 \\ 0 & \frac{1}{4} & 0 \\ 0 & 0 & \frac{1}{7} \end{pmatrix},$$

求 $\boldsymbol{B}$.

解 由 $\boldsymbol{A}^{-1}\boldsymbol{BA} - \boldsymbol{BA} = 6\boldsymbol{A} \Rightarrow (\boldsymbol{A}^{-1} - \boldsymbol{E})\boldsymbol{BA} = 6\boldsymbol{A} \Rightarrow (\boldsymbol{A}^{-1} - \boldsymbol{E})\boldsymbol{B} = 6\boldsymbol{E}$.

$$B=6(A^{-1}-E)^{-1}=6\left[\begin{pmatrix}2&0&0\\0&4&0\\0&0&7\end{pmatrix}-\begin{pmatrix}1&0&0\\0&1&0\\0&0&1\end{pmatrix}\right]^{-1}=6\begin{pmatrix}1&0&0\\0&3&0\\0&0&6\end{pmatrix}^{-1}$$

$$=6\begin{pmatrix}1&0&0\\0&\frac{1}{3}&0\\0&0&\frac{1}{6}\end{pmatrix}=\begin{pmatrix}6&0&0\\0&2&0\\0&0&1\end{pmatrix}.$$

5. 设曲线 $y=a_0+a_1x+a_2x^2+a_3x^3$ 通过四点(1, 3)、(2, 4)、(3, 3)、(4, −3)，求系数 a_0，a_1，a_2，a_3.

解 把四个点的坐标代入曲线方程，得线性方程组

$$\begin{cases}a_0+a_1+a_2+a_3=3\\a_0+2a_1+4a_2+8a_3=4\\a_0+3a_1+9a_2+27a_3=3\\a_0+4a_1+16a_2+64a_3=-3\end{cases}$$

其系数行列式为

$$D=\begin{vmatrix}1&1&1&1\\1&2&4&8\\1&3&9&27\\1&4&16&64\end{vmatrix}=1\times2\times3\times1\times2\times1=12,$$

而

$$D_1=\begin{vmatrix}3&1&1&1\\4&2&4&8\\3&3&9&27\\-3&4&16&64\end{vmatrix}\xlongequal[c_1-3c_2]{\substack{c_4-c_3\\c_3-c_2}}\begin{vmatrix}0&1&0&0\\-2&2&2&4\\-6&3&6&18\\-15&4&12&48\end{vmatrix}$$

$$=(-1)^3\begin{vmatrix}-2&2&4\\-6&6&18\\-15&12&48\end{vmatrix}\xlongequal{c_1+c_2}-\begin{vmatrix}0&2&4\\0&6&18\\-3&12&48\end{vmatrix}$$

$$=-(-3)\begin{vmatrix}2&4\\6&18\end{vmatrix}=36;$$

类似地，计算得

$$D_2=\begin{vmatrix}1&3&1&1\\1&4&4&8\\1&3&9&27\\1&-3&16&64\end{vmatrix}=-18;\qquad D_3=\begin{vmatrix}1&1&3&1\\1&2&4&8\\1&3&-3&27\\1&4&3&64\end{vmatrix}=24;$$

$$D_4=\begin{vmatrix}1&1&1&3\\1&2&4&4\\1&3&9&3\\1&4&16&-3\end{vmatrix}=-6.$$

故由克拉默法则，得唯一解为

$$a_0=3,\ a_1=-\frac{3}{2},\ a_2=2,\ a_3=-\frac{1}{2},$$

即曲线方程为

$$y=3-\frac{3}{2}x+2x^2-\frac{1}{2}x^3.$$

6. 求矩阵$\begin{pmatrix}3&2&-1&-3&-1\\2&-1&3&1&-3\\7&0&5&-1&-8\end{pmatrix}$的秩，并找出一个最高阶非零子式.

解　$$A=\begin{pmatrix}3&2&-1&-3&-1\\2&-1&3&1&-3\\7&0&5&-1&-8\end{pmatrix}\to\begin{pmatrix}1&3&-4&-4&2\\2&-1&3&1&-3\\7&0&5&-1&-8\end{pmatrix}\to$$

$$\begin{pmatrix}1&3&-4&-4&2\\0&-7&11&9&-7\\0&-21&33&27&-22\end{pmatrix}\to\begin{pmatrix}1&3&-4&-4&2\\0&-7&11&9&-7\\0&0&0&0&-1\end{pmatrix}$$

故 $R(\boldsymbol{A})=3$，最高阶非零子式为$\begin{vmatrix}3&2&-1\\2&-1&-3\\7&0&-8\end{vmatrix}$.

自测题(B)

一、填空题

1. 已知三阶行列式 $D=\begin{vmatrix}1&2&3\\4&5&6\\7&8&9\end{vmatrix}$，$A_{ij}$ 表示它的元素 a_{ij} 的代数余子式，则与 $aA_{21}+bA_{22}+cA_{23}$ 对应的三阶行列式为__________.

解　由行列式按行按列展开定理可得 $aA_{21}+bA_{22}+cA_{23}=\begin{vmatrix}1&2&3\\a&b&c\\7&8&9\end{vmatrix}$.

2. 在函数 $f(x)=\begin{vmatrix}2x&1&-1\\-x&-x&x\\1&2&x\end{vmatrix}$ 中 x^3 的系数为__________.

解　含 x^3 的项只有$(-1)^{t(123)}\cdot 2x\cdot(-x)\cdot x$，所以 x^3 的系数为-2.

3. $\boldsymbol{A}$ 为 3 阶方阵，且$|\boldsymbol{A}|=-2$，$\boldsymbol{A}^*$ 是 $\boldsymbol{A}$ 的伴随矩阵，则$|4\boldsymbol{A}^{-1}+\boldsymbol{A}^*|=$________.

解　$\boldsymbol{A}^*=|\boldsymbol{A}|\boldsymbol{A}^{-1}=-2\boldsymbol{A}^{-1}\Rightarrow|4\boldsymbol{A}^{-1}+\boldsymbol{A}^*|=|4\boldsymbol{A}^{-1}-2\boldsymbol{A}^{-1}|$

$=|2\boldsymbol{A}^{-1}|=8|\boldsymbol{A}^{-1}|=-4.$

4. $\boldsymbol{A}$ 为 n 阶方阵，$\boldsymbol{A}\boldsymbol{A}^{\mathrm{T}}=\boldsymbol{E}$ 且$|\boldsymbol{A}|<0$，则$|\boldsymbol{A}+\boldsymbol{E}|=$________.

解　由已知条件知

$\boldsymbol{A}\boldsymbol{A}^{\mathrm{T}}=\boldsymbol{E}\Rightarrow|\boldsymbol{A}\boldsymbol{A}^{\mathrm{T}}|=|\boldsymbol{A}||\boldsymbol{A}^{\mathrm{T}}|=|\boldsymbol{A}|^2=|\boldsymbol{E}|=1\Rightarrow|\boldsymbol{A}|=\pm1,\Rightarrow|\boldsymbol{A}|=-1,$

而

$$|\boldsymbol{A}+\boldsymbol{E}|=|\boldsymbol{A}+\boldsymbol{A}\boldsymbol{A}^{\mathrm{T}}|=|\boldsymbol{A}||\boldsymbol{E}+\boldsymbol{A}^{\mathrm{T}}|=|\boldsymbol{A}||\boldsymbol{A}+\boldsymbol{E}|$$
$$=-|\boldsymbol{A}+\boldsymbol{E}|\Rightarrow|\boldsymbol{A}+\boldsymbol{E}|=0.$$

5. $\boldsymbol{A}$ 为 5×3 矩阵，$R(\boldsymbol{A})=3$，$\boldsymbol{B}=\begin{pmatrix}1&0&2\\0&2&0\\0&0&3\end{pmatrix}$，则 $R(\boldsymbol{AB})=$__________.

解 因为

$$|\boldsymbol{B}|=\begin{vmatrix}1&0&2\\0&2&0\\0&0&3\end{vmatrix}=6,$$

$\boldsymbol{B}$ 可逆，$\boldsymbol{AB}$ 相当于对 $\boldsymbol{A}$ 作列初等变换，不改变 $\boldsymbol{A}$ 的秩.

二、单项选择题

1. 设 n 阶行列式 D_n，则 $D_n=0$ 的必要条件是（ D ）.

A. D_n 中有两行（或列）元素对应成比例

B. D_n 中有一行（或列）元素全为零

C. D_n 中各列元素之和为零

D. 以 D_n 为系数行列式的齐次线性方程组有非零解.

解 选项 A，B，C 由行列式的性质可得. D 由克拉默法则可得.

2. 对任意同阶方阵 $\boldsymbol{A}$、$\boldsymbol{B}$，下列说法正确的是（ C ）.

A. $(\boldsymbol{AB})^{-1}=\boldsymbol{A}^{-1}\boldsymbol{B}^{-1}$

B. $|\boldsymbol{A}+\boldsymbol{B}|=|\boldsymbol{A}|+|\boldsymbol{B}|$

C. $(\boldsymbol{AB})^{\mathrm{T}}=\boldsymbol{B}^{\mathrm{T}}\boldsymbol{A}^{\mathrm{T}}$

D. $\boldsymbol{AB}=\boldsymbol{BA}$

解 对 A 选项，由可逆矩阵的性质有 $(\boldsymbol{AB})^{-1}=\boldsymbol{B}^{-1}\boldsymbol{A}^{-1}$；对 B 选项，若方阵 $\boldsymbol{A}=-\boldsymbol{B}$，则 $|\boldsymbol{A}+\boldsymbol{B}|=0$；对 C 选项，由转置矩阵的性质可得；对 D 选项，矩阵乘法不满足交换律.

3. 设 $\boldsymbol{A}$、$\boldsymbol{B}$ 为 n 阶方阵，（ B ）。

A. 若 $\boldsymbol{A}$、$\boldsymbol{B}$ 可逆，则 $\boldsymbol{A}+\boldsymbol{B}$ 可逆

B. 若 $\boldsymbol{A}$、$\boldsymbol{B}$ 可逆，则 $\boldsymbol{AB}$ 可逆

C. 若 $\boldsymbol{A}+\boldsymbol{B}$ 可逆，则 $\boldsymbol{A}-\boldsymbol{B}$ 可逆

D. 若 $\boldsymbol{A}+\boldsymbol{B}$ 可逆，则 $\boldsymbol{A}$、$\boldsymbol{B}$ 可逆

解 由逆矩阵的性质可得，选项 B 为正确答案

4. 设 $\boldsymbol{A}$ 为 $n(n\geqslant2)$ 阶可逆矩阵，$\boldsymbol{A}^*$ 是 $\boldsymbol{A}$ 的伴随矩阵，则必有（ C ）.

A. $(\boldsymbol{A}^*)^*=|\boldsymbol{A}|^{n-1}\boldsymbol{A}$　　B. $(\boldsymbol{A}^*)^*=|\boldsymbol{A}|^{n+1}\boldsymbol{A}$

C. $(\boldsymbol{A}^*)^*=|\boldsymbol{A}|^{n-2}\boldsymbol{A}$　　D. $(\boldsymbol{A}^*)^*=|\boldsymbol{A}|^{n+2}\boldsymbol{A}$

解 因为 $\boldsymbol{A}^*=|\boldsymbol{A}|\boldsymbol{A}^{-1}$，故

$$(\boldsymbol{A}^*)^*=|\boldsymbol{A}^*|(\boldsymbol{A}^*)^{-1}=||\boldsymbol{A}|\boldsymbol{A}^{-1}|(|\boldsymbol{A}|\boldsymbol{A}^{-1})^{-1}$$
$$=|\boldsymbol{A}|^n|\boldsymbol{A}^{-1}||\boldsymbol{A}|^{-1}\boldsymbol{A}=|\boldsymbol{A}|^{n-2}\boldsymbol{A}.$$

5. 若矩阵 $\boldsymbol{A}_{4\times5}$ 有一个 3 阶子式为 0，则（ C ）.

A. $R(\boldsymbol{A})\leqslant2$　　B. $R(\boldsymbol{A})\leqslant3$

C. $R(\boldsymbol{A})\leqslant4$　　D. $R(\boldsymbol{A})\leqslant5$

解　由矩阵秩的性质可知：$R(\boldsymbol{A}_{4\times5})\leqslant\min\{4,5\}$，而有一个 3 阶子式为 0，不排除 4 阶子式不为 0.

三、计算题

1. 计算行列式 $D=\begin{vmatrix} a & b & c & d \\ a & a+b & a+b+c & a+b+c+d \\ a & 2a+b & 3a+2b+c & 4a+3b+2c+d \\ a & 3a+b & 6a+3b+c & 10a+6b+3c+d \end{vmatrix}$.

解　从第 4 行开始，后一行减前一行

$$D\xlongequal[r_2-r_1]{\substack{r_4-r_3\\ r_3-r}}\begin{vmatrix} a & b & c & d \\ 0 & a & a+b & a+b+c \\ 0 & a & 2a+b & 3a+2b+c \\ 0 & a & 3a+b & 6a+3b+c \end{vmatrix}\xrightarrow[r_3-r_2]{r_4-r_3}\begin{vmatrix} a & b & c & d \\ 0 & a & a+b & a+b+c \\ 0 & a & a & 2a+b \\ 0 & a & a & 2a+b \end{vmatrix}$$

$$\xlongequal{r_4-r_3}\begin{vmatrix} a & b & c & d \\ 0 & a & a+b & a+b+c \\ 0 & 0 & a & 2a+b \\ 0 & 0 & 0 & a \end{vmatrix}$$

$=a^4$.

2. 计算行列式 $D=\begin{vmatrix} 1 & 1 & 1 & 1 \\ a & b & c & d \\ a^2 & b^2 & c^2 & d^2 \\ a^4 & b^4 & c^4 & d^4 \end{vmatrix}$.

解　$$D=\begin{vmatrix} 1 & 1 & 1 & 1 \\ a & b & c & d \\ a^2 & b^2 & c^2 & d^2 \\ a^4 & b^4 & c^4 & d^4 \end{vmatrix}\xlongequal{r_4-d^2r_3,\ r_i-dr_{i-1},\ i=3,2}\begin{vmatrix} 1 & 1 & 1 & 1 \\ a-d & b-d & c-d & 0 \\ a^2-ad & b^2-bd & c^2-cd & 0 \\ a^4-a^2d^2 & b^4-b^2d^2 & c^4-c^2d^2 & 0 \end{vmatrix}$$

$$=-\begin{vmatrix} a-d & b-d & c-d \\ a^2-ad & b^2-bd & c^2-cd \\ a^4-a^2d^2 & b^4-b^2d^2 & c^4-c^2d^2 \end{vmatrix}$$

$$=-(a-d)(b-d)(c-d)\begin{vmatrix} 1 & 1 & 1 \\ a & b & c \\ a^3+a^2d & b^3+b^2d & c^3+c^2d \end{vmatrix}$$

$$\xlongequal{\substack{c_i-c_1,\\ i=2,3}}-(a-d)(b-d)(c-d)\begin{vmatrix} 1 & 0 & 0 \\ a & b-a & c-a \\ a^3+a^2d & b^3+b^2d-a^3-a^2d & c^3+c^2d-a^3-a^2d \end{vmatrix}$$

$$=(a-d)(b-d)(c-d)[(c-a)(b^3+b^2d-a^3-a^2d)-(b-a)(c^3+c^2d-a^3-a^2d)]$$

$$=(a-d)(b-d)(c-d)[(c-a)(b-a)(b^2+ab+a^2+bd+ad)-$$
$$(b-a)(c-a)(c^2+ca+a^2+cd+ad)]$$

$$=(a-d)(b-d)(c-d)[(c-a)(b-a)(b-c)(a+b+c+d)].$$

3. 解方程 $\begin{vmatrix} a_1 & a_2 & a_3 & \cdots & a_{n-1} & a_n \\ a_1 & a_1+a_2-x & a_3 & \cdots & a_{n-1} & a_n \\ a_1 & a_2 & a_2+a_3-x & \cdots & a_{n-1} & a_n \\ \vdots & \vdots & \vdots & & \vdots & \vdots \\ a_1 & a_2 & a_3 & \cdots & a_{n-2}+a_{n-1}-x & a_n \\ a_1 & a_2 & a_3 & \cdots & a_{n-1} & a_{n-1}+a_n-x \end{vmatrix}=0$.

解 从第二行开始每一行都减去第一行得

$$\begin{vmatrix} a_1 & a_2 & a_3 & \cdots & a_{n-1} & a_n \\ 0 & a_1-x & 0 & \cdots & 0 & 0 \\ 0 & 0 & a_2-x & \cdots & 0 & 0 \\ \vdots & \vdots & \vdots & & \vdots & \vdots \\ 0 & 0 & 0 & \cdots & a_{n-2}-x & 0 \\ 0 & 0 & 0 & \cdots & 0 & a_{n-1}-x \end{vmatrix}=a_1(a_1-x)(a_2-x)\cdots(a_{n-2}-x)(a_{n-1}-x),$$

由 $a_1(a_1-x)(a_2-x)\cdots(a_{n-2}-x)(a_{n-1}-x)=0$，解得方程的 $n-1$ 个根：

$$x_1=a_1,\ x_2=a_2,\ \cdots,\ x_{n-2}=a_{n-2},\ x_{n-1}=a_{n-1}.$$

4. 设矩阵 $\boldsymbol{A}$、$\boldsymbol{B}$ 满足 $\boldsymbol{A}^*\boldsymbol{BA}=2\boldsymbol{BA}-8\boldsymbol{E}$，其中 $\boldsymbol{A}=\begin{pmatrix}1 & 0 & 0\\ 0 & -2 & 0\\ 0 & 0 & 1\end{pmatrix}$，$\boldsymbol{A}^*$ 为 $\boldsymbol{A}$ 的伴随矩阵，$\boldsymbol{E}$ 为单位矩阵，求矩阵 $\boldsymbol{B}$.

解 由于 $|\boldsymbol{A}|=-2\neq 0$，故 $\boldsymbol{A}$ 可逆，从而

$$\boldsymbol{A}^*=|\boldsymbol{A}|\cdot\boldsymbol{A}^{-1}=-2\boldsymbol{A}^{-1},$$

又

$$\boldsymbol{A}^*\boldsymbol{BA}=2\boldsymbol{BA}-8\boldsymbol{E}\Leftrightarrow\boldsymbol{A}^*\boldsymbol{BA}-2\boldsymbol{BA}=-8\boldsymbol{E}\Leftrightarrow(\boldsymbol{A}^*-2\boldsymbol{E})\boldsymbol{BA}=-8\boldsymbol{E},$$

其中

$$\boldsymbol{A}^*-2\boldsymbol{E}=-2\boldsymbol{A}^{-1}-2\boldsymbol{E}=-2\left[\begin{pmatrix}1 & 0 & 0\\ 0 & -\frac{1}{2} & 0\\ 0 & 0 & 1\end{pmatrix}+\begin{pmatrix}1 & 0 & 0\\ 0 & 1 & 0\\ 0 & 0 & 1\end{pmatrix}\right]=\begin{pmatrix}-4 & 0 & 0\\ 0 & -1 & 0\\ 0 & 0 & -4\end{pmatrix},$$

显然可逆，因此可得

$$\boldsymbol{B}=(\boldsymbol{A}^*-2\boldsymbol{E})^{-1}(-8\boldsymbol{E})\boldsymbol{A}^{-1}=-8(\boldsymbol{A}^*-2\boldsymbol{E})^{-1}\boldsymbol{A}^{-1}$$

$$=(-8)\begin{pmatrix}-\frac{1}{4} & 0 & 0\\ 0 & -1 & 0\\ 0 & 0 & -\frac{1}{4}\end{pmatrix}\begin{pmatrix}1 & 0 & 0\\ 0 & -\frac{1}{2} & 0\\ 0 & 0 & 1\end{pmatrix}=\begin{pmatrix}2 & 0 & 0\\ 0 & -4 & 0\\ 0 & 0 & 2\end{pmatrix}.$$

5. 设方程组 $\begin{cases} x+y+z=a+b+c \\ ax+by+cz=a^2+b^2+c^2, \\ bcx+cay+abz=3abc \end{cases}$

问 a，b，c 满足什么条件时，方程组有唯一解，并求出唯一解.

解 $D=\begin{vmatrix}1&1&1\\a&b&c\\bc&ca&ab\end{vmatrix}\xlongequal[c_2-c_3]{c_1-c_2}\begin{vmatrix}0&0&1\\a-b&b-c&c\\c(b-a)&a(c-b)&ab\end{vmatrix}$

$\xlongequal[c_2\div(b-c)]{c_1\div(a-b)}(a-b)(b-c)\begin{vmatrix}0&0&1\\1&1&c\\-c&-a&ab\end{vmatrix}$

$=(a-b)(b-c)\begin{vmatrix}1&1\\-c&-a\end{vmatrix}$

$=(a-b)(b-c)(c-a).$

显然，当 a，b，c 互不相等时，$D\neq0$，该方程组有唯一解．又

$$D_1=\begin{vmatrix}a+b+c&1&1\\a^2+b^2+c^2&b&c\\3abc&ca&ab\end{vmatrix}\xlongequal{c_1-bc_2-cc_3}\begin{vmatrix}a&1&1\\a^2&b&c\\abc&ca&ab\end{vmatrix}\xlongequal{c_1\div a}a\begin{vmatrix}1&1&1\\a&b&c\\bc&ca&ab\end{vmatrix}=aD.$$

同理可得 $D_2=bD$，$D_3=cD$，于是有

$$x=\frac{D_1}{D}=a,\ y=\frac{D_2}{D}=b,\ z=\frac{D_3}{D}=c.$$

6．求矩阵$\begin{pmatrix}6&1&1&7\\4&0&4&1\\1&2&-9&0\\-2&3&-16&-1\end{pmatrix}$的秩，并找出一个最高阶非零子式．

解 $\boldsymbol{A}=\begin{pmatrix}6&1&1&7\\4&0&4&1\\1&2&-9&0\\-2&3&-16&-1\end{pmatrix}\to\begin{pmatrix}1&2&-9&0\\4&0&4&1\\6&1&1&7\\-2&3&-16&-1\end{pmatrix}\to\begin{pmatrix}1&2&-9&0\\0&-8&40&1\\0&-11&55&7\\0&7&-35&-1\end{pmatrix}$

$\to\begin{pmatrix}1&2&-9&0\\0&1&-5&-\frac{1}{8}\\0&1&-5&-\frac{7}{11}\\0&1&-5&-\frac{1}{7}\end{pmatrix}\to\begin{pmatrix}1&2&-9&0\\0&1&-5&-\frac{1}{8}\\0&0&0&1\\0&0&0&0\end{pmatrix}.$

故 $R(\boldsymbol{A})=3$，最高阶非零子式是$\begin{vmatrix}6&1&7\\4&0&1\\1&2&0\end{vmatrix}$．

第3章 向量空间与线性方程组解的结构

一、教学基本要求

(1) 理解 n 维向量的概念，掌握向量的线性运算及运算性质；

(2) 理解并掌握向量的线性组合、向量组的线性相关性和线性无关性的定义；

(3) 掌握判断一个向量组是否线性相关的方法和一些基本的证明方法；

(4) 理解并掌握向量组的极大线性无关组、秩的定义，掌握求矩阵秩的方法，理解矩阵的秩与向量组的相关性之间的关系，会求向量组的极大线性无关组并会用极大无关组线性表示其余向量.

(5) 理解并掌握齐次线性方程组的解的性质，以及基础解系、通解和解空间的概念，熟练掌握求齐次线性方程组的基础解系和通解的方法.

(6) 熟悉非齐次线性方程组的解的结构，会求非齐次线性方程组的通解.

二、内容概要

1. n 维向量

由 n 个数 $a_1, a_2, \cdots, a_n$ 组成的有序数组称为一个 n **维向量**，$\boldsymbol{\alpha}=(a_1, a_2, \cdots, a_n)$ 的形式称为 n **维行向量**，$\boldsymbol{\beta}=\begin{pmatrix}b_1\\b_2\\\vdots\\b_n\end{pmatrix}=(b_1, b_2, \cdots, b_n)^{\mathrm{T}}$ 的形式称为 n **维列向量**.

2. 向量的线性运算

(1) 向量的加法 $\boldsymbol{\alpha}+\boldsymbol{\beta}=\begin{pmatrix}a_1+b_1\\a_2+b_2\\\vdots\\a_n+b_n\end{pmatrix}$.

（2）数与向量的乘法 $k\boldsymbol{\alpha}=\begin{pmatrix}ka_1\\ka_2\\\vdots\\ka_n\end{pmatrix}$.

向量的加法运算和向量的数乘运算统称为向量的**线性运算**.

（3）
$$\boldsymbol{\alpha}^{\mathrm{T}}\boldsymbol{\beta}=(a_1, a_2, \cdots, a_n)\begin{pmatrix}b_1\\b_2\\\vdots\\b_n\end{pmatrix}=a_1b_1+a_2b_2+\cdots+a_nb_n.$$

$$\boldsymbol{\alpha}\boldsymbol{\beta}^{\mathrm{T}}=\begin{pmatrix}a_1\\a_2\\\vdots\\a_n\end{pmatrix}(b_1, b_2, \cdots, b_n)=\begin{pmatrix}a_1b_1 & a_1b_2 & \cdots & a_1b_n\\a_2b_1 & a_2b_2 & \cdots & a_2b_n\\\vdots & \vdots & & \vdots\\a_nb_1 & a_nb_2 & \cdots & a_nb_n\end{pmatrix}.$$

向量的线性运算满足以下规律，其中（$\boldsymbol{\alpha}$、$\boldsymbol{\beta}$、$\boldsymbol{\gamma}$ 是 n 维向量，$\boldsymbol{0}$ 是 n 维零向量，k 和 l 为任意实数）：

（1）$\boldsymbol{\alpha}+\boldsymbol{\beta}=\boldsymbol{\beta}+\boldsymbol{\alpha}$（加法交换律）；

（2）$(\boldsymbol{\alpha}+\boldsymbol{\beta})+\boldsymbol{\gamma}=\boldsymbol{\alpha}+(\boldsymbol{\beta}+\boldsymbol{\gamma})$（加法结合律）；

（3）$\boldsymbol{\alpha}+\boldsymbol{0}=\boldsymbol{\alpha}$；

（4）$\boldsymbol{\alpha}+(-\boldsymbol{\alpha})=\boldsymbol{0}$；

（5）$k(\boldsymbol{\alpha}+\boldsymbol{\beta})=k\boldsymbol{\alpha}+k\boldsymbol{\beta}$（数乘分配律）；

（6）$(k+l)\boldsymbol{\alpha}=k\boldsymbol{\alpha}+l\boldsymbol{\alpha}$（数乘分配律）；

（7）$(kl)\boldsymbol{\alpha}=k(l\boldsymbol{\alpha})$（数乘结合律）；

（8）$1\cdot\boldsymbol{\alpha}=\boldsymbol{\alpha}$.

3. 向量组的概念及其与矩阵的关系

由若干个相同维数的向量构成的集合，**称为向量组**. 一个矩阵 $\boldsymbol{A}$ 与其向量组或者列向量组之间建立了一一对应的关系.

4. n 维基本单位向量组

向量组 $\boldsymbol{\varepsilon}_1=\begin{pmatrix}1\\0\\\vdots\\0\end{pmatrix}$，$\boldsymbol{\varepsilon}_2=\begin{pmatrix}0\\1\\\vdots\\0\end{pmatrix}$，…，$\boldsymbol{\varepsilon}_n=\begin{pmatrix}0\\0\\\vdots\\1\end{pmatrix}$称为 n 维基本单位向量组.

5. 向量组的线性表示

给定 n 维向量组 $\boldsymbol{\alpha}_1, \boldsymbol{\alpha}_2, \cdots, \boldsymbol{\alpha}_n$ 和一个 n 维向量 $\boldsymbol{\beta}$，如果存在一组数 $k_1, k_2, \cdots, k_n$，使得 $\boldsymbol{\beta}=k_1\boldsymbol{\alpha}_1+k_2\boldsymbol{\alpha}_2+\cdots+k_n\boldsymbol{\alpha}_n$，则称向量 $\boldsymbol{\beta}$ 可由向量组 $\boldsymbol{\alpha}_1, \boldsymbol{\alpha}_2, \cdots, \boldsymbol{\alpha}_n$ **线性表示**，或者说向量 $\boldsymbol{\beta}$ 是向量组 $\boldsymbol{\alpha}_1, \boldsymbol{\alpha}_2, \cdots, \boldsymbol{\alpha}_n$ 的一个**线性组合**，称数 $k_1, k_2, \cdots, k_n$ 为**组合系数**.

6. 线性方程组的五种表示方法

(1) 代数形式：

$$\begin{cases} a_{11}x_1+a_{12}x_2+\cdots+a_{1n}x_n=b_1 \\ a_{21}x_1+a_{22}x_2+\cdots+a_{2n}x_n=b_2 \\ \qquad\qquad\qquad\qquad\qquad\vdots \\ a_{m1}x_1+a_{m2}x_2+\cdots+a_{mn}x_n=b_m \end{cases}.$$

(2) 具体矩阵形式：

$$\begin{pmatrix} a_{11} & \cdots & a_{1n} \\ \vdots & & \vdots \\ a_{m1} & \cdots & a_{mn} \end{pmatrix}\begin{pmatrix} x_1 \\ \vdots \\ x_n \end{pmatrix}=\begin{pmatrix} b_1 \\ \vdots \\ b_n \end{pmatrix}.$$

(3) 抽象矩阵形式：

$$\boldsymbol{A}\boldsymbol{x}=\boldsymbol{\beta}$$

$$\boldsymbol{A}=\begin{pmatrix} a_{11} & \cdots & a_{1n} \\ \vdots & & \vdots \\ a_{m1} & \cdots & a_{mn} \end{pmatrix},\ \boldsymbol{x}=\begin{pmatrix} x_1 \\ \vdots \\ x_n \end{pmatrix},\ \boldsymbol{\beta}=\begin{pmatrix} b_1 \\ \vdots \\ b_n \end{pmatrix}.$$

(4) 分块矩阵形式：

$$(\boldsymbol{\alpha}_1,\boldsymbol{\alpha}_2,\cdots,\boldsymbol{\alpha}_n)\begin{pmatrix} x_1 \\ x_2 \\ \vdots \\ x_n \end{pmatrix}=\boldsymbol{\beta}.$$

(5) 向量形式：

$$\boldsymbol{\alpha}_1x_1+\boldsymbol{\alpha}_2x_2+\cdots+\boldsymbol{\alpha}_nx_n=\boldsymbol{\beta}.$$

7. 向量组的等价

若向量组 $\boldsymbol{B}$ 中每个 $\boldsymbol{\beta}_i(i=1,2,\cdots,t)$ 都可以由向量组 $\boldsymbol{A}$：$\boldsymbol{\alpha}_1,\boldsymbol{\alpha}_2,\cdots,\boldsymbol{\alpha}_s$ 线性表示，则称向量组 $\boldsymbol{B}$ 可由向量组 $\boldsymbol{A}$ 线性表示. 反过来，若向量组 $\boldsymbol{A}$ 中每个 $\boldsymbol{\alpha}_j(j=1,2,\cdots,s)$ 都可以由向量组 $\boldsymbol{B}$：$\boldsymbol{\beta}_1,\boldsymbol{\beta}_2,\cdots,\boldsymbol{\beta}_t$ 线性表示，则称向量组 $\boldsymbol{A}$ 可由向量组 $\boldsymbol{B}$ 线性表示. 如果向量组 $\boldsymbol{A}$ 与向量组 $\boldsymbol{B}$ 可以**相互**线性表示，则称**向量组 $\boldsymbol{A}$ 与向量组 $\boldsymbol{B}$ 等价**.

8. 向量组的线性相关、线性无关的定义

设有 s 个 n 维向量组 $\boldsymbol{\alpha}_1,\boldsymbol{\alpha}_2,\cdots,\boldsymbol{\alpha}_s$，如果存在常数 $k_1,k_2,\cdots,k_s\in\mathbf{R}$，使得

$$k_1\boldsymbol{\alpha}_1+k_2\boldsymbol{\alpha}_2+\cdots+k_s\boldsymbol{\alpha}_s=\mathbf{0},$$

(1) 若存在一组**不全为** 0 的数 $k_1,k_2,\cdots,k_s$，使得上式成立，则称向量组 $\boldsymbol{\alpha}_1,\boldsymbol{\alpha}_2,\cdots,\boldsymbol{\alpha}_s$ 是**线性相关**的.

(2) 若当且仅当 $k_1=k_2=\cdots=k_s=0$ 时，才使得上式成立，则称向量组 $\boldsymbol{\alpha}_1,\boldsymbol{\alpha}_2,\cdots,\boldsymbol{\alpha}_s$ 是**线性无关**的.

9. 向量组线性相关性的结论

$k_1\boldsymbol{\alpha}_1+k_2\boldsymbol{\alpha}_2+\cdots+k_s\boldsymbol{\alpha}_s=\mathbf{0}$ 等价于齐次线性方程组.

$$\begin{cases} a_{11}k_1+a_{12}k_2+\cdots+a_{1s}k_s=0 \\ a_{21}k_1+a_{22}k_2+\cdots+a_{2s}k_s=0 \\ \qquad\qquad\qquad\vdots \\ a_{n1}k_1+a_{n2}k_2+\cdots+a_{ns}k_s=0 \end{cases},$$

其中，$\boldsymbol{\alpha}_1=\begin{pmatrix} a_{11} \\ a_{21} \\ \vdots \\ a_{n1} \end{pmatrix}$，$\boldsymbol{\alpha}_2=\begin{pmatrix} a_{12} \\ a_{22} \\ \vdots \\ a_{n2} \end{pmatrix}$，…，$\boldsymbol{\alpha}_s=\begin{pmatrix} a_{1s} \\ a_{2s} \\ \vdots \\ a_{ns} \end{pmatrix}$.

(1) s 个 n 维向量组 $\boldsymbol{\alpha}_i=\begin{pmatrix} a_{1i} \\ a_{2i} \\ \vdots \\ a_{ni} \end{pmatrix}(i=1, 2, \cdots, s)$线性相关的充要条件是上面的齐次线性方程组有非零解，线性无关的充要条件是该齐次线性方程组只有零解.

(2) n 个 n 维向量组 $\boldsymbol{\alpha}_i=\begin{pmatrix} a_{1i} \\ a_{2i} \\ \vdots \\ a_{ni} \end{pmatrix}(i=1, 2, \cdots, n)$线性相关的充要条件是行列式 $D=|\boldsymbol{\alpha}_1, \boldsymbol{\alpha}_2, \cdots, \boldsymbol{\alpha}_n|=0$，线性无关的充要条件是行列式 $D\neq 0$.

(3) 矩阵 $\boldsymbol{A}=(\boldsymbol{\alpha}_1, \boldsymbol{\alpha}_2, \cdots, \boldsymbol{\alpha}_m)(m\geqslant 2)$的秩小于向量的个数 m.

(4) 向量组 $\boldsymbol{\alpha}_1, \boldsymbol{\alpha}_2, \cdots, \boldsymbol{\alpha}_m(m\geqslant 2)$线性相关的充分必要条件是其中至少有一个向量可由其余 $m-1$ 个向量线性表示.

(5) 若向量组 $\boldsymbol{\alpha}_1, \boldsymbol{\alpha}_2, \cdots, \boldsymbol{\alpha}_m$ 线性无关，而向量组 $\boldsymbol{\alpha}_1, \boldsymbol{\alpha}_2, \cdots, \boldsymbol{\alpha}_m, \boldsymbol{\beta}$ 线性相关，则 $\boldsymbol{\beta}$ 可由 $\boldsymbol{\alpha}_1, \boldsymbol{\alpha}_2, \cdots, \boldsymbol{\alpha}_m$ 线性表示，且表达式唯一.

(6) 部分组线性相关，则整体也线性相关；整体线性无关，则部分组也线性无关. 接长向量组线性相关，则截短组也线性相关；截短向量组线性无关，则接长组也线性无关.

10. 极大线性无关组的概念和向量组的秩

向量组 $\boldsymbol{A}$：$\boldsymbol{\alpha}_1, \boldsymbol{\alpha}_2, \cdots, \boldsymbol{\alpha}_m$ 的任意一个极大无关组 $\boldsymbol{\alpha}_1, \boldsymbol{\alpha}_2, \cdots, \boldsymbol{\alpha}_r$ 所含向量的个数，称为这个向量组的秩，记为记作 $R(\boldsymbol{A})$或 $R(\boldsymbol{\alpha}_1, \boldsymbol{\alpha}_2, \cdots, \boldsymbol{\alpha}_m)$或者 $r(\boldsymbol{\alpha}_1, \boldsymbol{\alpha}_2, \cdots, \boldsymbol{\alpha}_m)$.

11. 相关结论

(1) 若向量组 $\boldsymbol{A}$：$\boldsymbol{\alpha}_1, \boldsymbol{\alpha}_2, \cdots, \boldsymbol{\alpha}_s$ 可以由向量组 $\boldsymbol{B}$：$\boldsymbol{\beta}_1, \boldsymbol{\beta}_2, \cdots, \boldsymbol{\beta}_t$ 线性表示，且 $s>t$，则向量组 $\boldsymbol{\alpha}_1, \boldsymbol{\alpha}_2, \cdots, \boldsymbol{\alpha}_s$ 线性相关.

(2) 若向量组 $\boldsymbol{\alpha}_1, \boldsymbol{\alpha}_2, \cdots, \boldsymbol{\alpha}_s$ 线性无关且可由向量组 $\boldsymbol{\beta}_1, \boldsymbol{\beta}_2, \cdots, \boldsymbol{\beta}_t$ 线性表示，则 $s\leqslant t$.

(3) 若向量组 $\boldsymbol{A}$：$\boldsymbol{\alpha}_1, \boldsymbol{\alpha}_2, \cdots, \boldsymbol{\alpha}_s$ 和 $\boldsymbol{B}$：$\boldsymbol{\beta}_1, \boldsymbol{\beta}_2, \cdots, \boldsymbol{\beta}_t$ 等价且都线性无关，则 $s=t$.

(4) 相互等价的向量组的秩相等.

(5) 若两个向量组的秩相等且其中一个向量组可由另一个向量组线性表示，则这两个向量组等价.

(6) 向量组 $\boldsymbol{T}$：$\boldsymbol{\alpha}_1$，$\boldsymbol{\alpha}_2$，…，$\boldsymbol{\alpha}_n$ 线性无关的充要条件是 $R(\boldsymbol{T})=n$(n 为向量个数).

(7) 向量组 $\boldsymbol{T}$：$\boldsymbol{\alpha}_1$，$\boldsymbol{\alpha}_2$，…，$\boldsymbol{\alpha}_n$ 线性相关的充要条件是 $R(\boldsymbol{T})<n$(n 为向量个数).

(8) 向量 $\boldsymbol{\beta}$ 能由向量组 $\boldsymbol{A}$：$\boldsymbol{\alpha}_1$，$\boldsymbol{\alpha}_2$，…，$\boldsymbol{\alpha}_n$ 线性表示的充要条件是

$$R(\boldsymbol{\alpha}_1, \boldsymbol{\alpha}_2, \cdots, \boldsymbol{\alpha}_n)=R(\boldsymbol{\alpha}_1, \boldsymbol{\alpha}_2, \cdots, \boldsymbol{\alpha}_n, \boldsymbol{\beta})=r$$

且当 $r=n$ 时，向量 $\boldsymbol{\beta}$ 由向量组 $\boldsymbol{A}$ 线性表示的表达式是唯一的，当 $r<n$ 时，向量 $\boldsymbol{\beta}$ 由向量组 $\boldsymbol{A}$ 线性表示的表达式不唯一.

(9) 向量 $\boldsymbol{\beta}$ 不能由向量组 $\boldsymbol{A}$：$\boldsymbol{\alpha}_1$，$\boldsymbol{\alpha}_2$，…，$\boldsymbol{\alpha}_n$ 线性表示的充要条件是

$$R(\boldsymbol{\alpha}_1, \boldsymbol{\alpha}_2, \cdots, \boldsymbol{\alpha}_n)\neq R(\boldsymbol{\alpha}_1, \boldsymbol{\alpha}_2, \cdots, \boldsymbol{\alpha}_n, \boldsymbol{\beta}).$$

12. 矩阵的行秩和列秩的定义

任一矩阵的行秩与列秩相等，都等于该矩阵的秩.

13. 向量组的极大无关组的求法

先将向量组作为列向量构成矩阵 $\boldsymbol{A}$，然后对 $\boldsymbol{A}$ 实行初等行变换，把 $\boldsymbol{A}$ 化为行最简形矩阵，由行最简形矩阵列之间的线性关系，就可以确定原向量组间的线性关系，从而确定矩阵 $\boldsymbol{A}$ 的极大无关组.

14. 向量空间

这部分内容包括向量空间及其子空间的概念，向量空间的基和维数的概念，向量空间中向量的坐标的定义.

15. $\mathbf{R}^n$ 的基

$\mathbf{R}^n$ 中任意 n 个线性无关的向量都是 $\mathbf{R}^n$ 的基.

16. 过渡矩阵的定义

设 $\boldsymbol{\alpha}_1$，$\boldsymbol{\alpha}_2$，…，$\boldsymbol{\alpha}_n$ 与 $\boldsymbol{\beta}_1$，$\boldsymbol{\beta}_2$，…，$\boldsymbol{\beta}_n$ 是 n 维向量空间 $\boldsymbol{v}$ 的两组不同的基，存在系数矩阵 $\boldsymbol{P}_{n\times n}$，使得

$$(\boldsymbol{\beta}_1, \boldsymbol{\beta}_2, \cdots, \boldsymbol{\beta}_n)=(\boldsymbol{\alpha}_1, \boldsymbol{\alpha}_2, \cdots, \boldsymbol{\alpha}_n)\boldsymbol{P}$$

系数矩阵 $\boldsymbol{P}_{n\times n}$ 称为从基 $\boldsymbol{\alpha}_1$，$\boldsymbol{\alpha}_2$，…，$\boldsymbol{\alpha}_n$ 到基 $\boldsymbol{\beta}_1$，$\boldsymbol{\beta}_2$，…，$\boldsymbol{\beta}_n$ 的过渡矩阵.

17. 线性方程组的解的判定

设有 n 元非齐次线性方程组，其矩阵形式为 $\boldsymbol{A}\boldsymbol{x}=\boldsymbol{b}$，则有：

(1) $\boldsymbol{A}\boldsymbol{x}=\boldsymbol{b}$ 无解的充要条件是 $R(\boldsymbol{A})<R(\boldsymbol{A}, \boldsymbol{b})$；

(2) $\boldsymbol{A}\boldsymbol{x}=\boldsymbol{b}$ 有唯一解的充要条件是 $R(\boldsymbol{A})=R(\boldsymbol{A}, \boldsymbol{b})=n$；

(3) $\boldsymbol{A}\boldsymbol{x}=\boldsymbol{b}$ 有无穷解的充要条件是 $R(\boldsymbol{A})=R(\boldsymbol{A}, \boldsymbol{b})<n$.

18. 线性方程组解的结构

性质 1 如果 $\boldsymbol{\xi}_1$、$\boldsymbol{\xi}_2$ 是 n 元齐次线性方程组 $\boldsymbol{A}\boldsymbol{x}=\mathbf{0}$ 的两个解，则 $\boldsymbol{\xi}_1+\boldsymbol{\xi}_2$ 也是该齐次方程组的解.

性质 2 如果 $\boldsymbol{\xi}$ 是 n 元齐次线性方程组 $\boldsymbol{A}\boldsymbol{x}=\mathbf{0}$ 的解，则 $k\boldsymbol{\xi}$ 也是该齐次方程组的解.

性质 3 如果 $\boldsymbol{x}=\boldsymbol{\eta}$ 方程组 $\boldsymbol{A}\boldsymbol{x}=\boldsymbol{b}$ 的一个解，$\boldsymbol{x}=\boldsymbol{\xi}$ 是导出组 $\boldsymbol{A}\boldsymbol{x}=\mathbf{0}$ 的一个解，则 $\boldsymbol{x}=\boldsymbol{\eta}+\boldsymbol{\xi}$ 是方程组 $\boldsymbol{A}\boldsymbol{x}=\boldsymbol{b}$ 的一个解.

三、知识结构图

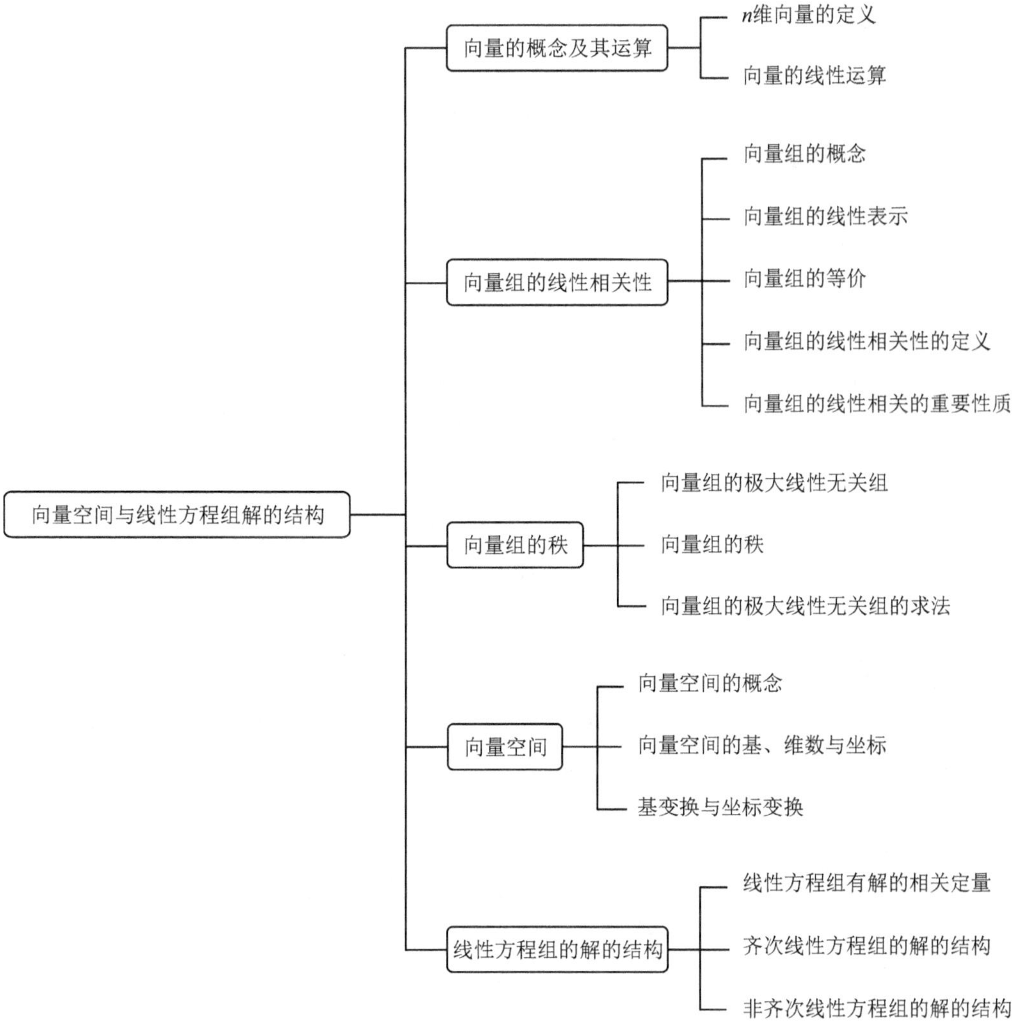

四、要点剖析

1. 线性组合与线性无关

线性组合是向量空间中的一个重要概念，它指的是一组向量通过线性运算(加法和数乘)得到的向量. 如果一组向量中的任意一个向量都不能由其他向量线性组合得到，则称这组向量线性无关. 线性无关性在求解线性方程组时具有重要意义.

2. 向量空间的概念

向量空间(也称线性空间)是一个集合，它定义了加法和数乘两种运算，并满足向量的性质. 这些性质确保了运算的一致性和封闭性.

3. 向量空间的基与维数

向量空间的基是一组线性无关的向量，它们可以生成整个向量空间. 向量空间的维数是基中向量的个数，它表示了向量空间的大小和复杂性. 对于线性方程组而言，求解空间的基和维数有助于我们理解线性方程组的解的结构和性质.

4. 向量空间与线性方程组的关系

向量空间与线性方程组密切相关. 线性方程组的解集构成一个向量空间，称为解空间. 解空间的每一个元素(解向量)都是方程组的解. 通过向量空间的概念，我们可以更深入理解线性方程组的性质和解的结构，用有限个线性无关的解来表示无穷多个解.

5. 线性方程组的解的判定

线性方程组的解的判定主要依赖于系数矩阵的秩和增广矩阵的秩. 当系数矩阵的秩等于增广矩阵的秩时，线性方程组有解；当系数矩阵的秩与增广矩阵的秩不等时，线性方程组无解.

五、释疑解难

问题 1　线性相关与线性无关的区别是什么?

答　线性相关与线性无关的概念的理解是线性代数的一个难点，同时也是学好线性代数的关键. 线性相关与线性无关的概念在逻辑上是有一定区别的，这往往是初学者感到困惑的地方. 存在一组不全为零的数 $k_1, k_2, \cdots, k_s$，使得 $k_1\boldsymbol{\alpha}_1+k_2\boldsymbol{\alpha}_2+\cdots+k_s\boldsymbol{\alpha}_s=\mathbf{0}$ 成立，则称向量组 $\boldsymbol{\alpha}_1, \boldsymbol{\alpha}_2, \cdots, \boldsymbol{\alpha}_s$ 是**线性相关**的. 这里要注意两个问题：第一，“**不全为零**”是指只要有一个数不等于零就可以了；第二，“**存在**”是指只要有这样一组数 $k_1, k_2, \cdots, k_s$ 存在，就可以证明这组向量是线性相关的. 线性无关的概念恰好相反，它强调一个“**必须**”，即要使 $k_1\boldsymbol{\alpha}_1+k_2\boldsymbol{\alpha}_2+\cdots+k_s\boldsymbol{\alpha}_s=\mathbf{0}$ 成立，则必须所有的系数都等于零.

问题 2　大线性无关组唯一吗?

答　极大线性无关组的唯一性取决于向量组的具体情况，一般情况下其不唯一. 例如，含有零向量的向量组没有极大线性无关组，除去零向量后线性无关的向量组有唯一的极大无关组. 含有多个非零向量的向量组可能有多个极大线性无关组，但是它们都与向量组是等价的.

问题 3　判断向量组是否线性相关有哪些方法?

答　$k_1\boldsymbol{\alpha}_1+k_2\boldsymbol{\alpha}_2+\cdots+k_s\boldsymbol{\alpha}_s=\mathbf{0}$ 等价于齐次线性方程组

$$\begin{cases} a_{11}k_1+a_{12}k_2+\cdots+a_{1s}k_s=0 \\ a_{21}k_1+a_{22}k_2+\cdots+a_{2s}k_s=0 \\ \qquad\qquad\vdots \\ a_{n1}k_1+a_{n2}k_2+\cdots+a_{ns}k_s=0 \end{cases}$$

其中：$\boldsymbol{\alpha}_1=\begin{pmatrix}a_{11}\\a_{21}\\\vdots\\a_{n1}\end{pmatrix}$，$\boldsymbol{\alpha}_2=\begin{pmatrix}a_{12}\\a_{22}\\\vdots\\a_{n2}\end{pmatrix}$，…，$\boldsymbol{\alpha}_s=\begin{pmatrix}a_{1s}\\a_{2s}\\\vdots\\a_{ns}\end{pmatrix}$.

(1) s 个 n 维向量组 $\boldsymbol{\alpha}_i=\begin{pmatrix}a_{1i}\\a_{2i}\\\vdots\\a_{ni}\end{pmatrix}$ $(i=1, 2, \cdots, s)$线性相关的充要条件是上面的齐次线性方程组有非零解，线性无关的充要条件是该齐次线性方程组只有零解.

(2) n 个 n 维向量组 $\boldsymbol{\alpha}_i=\begin{pmatrix}a_{1i}\\a_{2i}\\\vdots\\a_{ni}\end{pmatrix}$ $(i=1, 2, \cdots, n)$线性相关的充要条件是行列式 $D=|\boldsymbol{\alpha}_1, \boldsymbol{\alpha}_2, \cdots, \boldsymbol{\alpha}_n|=0$，线性无关的充要条件是行列式 $D\neq 0$.

(3) 矩阵 $\boldsymbol{A}=(\boldsymbol{\alpha}_1, \boldsymbol{\alpha}_2, \cdots, \boldsymbol{\alpha}_m)(m\geqslant 2)$的秩小于向量的个数 m.

(4) 向量组 $\boldsymbol{\alpha}_1, \boldsymbol{\alpha}_2, \cdots, \boldsymbol{\alpha}_m(m\geqslant 2)$线性相关的充要条件是其中至少有一个向量可由其余的 $m-1$ 个向量线性表示.

(5) 若向量组 $\boldsymbol{\alpha}_1, \boldsymbol{\alpha}_2, \cdots, \boldsymbol{\alpha}_m$ 线性无关，而向量组 $\boldsymbol{\alpha}_1, \boldsymbol{\alpha}_2, \cdots, \boldsymbol{\alpha}_m, \boldsymbol{\beta}$ 线性相关，则 $\boldsymbol{\beta}$ 可由 $\boldsymbol{\alpha}_1, \boldsymbol{\alpha}_2, \cdots, \boldsymbol{\alpha}_m$ 线性表示，且表达式唯一.

(6) 部分组线性相关，则整体也线性相关；整体线性无关，则部分组也线性无关. 接长向量组线性相关，则截短组也线性相关，截短向量组线性无关，则接长组也线性无关。

问题 4　极大线性无关组和基础解系的区别是什么？

答　两者的定义是等价的. 极大线性无关组是一个更通用的概念，可以在没有方程组的情况下独立存在；而基础解系是特定于方程组的，它是由方程组的解构成的极大线性无关组，因此在没有方程组时，基础解系的概念是没有意义的. 此外，基础解系在方程组中的存在不是唯一的，这取决于计算过程中对自由未知量的取法.

问题 5　如何求向量组的极大线性无关组？

答　对于任意一个矩阵 $\boldsymbol{A}$，其中各列向量之间的线性相关性不是很容易观察到，而行最简形矩阵中列向量之间的线性关系是容易得到的. 所以，首先**将向量组作为列向量构成矩阵 $\boldsymbol{A}$，然后对 $\boldsymbol{A}$ 进行初等行变换，把 $\boldsymbol{A}$ 化为行最简形矩阵**，由行最简形矩阵中列向量之间的线性关系，就可以确定原向量组间的线性关系，从而确定其极大无关组. **行最简形矩阵中首非零元所在列对应的向量构成的向量组就是一个极大无关组.**

问题 6　如何判断一个集合是否向量空间？

答　向量空间是线性代数的基本概念之一，它是一个集合，并满足加法和数乘封闭. 初学者常常对向量空间的概念感到困惑，不知道如何判断一个集合是否向量空间. 其实，只要检验该集合是否满足加法和数乘封闭即可. 如果集合满足加法和数乘封闭，则该集合是向量空间；反之，不是.

问题 7　为什么线性方程组的解会有多种情况？

答 这是因为方程组的解空间可能是一个点(唯一解)、空集(无解)或者一条直线(无穷多解),这取决于方程组中方程的个数和未知数的个数以及它们之间的关系.

问题 8 向量空间的基是否唯一?

答 比较向量空间的基的定义和向量组的极大线性无关组的定义,得知向量空间的基不唯一,但它们包含的向量的个数(即维数)是相同的,且是唯一的.

六、典型例题解析

(一) 基础题

例 3.1 设 $\boldsymbol{A}=(\boldsymbol{\alpha}_1, \boldsymbol{\alpha}_2, \boldsymbol{\gamma}_1)$, $\boldsymbol{B}=(\boldsymbol{\alpha}_1, \boldsymbol{\alpha}_2, \boldsymbol{\gamma}_2)$皆为 3 阶矩阵,且$|\boldsymbol{A}|=2$, $|\boldsymbol{B}|=3$,求$|3\boldsymbol{A}-\boldsymbol{B}|$.

解 根据矩阵的运算性质,得

$$\begin{aligned}|3\boldsymbol{A}-\boldsymbol{B}| &= |3(\boldsymbol{\alpha}_1, \boldsymbol{\alpha}_2, \boldsymbol{\gamma}_1)-(\boldsymbol{\alpha}_1, \boldsymbol{\alpha}_2, \boldsymbol{\gamma}_2)| \\ &= |2\boldsymbol{\alpha}_1, 2\boldsymbol{\alpha}_2, 3\boldsymbol{\gamma}_1-\boldsymbol{\gamma}_2| \\ &= |2\boldsymbol{\alpha}_1, 2\boldsymbol{\alpha}_2, 3\boldsymbol{\gamma}_1|+|2\boldsymbol{\alpha}_1, 2\boldsymbol{\alpha}_2, -\boldsymbol{\gamma}_2| \\ &= 12|\boldsymbol{\alpha}_1, \boldsymbol{\alpha}_2, \boldsymbol{\gamma}_1|-4|\boldsymbol{\alpha}_1, \boldsymbol{\alpha}_2, \boldsymbol{\gamma}_2| \\ &= 12|\boldsymbol{A}|-4|\boldsymbol{B}|=12.\end{aligned}$$

例 3.2 设 $\boldsymbol{a}_1=\begin{pmatrix}1\\1\\2\\2\end{pmatrix}$, $\boldsymbol{a}_2=\begin{pmatrix}1\\2\\1\\3\end{pmatrix}$, $\boldsymbol{a}_3=\begin{pmatrix}1\\-1\\4\\0\end{pmatrix}$, $\boldsymbol{b}=\begin{pmatrix}1\\0\\3\\1\end{pmatrix}$,证明向量 $\boldsymbol{b}$ 能由向量组 $\boldsymbol{a}_1$, $\boldsymbol{a}_2$, $\boldsymbol{a}_3$ 线性表示,并求出表示式.

解 因为$(\boldsymbol{A}, \boldsymbol{b})=(\boldsymbol{a}_1, \boldsymbol{a}_2, \boldsymbol{a}_3, \boldsymbol{b})=\begin{pmatrix}1&1&1&1\\1&2&-1&0\\2&1&4&3\\2&3&0&1\end{pmatrix}\sim\begin{pmatrix}1&0&3&2\\0&1&-2&-1\\0&0&0&0\\0&0&0&0\end{pmatrix}$,

所以 $R(\boldsymbol{A})=R(\boldsymbol{A}, \boldsymbol{b})=2$,向量 $\boldsymbol{b}$ 能由向量组 $\boldsymbol{a}_1$, $\boldsymbol{a}_2$, $\boldsymbol{a}_3$ 线性表示.

因为方程 $\boldsymbol{Ax}=\boldsymbol{b}$ 的通解为

$$\boldsymbol{x}=c\begin{pmatrix}-3\\2\\1\end{pmatrix}+\begin{pmatrix}2\\-1\\0\end{pmatrix}=\begin{pmatrix}-3c+2\\2c-1\\c\end{pmatrix}\quad(c\in\mathbf{R}),$$

所以 $\boldsymbol{b}$ 的表达式是 $\boldsymbol{b}=(-3c+2)\boldsymbol{a}_1+(2c-1)\boldsymbol{a}_2+c\boldsymbol{a}_3$($c$ 可任意取值).

例 3.3 设 $\boldsymbol{a}_1=\begin{pmatrix}1\\-1\\1\\-1\end{pmatrix}$, $\boldsymbol{a}_2=\begin{pmatrix}3\\1\\1\\3\end{pmatrix}$, $\boldsymbol{b}_1=\begin{pmatrix}2\\0\\1\\1\end{pmatrix}$, $\boldsymbol{b}_2=\begin{pmatrix}1\\1\\0\\2\end{pmatrix}$, $\boldsymbol{b}_3=\begin{pmatrix}3\\-1\\2\\0\end{pmatrix}$,证明向量组 $\boldsymbol{a}_1$、$\boldsymbol{a}_2$

与向量组 $\boldsymbol{b}_1$，$\boldsymbol{b}_2$，$\boldsymbol{b}_3$ 等价.

证明　因为

$$(\boldsymbol{A}, \boldsymbol{B})=\begin{pmatrix} 1 & 3 & 2 & 1 & 3 \\ -1 & 1 & 0 & 1 & -1 \\ 1 & 1 & 1 & 0 & 2 \\ -1 & 3 & 1 & 2 & 0 \end{pmatrix} \sim \begin{pmatrix} 1 & 3 & 2 & 1 & 3 \\ 0 & 2 & 1 & 1 & 1 \\ 0 & 0 & 0 & 0 & 0 \\ 0 & 0 & 0 & 0 & 0 \end{pmatrix},$$

所以 $R(\boldsymbol{A})=R(\boldsymbol{A}, \boldsymbol{B})=2$.

因为

$$\boldsymbol{B}=\begin{pmatrix} 2 & 1 & 3 \\ 0 & 1 & -1 \\ 1 & 0 & 2 \\ 1 & 2 & 0 \end{pmatrix} \sim \begin{pmatrix} 1 & 0 & 2 \\ 0 & 1 & -1 \\ 2 & 1 & 3 \\ 1 & 2 & 0 \end{pmatrix} \sim \begin{pmatrix} 1 & 0 & 2 \\ 0 & 1 & -1 \\ 0 & 0 & 0 \\ 0 & 0 & 0 \end{pmatrix},$$

所以 $R(\boldsymbol{B})=2$.

因此，$R(\boldsymbol{A})=R(\boldsymbol{B})=R(\boldsymbol{A}, \boldsymbol{B})=2$，即向量组 $\boldsymbol{a}_1$、$\boldsymbol{a}_2$ 与向量组 $\boldsymbol{b}_1$，$\boldsymbol{b}_2$，$\boldsymbol{b}_3$ 等价.

例 3.4　已知 $\boldsymbol{\alpha}_1=\begin{pmatrix} 1 \\ 1 \\ 1 \end{pmatrix}$，$\boldsymbol{\alpha}_2=\begin{pmatrix} 0 \\ 2 \\ 5 \end{pmatrix}$，$\boldsymbol{\alpha}_3=\begin{pmatrix} 2 \\ 4 \\ 7 \end{pmatrix}$，试讨论向量组 $\boldsymbol{\alpha}_1$，$\boldsymbol{\alpha}_2$，$\boldsymbol{\alpha}_3$ 及 $\boldsymbol{\alpha}_1$，$\boldsymbol{\alpha}_2$ 的线性相关性.

解　对矩阵 $\boldsymbol{A}=(\boldsymbol{\alpha}_1, \boldsymbol{\alpha}_2, \boldsymbol{\alpha}_3)$施行初等行变换将其化成行阶梯形矩阵，可同时得到矩阵 $\boldsymbol{A}$ 及 $\boldsymbol{B}=(\boldsymbol{\alpha}_1, \boldsymbol{\alpha}_2)$的秩. 由于

$$(\boldsymbol{\alpha}_1, \boldsymbol{\alpha}_2, \boldsymbol{\alpha}_3)=\begin{pmatrix} 1 & 0 & 2 \\ 1 & 2 & 4 \\ 1 & 5 & 7 \end{pmatrix} \xrightarrow[r_3-r_1]{r_2-r_1} \begin{pmatrix} 1 & 0 & 2 \\ 0 & 2 & 2 \\ 0 & 5 & 5 \end{pmatrix} \xrightarrow{r_1-\frac{5}{2}r_2} \begin{pmatrix} 1 & 0 & 2 \\ 0 & 2 & 2 \\ 0 & 0 & 0 \end{pmatrix},$$

由此可见，$R(\boldsymbol{A})=2$，$R(\boldsymbol{B})=2$，故向量组 $\boldsymbol{\alpha}_1$，$\boldsymbol{\alpha}_2$，$\boldsymbol{\alpha}_3$ 线性相关，向量组 $\boldsymbol{\alpha}_1$、$\boldsymbol{\alpha}_2$ 线性无关.

例 3.5　设向量组 $\boldsymbol{a}_1$，$\boldsymbol{a}_2$，$\boldsymbol{a}_3$ 线性无关，$\boldsymbol{b}_1=\boldsymbol{a}_1+\boldsymbol{a}_2$，$\boldsymbol{b}_2=\boldsymbol{a}_2+\boldsymbol{a}_3$，$\boldsymbol{b}_3=\boldsymbol{a}_3+\boldsymbol{a}_1$，讨论向量组 $\boldsymbol{b}_1$，$\boldsymbol{b}_2$，$\boldsymbol{b}_3$ 的线性相关性.

解法一　设存在数 x_1，x_2，x_3 使 $x_1\boldsymbol{b}_1+x_2\boldsymbol{b}_2+x_3\boldsymbol{b}_3=\boldsymbol{0}$，即

$$(x_1+x_3)\boldsymbol{a}_1+(x_1+x_2)\boldsymbol{a}_2+(x_2+x_3)\boldsymbol{a}_3=\boldsymbol{0}.$$

因为 $\boldsymbol{a}_1$，$\boldsymbol{a}_2$，$\boldsymbol{a}_3$ 线性无关，所以

$$\begin{cases} x_1+x_3=0 \\ x_1+x_2=0, \\ x_2+x_3=0 \end{cases} \tag{3.1}$$

又因为

$$\begin{vmatrix} 1 & 0 & 1 \\ 1 & 1 & 0 \\ 0 & 1 & 1 \end{vmatrix}=2\neq 0,$$

所以方程组(3.1)只有零解 $x_1=x_2=x_3=0$，向量组 $\boldsymbol{b}_1$，$\boldsymbol{b}_2$，$\boldsymbol{b}_3$ 线性无关.

解法二　记 $\boldsymbol{A}=(\boldsymbol{a}_1, \boldsymbol{a}_2, \boldsymbol{a}_3)$，$\boldsymbol{B}=(\boldsymbol{b}_1, \boldsymbol{b}_2, \boldsymbol{b}_3)$，$\boldsymbol{K}=\begin{pmatrix} 1 & 0 & 1 \\ 1 & 1 & 0 \\ 0 & 1 & 1 \end{pmatrix}$，$\boldsymbol{x}=\begin{pmatrix} x_1 \\ x_2 \\ x_3 \end{pmatrix}$，设 $\boldsymbol{Bx}=\boldsymbol{0}$，

因为

$$(\boldsymbol{b}_1,\boldsymbol{b}_2,\boldsymbol{b}_3)=(\boldsymbol{a}_1,\boldsymbol{a}_2,\boldsymbol{a}_3)\begin{pmatrix}1&0&1\\1&1&0\\0&1&1\end{pmatrix},$$

所以 $\boldsymbol{B}=\boldsymbol{AK}$，$\boldsymbol{A}(\boldsymbol{Kx})=\boldsymbol{0}$.

因为 $\boldsymbol{A}$ 的列向量线性无关，所以 $\boldsymbol{Kx}=\boldsymbol{0}$. 又因为 $|\boldsymbol{K}|=2\neq0$，所以 $\boldsymbol{x}=\boldsymbol{0}$，向量组 $\boldsymbol{b}_1$，$\boldsymbol{b}_2$，$\boldsymbol{b}_3$ 线性无关.

解法三　记 $\boldsymbol{A}=(\boldsymbol{a}_1,\boldsymbol{a}_2,\boldsymbol{a}_3)$，$\boldsymbol{B}=(\boldsymbol{b}_1,\boldsymbol{b}_2,\boldsymbol{b}_3)$，$\boldsymbol{K}=\begin{pmatrix}1&0&1\\1&1&0\\0&1&1\end{pmatrix}$，因为

$$(\boldsymbol{b}_1,\boldsymbol{b}_2,\boldsymbol{b}_3)=(\boldsymbol{a}_1,\boldsymbol{a}_2,\boldsymbol{a}_3)\begin{pmatrix}1&0&1\\1&1&0\\0&1&1\end{pmatrix},$$

所以 $\boldsymbol{B}=\boldsymbol{AK}$.

因为 $|\boldsymbol{K}|=2\neq0$，所以 $R(\boldsymbol{A})=R(\boldsymbol{B})$.

因为向量组 $\boldsymbol{a}_1$，$\boldsymbol{a}_2$，$\boldsymbol{a}_3$ 线性无关，所以 $R(\boldsymbol{A})=3$，$R(\boldsymbol{B})=3$，向量组 $\boldsymbol{b}_1$，$\boldsymbol{b}_2$，$\boldsymbol{b}_3$ 线性无关.

例 3.6　设矩阵 $\boldsymbol{A}=\begin{pmatrix}2&-1&-1&1&2\\1&1&-2&1&4\\4&-6&2&-2&4\\3&6&-9&7&9\end{pmatrix}$，求矩阵 $\boldsymbol{A}$ 的列向量组的一个极大无关组，并把不属于极大无关组的列向量用极大无关组线性表示.

解　因为

$$\boldsymbol{A}\sim\begin{pmatrix}1&1&-2&1&4\\0&1&-1&1&0\\0&0&0&1&-3\\0&0&0&0&0\end{pmatrix}=\boldsymbol{B},$$

所以 $R(\boldsymbol{A})=3$，且可取非零行首元所在的列向量组 $\boldsymbol{a}_1$，$\boldsymbol{a}_2$，$\boldsymbol{a}_4$ 为极大无关组. 为得到 $\boldsymbol{a}_3$，$\boldsymbol{a}_5$ 用极大无关组线性表示的表达式，继续对 $\boldsymbol{B}$ 作初等行变换将其化为行最简形矩阵.

又因为 $\boldsymbol{A}\sim\begin{pmatrix}1&0&-1&0&4\\0&1&-1&0&3\\0&0&0&1&-3\\0&0&0&0&0\end{pmatrix}$，根据初等行变换不改变列向量组的线性相关关系，所以 $\boldsymbol{a}_3=-\boldsymbol{a}_1-\boldsymbol{a}_2$，$\boldsymbol{a}_5=4\boldsymbol{a}_1+3\boldsymbol{a}_2-3\boldsymbol{a}_3$.

例 3.7　求解齐次线性方程组：

$$\begin{cases}x_1+2x_2+x_4-2x_5=0\\2x_1+4x_2+2x_3+2x_4+5x_5=0\\-x_1-2x_2+x_3+3x_4+8x_5=0\\3x_1+6x_2+x_4-2x_5=0\end{cases}.$$

解　对方程组的系数矩阵进行初等变换：

$$\boldsymbol{A}=\begin{pmatrix}1&2&0&1&-2\\2&4&2&2&5\\-1&-2&1&3&8\\3&6&0&1&-2\end{pmatrix}\xrightarrow[r_4-3r_1]{\substack{r_2-2r_1\\r_3+r_1}}\begin{pmatrix}1&2&0&1&-2\\0&0&2&0&9\\0&0&1&4&6\\0&0&0&-2&4\end{pmatrix}$$

$$\xrightarrow{r_2\leftrightarrow r_3}\begin{pmatrix}1&2&0&1&-2\\0&0&1&4&6\\0&0&2&4&9\\0&0&0&-2&4\end{pmatrix}\longrightarrow\begin{pmatrix}1&2&0&1&-2\\0&0&1&4&6\\0&0&0&-4&-3\\0&0&0&-2&4\end{pmatrix}$$

$$\longrightarrow\begin{pmatrix}1&2&0&1&-2\\0&0&1&4&6\\0&0&0&-2&4\\0&0&0&-4&-3\end{pmatrix}\longrightarrow\begin{pmatrix}1&2&0&1&-2\\0&0&1&4&6\\0&0&0&-2&4\\0&0&0&0&-11\end{pmatrix}$$

$$\longrightarrow\begin{pmatrix}1&2&0&1&-2\\0&0&1&4&6\\0&0&0&1&-2\\0&0&0&0&1\end{pmatrix}\longrightarrow\begin{pmatrix}1&2&0&0&0\\0&0&1&0&0\\0&0&0&1&0\\0&0&0&0&1\end{pmatrix},$$

即原方程组与下面方程组同解：

$$\begin{cases}x_1=-2x_2\\x_3=0\\x_4=0\\x_5=0\end{cases},$$

其中 x_2 为自由未知量.

取自由变量 $x_2=1$，得

$$\boldsymbol{\xi}=(-2,1,0,0,0)^{\mathrm{T}}.$$

原方程的通解为

$$\boldsymbol{x}=k\boldsymbol{\xi}\quad(k\text{ 可取任何数})$$

例 3.8　求解方程组 $\begin{cases}x_1-x_2-x_3+x_4=0\\x_1-x_2+x_3-3x_4=1\\x_1-x_2-2x_3+3x_4=-\dfrac{1}{2}\end{cases}$.

解　因为

$$\boldsymbol{B}=\begin{pmatrix}1&-1&-1&1&0\\1&-1&1&-3&1\\1&-1&-2&3&-\dfrac{1}{2}\end{pmatrix}\sim\begin{pmatrix}1&-1&0&-1&\dfrac{1}{2}\\0&0&1&-2&\dfrac{1}{2}\\0&0&0&0&0\end{pmatrix},$$

所以 $R(\boldsymbol{A})=R(\boldsymbol{B})=2$，故方程组有解，且 $\begin{cases} x_1=x_2+x_4+\dfrac{1}{2} \\ x_3=2x_4+\dfrac{1}{2} \end{cases}$.

取 $x_2=x_4=0$，得方程组的一个特解 $\boldsymbol{\beta}=\begin{pmatrix} \frac{1}{2} \\ 0 \\ \frac{1}{2} \\ 0 \end{pmatrix}$.

在对应的齐次线性方程组 $\begin{cases} x_1=x_2+x_4 \\ x_3=2x_4 \end{cases}$ 中，依次令 $\begin{pmatrix} x_2 \\ x_4 \end{pmatrix}=\begin{pmatrix} 1 \\ 0 \end{pmatrix}$，$\begin{pmatrix} 0 \\ 1 \end{pmatrix}$，可得 $\begin{pmatrix} x_1 \\ x_3 \end{pmatrix}=\begin{pmatrix} 1 \\ 0 \end{pmatrix}$，$\begin{pmatrix} 1 \\ 2 \end{pmatrix}$，于是得对应的齐次线性方程组的基础解系为

$$\boldsymbol{\alpha}_1=\begin{pmatrix} 1 \\ 1 \\ 0 \\ 0 \end{pmatrix},\ \boldsymbol{\alpha}_2=\begin{pmatrix} 1 \\ 0 \\ 2 \\ 1 \end{pmatrix}.$$

所以方程组的通解为

$$\begin{pmatrix} x_1 \\ x_2 \\ x_3 \\ x_4 \end{pmatrix}=c_1\begin{pmatrix} 1 \\ 1 \\ 0 \\ 0 \end{pmatrix}+c_2\begin{pmatrix} 1 \\ 0 \\ 2 \\ 1 \end{pmatrix}+\begin{pmatrix} \frac{1}{2} \\ 0 \\ \frac{1}{2} \\ 0 \end{pmatrix}\ (c_1、c_2\in\mathbf{R}).$$

例 3.9 解线性方程组 $\begin{cases} x_1+5x_2-x_3-x_4=-1 \\ x_1-2x_2+x_3+3x_4=3 \\ 3x_1+8x_2-x_3+x_4=1 \\ x_1-9x_2+3x_3+7x_4=7 \end{cases}$.

解 对增广矩阵 $(\boldsymbol{A}\ \vdots\ \boldsymbol{b})$ 施以初等变换，化为阶梯形矩阵：

$$(\boldsymbol{A}\ \vdots\ \boldsymbol{b})=\begin{pmatrix} 1 & 5 & -1 & -1 & -1 \\ 1 & -2 & 1 & 3 & 3 \\ 3 & 8 & -1 & 1 & 1 \\ 1 & -9 & 3 & 7 & 7 \end{pmatrix}\rightarrow\begin{pmatrix} 1 & 5 & -1 & -1 & -1 \\ 0 & -7 & 2 & 4 & 4 \\ 0 & -7 & 2 & 4 & 4 \\ 0 & -14 & 4 & 8 & 8 \end{pmatrix}$$

$$\rightarrow\begin{pmatrix} 1 & 5 & -1 & -1 & -1 \\ 0 & -7 & 2 & 4 & 4 \\ 0 & 0 & 0 & 0 & 0 \\ 0 & 0 & 0 & 0 & 0 \end{pmatrix}\rightarrow\begin{pmatrix} 1 & 5 & -1 & -1 & -1 \\ 0 & 1 & -\frac{2}{7} & -\frac{4}{7} & -\frac{4}{7} \\ 0 & 0 & 0 & 0 & 0 \\ 0 & 0 & 0 & 0 & 0 \end{pmatrix}=\boldsymbol{B}.$$

因为 $R(\boldsymbol{A}\ \vdots\ \boldsymbol{b})=R(\boldsymbol{A})=2<4$，所以方程组有无穷多解.

将 $\boldsymbol{B}$ 进一步化为行最简形，即

$$\boldsymbol{B}\rightarrow\begin{pmatrix}1 & 0 & \frac{3}{7} & \frac{13}{7} & \frac{13}{7}\\ 0 & 1 & -\frac{2}{7} & -\frac{4}{7} & -\frac{4}{7}\\ 0 & 0 & 0 & 0 & 0\\ 0 & 0 & 0 & 0 & 0\end{pmatrix},$$

即

$$\begin{cases}x_1=\frac{13}{7}-\frac{3}{7}x_3-\frac{13}{7}x_4\\ x_2=-\frac{4}{7}+\frac{2}{7}x_3+\frac{4}{7}x_4\end{cases}.$$

方法一　取 $x_3=c_1$，$x_4=c_2$（c_1、c_2 为任意常数），则方程组的全部解为

$$\begin{cases}x_1=\frac{13}{7}-\frac{3}{7}c_1-\frac{13}{7}c_2\\ x_2=-\frac{4}{7}+\frac{2}{7}c_1+\frac{4}{7}c_2\\ x_3=c_1\\ x_4=c_2\end{cases}.$$

方法二

$x_3=0$，$x_4=0$，得方程组的一个特解为

$$\boldsymbol{\eta}^*=\begin{pmatrix}\frac{13}{7}\\ -\frac{4}{7}\\ 0\\ 0\end{pmatrix},$$

在对应齐次方程组$\begin{cases}x_1=-\frac{3}{7}x_3-\frac{13}{7}x_4\\ x_2=\frac{2}{7}x_3+\frac{4}{7}x_4\end{cases}$中，取$\begin{pmatrix}x_3\\ x_4\end{pmatrix}=\begin{pmatrix}1\\ 0\end{pmatrix}$和$\begin{pmatrix}0\\ 1\end{pmatrix}$，则其基础解系为

$$\boldsymbol{\xi}_1=\begin{pmatrix}-\frac{3}{7}\\ \frac{2}{7}\\ 1\\ 0\end{pmatrix},\ \boldsymbol{\xi}_2=\begin{pmatrix}-\frac{13}{7}\\ \frac{4}{7}\\ 0\\ 1\end{pmatrix},$$

由此可得方程组的通解为

$$\begin{pmatrix} x_1 \\ x_2 \\ x_3 \\ x_4 \end{pmatrix} = c_1 \begin{pmatrix} -\frac{3}{7} \\ \frac{2}{7} \\ 1 \\ 0 \end{pmatrix} + c_2 \begin{pmatrix} -\frac{13}{7} \\ \frac{4}{7} \\ 0 \\ 1 \end{pmatrix} + \begin{pmatrix} \frac{13}{7} \\ -\frac{4}{7} \\ 0 \\ 0 \end{pmatrix} \quad (c_1、c_2 \in \mathbf{R}).$$

例 3.10 当 a 为何值时，下面的线性方程组无解？有唯一解？有无穷多个解？在有解时，求出方程组的解.

$$\begin{cases} x_1 + x_2 - x_3 = 1 \\ 2x_1 + 3x_2 + ax_3 = 3. \\ x_1 + ax_2 + 3x_3 = 2 \end{cases}$$

解　方法一

设方程组的增广矩阵为 $\overline{\mathbf{A}}$，对 $\overline{\mathbf{A}}$ 进行初等变换，将其化为行阶梯形为

$$\overline{\mathbf{A}} = \begin{pmatrix} 1 & 1 & -1 & 1 \\ 2 & 3 & a & 3 \\ 1 & a & 3 & 2 \end{pmatrix} \to \begin{pmatrix} 1 & 1 & -1 & 1 \\ 0 & 1 & a+2 & 1 \\ 0 & a-1 & 4 & 1 \end{pmatrix} \to \begin{pmatrix} 1 & 1 & -1 & 1 \\ 0 & 1 & a+2 & 1 \\ 0 & 0 & -(a-2)(a+3) & 2-a \end{pmatrix} = \boldsymbol{B}.$$

当 $a \neq -3$ 且 $a \neq 2$ 时，$R(\mathbf{A}) = R(\overline{\mathbf{A}}) = 3 = n$，方程组有唯一解. 最后得到的梯形矩阵对应的梯形方程组为

$$\begin{cases} x_1 + x_2 - x_3 = 1 \\ x_2 + (2+a)x_3 = 1 \\ -(a-2)(a+3)x_3 = 2-a \end{cases},$$

则方程组的解为 $\begin{cases} x_1 = 1 \\ x_2 = \dfrac{1}{3+a}. \\ x_3 = \dfrac{1}{3+a} \end{cases}$

当 $a = -3$ 时，$R(\mathbf{A}) = 2$，$R(\overline{\mathbf{A}}) = 3$，方程组无解；

当 $a = 2$ 时，$R(\mathbf{A}) = R(\overline{\mathbf{A}}) = 2 < 3$，方程组有无穷多个解. 此时

$$\boldsymbol{B} = \begin{pmatrix} 1 & 1 & -1 & 1 \\ 0 & 1 & 4 & 1 \\ 0 & 0 & 0 & 0 \end{pmatrix} \to \begin{pmatrix} 1 & 0 & -5 & 0 \\ 0 & 1 & 4 & 1 \\ 0 & 0 & 0 & 0 \end{pmatrix},$$

即 $\begin{cases} x_1 = 5x_3 \\ x_2 = -4x_3 + 1 \\ x_3 = x_3 \end{cases}$，令 $x_3 = c$，则方程组的解为 $\begin{cases} x_1 = 5c \\ x_2 = -4c + 1 \\ x_3 = c \end{cases}$（$c$ 为任意常数）.

方法二

因为方程组的系数矩阵 $\mathbf{A}$ 为方阵，所以方程组有唯一解的充要条件是系数行列式 $|\mathbf{A}| \neq 0$. 而

$$|\mathbf{A}| = \begin{vmatrix} 1 & 1 & -1 \\ 2 & 3 & a \\ 1 & a & 3 \end{vmatrix} = \begin{vmatrix} 1 & 1 & -1 \\ 0 & 1 & a+2 \\ 0 & 0 & -(a-2)(a+3) \end{vmatrix} = -(a-2)(a+3).$$

当 $a\neq-3$ 且 $a\neq2$ 时，此时有

$$\begin{cases}x_1+x_2-x_3=1\\x_2+(2+a)x_3=1\\-(a-2)(a+3)x_3=2-a\end{cases},$$

则方程组的解为$\begin{cases}x_1=1\\x_2=\dfrac{1}{3+a}\\x_3=\dfrac{1}{3+a}\end{cases}$.

当 $a=-3$ 及 $a=2$ 时，方程组的解法同方法一.

(二) 拓展题

例 3.11 已知向量组 $\boldsymbol{B}$：$\boldsymbol{\beta}_1$，$\boldsymbol{\beta}_2$，$\boldsymbol{\beta}_3$ 由向量组 $\boldsymbol{A}$：$\boldsymbol{\alpha}_1$，$\boldsymbol{\alpha}_2$，$\boldsymbol{\alpha}_3$ 线性表示为

$$\boldsymbol{\beta}_1=\boldsymbol{\alpha}_1-\boldsymbol{\alpha}_2+\boldsymbol{\alpha}_3,\ \boldsymbol{\beta}_2=\boldsymbol{\alpha}_1+\boldsymbol{\alpha}_2-\boldsymbol{\alpha}_3,\ \boldsymbol{\beta}_3=-\boldsymbol{\alpha}_1+\boldsymbol{\alpha}_2+\boldsymbol{\alpha}_3,$$

试将向量组 $\boldsymbol{A}$ 的向量用向量组 $\boldsymbol{B}$ 的向量线性表示.

解　方法一

类似于解方程组，把 $\boldsymbol{\alpha}_1$，$\boldsymbol{\alpha}_2$，$\boldsymbol{\alpha}_3$ 看成未知数，利用消元法求解，可得

$$\boldsymbol{\alpha}_1=\frac{1}{2}(\boldsymbol{\beta}_1+\boldsymbol{\beta}_2),\ \boldsymbol{\alpha}_2=\frac{1}{2}(\boldsymbol{\beta}_2+\boldsymbol{\beta}_3),\ \boldsymbol{\alpha}_3=\frac{1}{2}(\boldsymbol{\beta}_1+\boldsymbol{\beta}_3).$$

方法二

用分块矩阵相乘表示 $\boldsymbol{\beta}_1=\boldsymbol{\alpha}_1-\boldsymbol{\alpha}_2+\boldsymbol{\alpha}_3$，$\boldsymbol{\beta}_2=\boldsymbol{\alpha}_1+\boldsymbol{\alpha}_2-\boldsymbol{\alpha}_3$，$\boldsymbol{\beta}_3=-\boldsymbol{\alpha}_1+\boldsymbol{\alpha}_2+\boldsymbol{\alpha}_3$ 为

$$\begin{pmatrix}\boldsymbol{\beta}_1\\\boldsymbol{\beta}_2\\\boldsymbol{\beta}_3\end{pmatrix}=\begin{pmatrix}1&-1&1\\1&1&-1\\-1&1&1\end{pmatrix}\begin{pmatrix}\boldsymbol{\alpha}_1\\\boldsymbol{\alpha}_2\\\boldsymbol{\alpha}_3\end{pmatrix},$$

因为 $\begin{vmatrix}1&-1&1\\1&1&-1\\-1&1&1\end{vmatrix}\neq0$，所以矩阵 $\begin{pmatrix}1&-1&1\\1&1&-1\\-1&1&1\end{pmatrix}$ 可逆.

因而 $\begin{pmatrix}\boldsymbol{\alpha}_1\\\boldsymbol{\alpha}_2\\\boldsymbol{\alpha}_3\end{pmatrix}=\begin{pmatrix}1&-1&1\\1&1&-1\\-1&1&1\end{pmatrix}^{-1}\begin{pmatrix}\boldsymbol{\beta}_1\\\boldsymbol{\beta}_2\\\boldsymbol{\beta}_3\end{pmatrix}=\begin{pmatrix}\frac{1}{2}&\frac{1}{2}&0\\0&\frac{1}{2}&\frac{1}{2}\\\frac{1}{2}&0&\frac{1}{2}\end{pmatrix}\begin{pmatrix}\boldsymbol{\beta}_1\\\boldsymbol{\beta}_2\\\boldsymbol{\beta}_3\end{pmatrix}$.

故 $\boldsymbol{\alpha}_1=\frac{1}{2}(\boldsymbol{\beta}_1+\boldsymbol{\beta}_2)$，$\boldsymbol{\alpha}_2=\frac{1}{2}(\boldsymbol{\beta}_2+\boldsymbol{\beta}_3)$，$\boldsymbol{\alpha}_3=\frac{1}{2}(\boldsymbol{\beta}_1+\boldsymbol{\beta}_3)$.

例 3.12 判定下列向量组是线性相关还是线性无关.

$$\boldsymbol{\alpha}_1=(1,\ 0,\ -1),\ \boldsymbol{\alpha}_2=(-2,\ 2,\ 0),\ \boldsymbol{\alpha}_3=(3,\ -5,\ 2).$$

解　方法一

$\boldsymbol{\alpha}_1$，$\boldsymbol{\alpha}_2$，$\boldsymbol{\alpha}_3$ 为已知分量的向量组，且向量组的个数与向量的维数相等，因而可以用行列

式判别法来判断(n 个 n 维向量组线性相关的充要条件是行列式 $D=|\boldsymbol{\alpha}_1, \boldsymbol{\alpha}_2, \cdots, \boldsymbol{\alpha}_n|=0$，线性无关的充要条件是行列式 $D\neq 0$).

$$D=|\boldsymbol{\alpha}_1^{\mathrm{T}}, \boldsymbol{\alpha}_2^{\mathrm{T}}, \boldsymbol{\alpha}_3^{\mathrm{T}}|=\begin{vmatrix} 1 & -2 & 3 \\ 0 & 2 & -5 \\ -1 & 0 & 2 \end{vmatrix} \xlongequal{r_3+r_1} \begin{vmatrix} 1 & -2 & 3 \\ 0 & 2 & -5 \\ 0 & -2 & 5 \end{vmatrix}=0$$

故向量组 $\boldsymbol{\alpha}_1, \boldsymbol{\alpha}_2, \boldsymbol{\alpha}_3$ 线性相关.

方法二

用定义判定，设有一组数 k_1, k_2, k_3 使得 $k_1\boldsymbol{\alpha}_1+k_2\boldsymbol{\alpha}_2+k_3\boldsymbol{\alpha}_3=\mathbf{0}$ 成立，则有

$$\begin{cases} k_1-2k_2+3k_3=0 \\ 2k_2-5k_3=0 \\ -k_1+2k_3=0 \end{cases}.$$

由方法一可知，该齐次线性方程组的系数行列式为 0，所以该齐次线性方程组有非零解，故向量组 $\boldsymbol{\alpha}_1, \boldsymbol{\alpha}_2, \boldsymbol{\alpha}_3$ 线性相关.

方法三

用求秩法判定，令 $\boldsymbol{A}=(\boldsymbol{\alpha}_1^{\mathrm{T}}, \boldsymbol{\alpha}_2^{\mathrm{T}}, \boldsymbol{\alpha}_3^{\mathrm{T}})$，即

$$\boldsymbol{A}=\begin{pmatrix} 1 & -2 & 3 \\ 0 & 2 & -5 \\ -1 & 0 & 2 \end{pmatrix} \xrightarrow{r} \begin{pmatrix} 1 & -2 & 3 \\ 0 & 2 & -5 \\ 0 & 0 & 0 \end{pmatrix},$$

故 $R(\boldsymbol{A})=2<3$，则向量组 $\boldsymbol{\alpha}_1, \boldsymbol{\alpha}_2, \boldsymbol{\alpha}_3$ 线性相关.

例 3.13 设 $\boldsymbol{\alpha}_1=(1, 1, 1)$，$\boldsymbol{\alpha}_2=(1, 2, 3)$，$\boldsymbol{\alpha}_3=(1, 3, t)$.

(1) 当 t 为何值时，向量组 $\boldsymbol{\alpha}_1, \boldsymbol{\alpha}_2, \boldsymbol{\alpha}_3$ 线性无关?

(2) 当 t 为何值时，向量组 $\boldsymbol{\alpha}_1, \boldsymbol{\alpha}_2, \boldsymbol{\alpha}_3$ 线性相关?

(3) 向量组 $\boldsymbol{\alpha}_1, \boldsymbol{\alpha}_2, \boldsymbol{\alpha}_3$ 线性相关时，将 $\boldsymbol{\alpha}_3$ 表示为 $\boldsymbol{\alpha}_1$、$\boldsymbol{\alpha}_2$ 的线性组合.

解 方法一

设有一组数 k_1, k_2, k_3 使得 $k_1\boldsymbol{\alpha}_1+k_2\boldsymbol{\alpha}_2+k_3\boldsymbol{\alpha}_3=0$ 成立，则有

$$\begin{cases} k_1+k_2+k_3=0 \\ k_1+2k_2+3k_3=0, \\ k_1+3k_2+tk_3=0 \end{cases}$$

其系数行列式为 $D=\begin{vmatrix} 1 & 1 & 1 \\ 1 & 2 & 3 \\ 1 & 3 & t \end{vmatrix}=t-5$.

(1) 当 $t\neq 5$ 时，$D\neq 0$，上述方程组只有零解，即 $k_1=k_2=k_3=0$，故 $\boldsymbol{\alpha}_1, \boldsymbol{\alpha}_2, \boldsymbol{\alpha}_3$ 线性无关.

(2) 当 $t=5$ 时，$D=0$，上述方程组有非零解，即 k_1, k_2, k_3 可取不全为 0 的数，使得 $k_1\boldsymbol{\alpha}_1+k_2\boldsymbol{\alpha}_2+k_3\boldsymbol{\alpha}_3=\mathbf{0}$，故 $\boldsymbol{\alpha}_1, \boldsymbol{\alpha}_2, \boldsymbol{\alpha}_3$ 线性相关.

(3) 当 $t=5$ 时，设 $\boldsymbol{\alpha}_3=x_1\boldsymbol{\alpha}_1+x_2\boldsymbol{\alpha}_2$，解得 $x_1=-1$，$x_2=2$，于是 $\boldsymbol{\alpha}_3=-\boldsymbol{\alpha}_1+2\boldsymbol{\alpha}_2$.

方法二 因为 $\boldsymbol{\alpha}_1, \boldsymbol{\alpha}_2, \boldsymbol{\alpha}_3$ 为三维向量，故可由行列式 $|\boldsymbol{\alpha}_1^{\mathrm{T}}, \boldsymbol{\alpha}_2^{\mathrm{T}}, \boldsymbol{\alpha}_3^{\mathrm{T}}|=t-5$ 是否等于零来判别向量组 $\boldsymbol{\alpha}_1, \boldsymbol{\alpha}_2, \boldsymbol{\alpha}_3$ 的线性相关性.

(1) 当 $t=5$ 时，行列式 $|\boldsymbol{\alpha}_1^{\mathrm{T}}, \boldsymbol{\alpha}_2^{\mathrm{T}}, \boldsymbol{\alpha}_3^{\mathrm{T}}|=0$，向量组 $\boldsymbol{\alpha}_1, \boldsymbol{\alpha}_2, \boldsymbol{\alpha}_3$ 的线性相关.

(2) 当 $t\neq5$ 时，行列式 $|\boldsymbol{\alpha}_1^{\mathrm T},\boldsymbol{\alpha}_2^{\mathrm T},\boldsymbol{\alpha}_3^{\mathrm T}|\neq0$，向量组 $\boldsymbol{\alpha}_1$，$\boldsymbol{\alpha}_2$，$\boldsymbol{\alpha}_3$ 的线性无关.

(3) 可用方法一中的(3)来求解.

方法三

用秩的方法判别，$\boldsymbol{A}=(\boldsymbol{\alpha}_1^{\mathrm T},\boldsymbol{\alpha}_2^{\mathrm T},\boldsymbol{\alpha}_3^{\mathrm T})$，即

$$\boldsymbol{A}=\begin{pmatrix}1&1&1\\1&2&3\\1&3&t\end{pmatrix}\xrightarrow{r}\begin{pmatrix}1&0&-1\\0&1&2\\0&0&t-5\end{pmatrix}=\boldsymbol{A}_1.$$

(1) 当 $t\neq5$ 时，$R(\boldsymbol{A})=3$，故 $\boldsymbol{\alpha}_1$，$\boldsymbol{\alpha}_2$，$\boldsymbol{\alpha}_3$ 线性无关.

(2) 当 $t=5$ 时，$R(\boldsymbol{A})=2$，故 $\boldsymbol{\alpha}_1$，$\boldsymbol{\alpha}_2$，$\boldsymbol{\alpha}_3$ 线性相关.

(3) 当向量组 $\boldsymbol{\alpha}_1$，$\boldsymbol{\alpha}_2$，$\boldsymbol{\alpha}_3$ 线性相关时即 $t=5$，由$\boldsymbol{A}_1$ 可知 $\boldsymbol{\alpha}_3=-\boldsymbol{\alpha}_1+2\boldsymbol{\alpha}_2$.

例 3.14　已知向量组 $\boldsymbol{\alpha}_1$，$\boldsymbol{\alpha}_2$，…，$\boldsymbol{\alpha}_s(s\geqslant2)$线性无关，设

$$\boldsymbol{\beta}_1=\boldsymbol{\alpha}_1+\boldsymbol{\alpha}_2,\ \boldsymbol{\beta}_2=\boldsymbol{\alpha}_2+\boldsymbol{\alpha}_3,\ \cdots,\ \boldsymbol{\beta}_{s-1}=\boldsymbol{\alpha}_{s-1}+\boldsymbol{\alpha}_s,\ \boldsymbol{\beta}_s=\boldsymbol{\alpha}_s+\boldsymbol{\alpha}_1,$$

讨论向量组 $\boldsymbol{\beta}_1$，$\boldsymbol{\beta}_2$，…，$\boldsymbol{\beta}_{s-1}$，$\boldsymbol{\beta}_s$ 的线性相关性.

解　由题意可得，向量组 $\boldsymbol{\beta}_1$，$\boldsymbol{\beta}_2$，…，$\boldsymbol{\beta}_{s-1}$，$\boldsymbol{\beta}_s$ 可由线性无关向量组 $\boldsymbol{\alpha}_1$，$\boldsymbol{\alpha}_2$，…，$\boldsymbol{\alpha}_s$ $(s\geqslant2)$线性表示，且这两组向量的个数相等. 于是有

$$\begin{pmatrix}\boldsymbol{\beta}_1\\\boldsymbol{\beta}_2\\\vdots\\\boldsymbol{\beta}_s\end{pmatrix}=\begin{pmatrix}1&1&0&\cdots&0&0\\0&1&1&\cdots&0&0\\\vdots&\vdots&\vdots&&\vdots&\vdots\\1&0&0&\cdots&0&1\end{pmatrix}\begin{pmatrix}\boldsymbol{\alpha}_1\\\boldsymbol{\alpha}_2\\\vdots\\\boldsymbol{\alpha}_s\end{pmatrix}.$$

因为 $|\boldsymbol{A}|=\begin{vmatrix}1&1&0&\cdots&0&0\\0&1&1&\cdots&0&0\\\vdots&\vdots&\vdots&&\vdots&\vdots\\1&0&0&\cdots&0&1\end{vmatrix}=1+(-1)^{s-1}$，故当 s 为偶数时，$|\boldsymbol{A}|=0$，从而 $R(\boldsymbol{A})<s$，所以向量组 $\boldsymbol{\beta}_1$，$\boldsymbol{\beta}_2$，…，$\boldsymbol{\beta}_{s-1}$，$\boldsymbol{\beta}_s$ 的线性相关；当 s 为奇数时，$|\boldsymbol{A}|\neq0$，从而 $R(\boldsymbol{A})=s$，所以向量组 $\boldsymbol{\beta}_1$，$\boldsymbol{\beta}_2$，…，$\boldsymbol{\beta}_{s-1}$，$\boldsymbol{\beta}_s$ 的线性无关.

例 3.15　向量 $\boldsymbol{\alpha}_5=(-2,1,1)^{\mathrm T}$ 与 $\boldsymbol{\alpha}_6=(3,-1,3)^{\mathrm T}$ 能否表示为 $\boldsymbol{\alpha}_1=(2,-1,1)^{\mathrm T}$，$\boldsymbol{\alpha}_2=(-1,1,1)^{\mathrm T}$，$\boldsymbol{\alpha}_3=(-3,2,0)^{\mathrm T}$，$\boldsymbol{\alpha}_4=(-4,3,1)^{\mathrm T}$ 的线性组合？

解　证明多个向量能否表示为同一向量组的线性组合，用初等行变换可一并证明比较方便.

$$\text{矩阵 }\boldsymbol{A}=(\boldsymbol{\alpha}_1,\boldsymbol{\alpha}_2,\boldsymbol{\alpha}_3,\boldsymbol{\alpha}_4,\boldsymbol{\alpha}_5,\boldsymbol{\alpha}_6)=\begin{pmatrix}2&-1&-3&-4&-2&3\\-1&1&2&3&1&-1\\1&1&0&1&1&3\end{pmatrix}$$

$$\xrightarrow{\text{初等行变化}}\begin{pmatrix}1&0&-1&-1&0&2\\0&1&1&2&1&1\\0&0&0&1&1&0\end{pmatrix},$$

由此可知，$\boldsymbol{\alpha}_5$ 不能由 $\boldsymbol{\alpha}_1$，$\boldsymbol{\alpha}_2$，$\boldsymbol{\alpha}_3$，$\boldsymbol{\alpha}_4$ 线性表示，$\boldsymbol{\alpha}_6$ 能由 $\boldsymbol{\alpha}_1$，$\boldsymbol{\alpha}_2$，$\boldsymbol{\alpha}_3$，$\boldsymbol{\alpha}_4$ 线性表示，且 $\boldsymbol{\alpha}_6=2\boldsymbol{\alpha}_1+\boldsymbol{\alpha}_2$.

例 3.16　设 $\boldsymbol{A}_{m\times n}\boldsymbol{B}_{n\times l}=\boldsymbol{0}$，证明 $R(\boldsymbol{A})+R(\boldsymbol{B})\leqslant n$.

证明　记 $\boldsymbol{B}=(\boldsymbol{b}_1,\boldsymbol{b}_2,\cdots,\boldsymbol{b}_l)$，则由 $\boldsymbol{A}_{m\times n}\boldsymbol{B}_{n\times l}=\boldsymbol{0}$ 知 $\boldsymbol{A}(\boldsymbol{b}_1,\boldsymbol{b}_2,\cdots,\boldsymbol{b}_l)=(\boldsymbol{0},\boldsymbol{0},\cdots,\boldsymbol{0})$，

即

$$\boldsymbol{A}\boldsymbol{b}_i=\boldsymbol{0}\quad(i=1,2,\cdots,l)$$

所以矩阵 $\boldsymbol{B}$ 的 l 个列向量均为齐次线性方程组 $\boldsymbol{A}\boldsymbol{x}=\boldsymbol{0}$ 的解向量. 记方程 $\boldsymbol{A}\boldsymbol{x}=\boldsymbol{0}$ 的解集为 S，则 $R(\boldsymbol{B})=R(\boldsymbol{b}_1,\boldsymbol{b}_2,\cdots,\boldsymbol{b}_l)\leqslant\dim(s)=n-R(\boldsymbol{A})$，即 $R(\boldsymbol{A})+R(\boldsymbol{B})\leqslant n$.

例 3.17 设向量组 $\boldsymbol{T}$：$\boldsymbol{\alpha}_1=\begin{pmatrix}3\\3\\2\\1\end{pmatrix}$，$\boldsymbol{\alpha}_2=\begin{pmatrix}2\\-2\\0\\6\end{pmatrix}$，$\boldsymbol{\alpha}_3=\begin{pmatrix}0\\3\\1\\-4\end{pmatrix}$，$\boldsymbol{\alpha}_4=\begin{pmatrix}5\\6\\5\\-1\end{pmatrix}$，$\boldsymbol{\alpha}_5=\begin{pmatrix}0\\-1\\-3\\4\end{pmatrix}$，求向量组 $\boldsymbol{T}$ 的秩及一个极大无关组，并把其余向量用此极大无关组线性表示.

解

$$\boldsymbol{A}=(\boldsymbol{\alpha}_1,\boldsymbol{\alpha}_2,\boldsymbol{\alpha}_3,\boldsymbol{\alpha}_4,\boldsymbol{\alpha}_5)=\begin{pmatrix}3&2&0&5&0\\3&-2&3&6&-1\\2&0&1&5&-3\\1&6&-4&-1&4\end{pmatrix}\xrightarrow{r}\begin{pmatrix}1&0&\frac{1}{2}&0&\frac{7}{2}\\0&1&-\frac{3}{4}&0&-\frac{1}{4}\\0&0&0&1&-2\\0&0&0&0&0\end{pmatrix},$$

因为 $R(\boldsymbol{A})=3$，所以 $R(\boldsymbol{T})=3$. $\boldsymbol{\alpha}_1$，$\boldsymbol{\alpha}_2$，$\boldsymbol{\alpha}_4$ 为向量组 $\boldsymbol{T}$ 的一个极大无关组，且

$$\boldsymbol{\alpha}_3=\frac{1}{2}\cdot\boldsymbol{\alpha}_1+\left(-\frac{3}{4}\right)\boldsymbol{\alpha}_2+0\cdot\boldsymbol{\alpha}_4,\ \boldsymbol{\alpha}_5=\frac{7}{2}\cdot\boldsymbol{\alpha}_1+\left(-\frac{1}{4}\right)\cdot\boldsymbol{\alpha}_2+(-2)\cdot\boldsymbol{\alpha}_4.$$

例 3.18 设 $\mathbf{R}^3$ 中的两组基分别为

$$\boldsymbol{\alpha}_1=\begin{pmatrix}1\\1\\1\end{pmatrix},\ \boldsymbol{\alpha}_2=\begin{pmatrix}1\\0\\-1\end{pmatrix},\ \boldsymbol{\alpha}_3=\begin{pmatrix}1\\0\\1\end{pmatrix}\text{和}\ \boldsymbol{\beta}_1=\begin{pmatrix}0\\1\\1\end{pmatrix},\ \boldsymbol{\beta}_2=\begin{pmatrix}-1\\1\\0\end{pmatrix},\ \boldsymbol{\beta}_3=\begin{pmatrix}1\\2\\1\end{pmatrix}.$$

(1) 求从基 $\boldsymbol{\alpha}_1$，$\boldsymbol{\alpha}_2$，$\boldsymbol{\alpha}_3$ 到基 $\boldsymbol{\beta}_1$，$\boldsymbol{\beta}_2$，$\boldsymbol{\beta}_3$ 的过渡矩阵 $\boldsymbol{P}$.

(2) 求向量 $\boldsymbol{\alpha}=\boldsymbol{\alpha}_1+2\boldsymbol{\alpha}_2-\boldsymbol{\alpha}_3$ 在基 $\boldsymbol{\beta}_1$，$\boldsymbol{\beta}_2$，$\boldsymbol{\beta}_3$ 下的坐标.

解 (1) 记矩阵 $\boldsymbol{A}=(\boldsymbol{\alpha}_1,\boldsymbol{\alpha}_2,\boldsymbol{\alpha}_3)$，$\boldsymbol{B}=(\boldsymbol{\beta}_1,\boldsymbol{\beta}_2,\boldsymbol{\beta}_3)$，$\boldsymbol{\varepsilon}_1$，$\boldsymbol{\varepsilon}_2$，$\boldsymbol{\varepsilon}_3$ 为 $\boldsymbol{R}^3$ 的自然基，则有

$$\boldsymbol{A}=(\boldsymbol{\alpha}_1,\boldsymbol{\alpha}_2,\boldsymbol{\alpha}_3)=(\boldsymbol{\varepsilon}_1,\boldsymbol{\varepsilon}_2,\boldsymbol{\varepsilon}_3)\boldsymbol{A},$$
$$\boldsymbol{B}=(\boldsymbol{\beta}_1,\boldsymbol{\beta}_2,\boldsymbol{\beta}_3)=(\boldsymbol{\varepsilon}_1,\boldsymbol{\varepsilon}_2,\boldsymbol{\varepsilon}_3)\boldsymbol{B},$$

于是有 $(\boldsymbol{\beta}_1,\boldsymbol{\beta}_2,\boldsymbol{\beta}_3)=(\boldsymbol{\varepsilon}_1,\boldsymbol{\varepsilon}_2,\boldsymbol{\varepsilon}_3)\boldsymbol{B}=(\boldsymbol{\alpha}_1,\boldsymbol{\alpha}_2,\boldsymbol{\alpha}_3)\boldsymbol{A}^{-1}\boldsymbol{B}$，记 $\boldsymbol{P}=\boldsymbol{A}^{-1}\boldsymbol{B}$ 就是从基 $\boldsymbol{\alpha}_1$，$\boldsymbol{\alpha}_2$，$\boldsymbol{\alpha}_3$ 到基 $\boldsymbol{\beta}_1$，$\boldsymbol{\beta}_2$，$\boldsymbol{\beta}_3$ 的过渡矩阵，则

$$(\boldsymbol{A}\,\vdots\,\boldsymbol{B})=\left(\begin{array}{ccc:ccc}1&1&1&0&-1&1\\1&0&0&1&1&2\\1&-1&1&1&0&1\end{array}\right)\xrightarrow{r}\left(\begin{array}{ccc:ccc}1&0&0&1&1&2\\0&1&0&-\frac{1}{2}&-\frac{1}{2}&0\\0&0&1&-\frac{1}{2}&-\frac{3}{2}&-1\end{array}\right),$$

因此，$\boldsymbol{P}=\boldsymbol{A}^{-1}\boldsymbol{B}=\begin{pmatrix}1&1&2\\-\frac{1}{2}&-\frac{1}{2}&0\\-\frac{1}{2}&-\frac{3}{2}&-1\end{pmatrix}$.

(2) 已知向量 $\boldsymbol{\alpha}=\boldsymbol{\alpha}_1+2\boldsymbol{\alpha}_2-\boldsymbol{\alpha}_3$ 在基 $\boldsymbol{\alpha}_1$，$\boldsymbol{\alpha}_2$，$\boldsymbol{\alpha}_3$ 下的坐标为 $(1,\ 2,\ -1)^{\mathrm{T}}$，由定义可得到 $\boldsymbol{\alpha}$ 在基 $\boldsymbol{\beta}_1$，$\boldsymbol{\beta}_2$，$\boldsymbol{\beta}_3$ 下的坐标为

$$\begin{pmatrix} y_1 \\ y_2 \\ y_3 \end{pmatrix}=\boldsymbol{P}^{-1}\begin{pmatrix} x_1 \\ x_2 \\ x_3 \end{pmatrix}=\begin{pmatrix} \frac{1}{2} & -2 & 1 \\ -\frac{1}{2} & 0 & -1 \\ \frac{1}{2} & 1 & 0 \end{pmatrix}\begin{pmatrix} 1 \\ 2 \\ -1 \end{pmatrix}=\begin{pmatrix} -\frac{9}{2} \\ \frac{1}{2} \\ \frac{5}{2} \end{pmatrix}.$$

例 3.19　解线性方程组 $\begin{cases} x_1+x_2-x_3+2x_4=3 \\ 2x_1+x_2 \quad -3x_4=1 \\ -2x_1-2x_3+10x_4=4 \end{cases}$.

解　将方程组的增广矩阵作初等行变换化为行最简形矩阵.

$$(\boldsymbol{A},\ \boldsymbol{b})=\begin{pmatrix} 1 & 1 & -1 & 2 & 3 \\ 2 & 1 & 0 & -3 & 1 \\ -2 & 0 & -2 & 10 & 4 \end{pmatrix}\rightarrow\cdots\rightarrow\begin{pmatrix} 1 & 0 & 1 & -5 & -2 \\ 0 & 1 & -2 & 7 & 5 \\ 0 & 0 & 0 & 0 & 0 \end{pmatrix}$$

因为 $R(\boldsymbol{A})=R(\boldsymbol{A},\ \boldsymbol{b})=2<4$，所以原方程组有无穷解.

选取 x_3、x_4 作为自由未知量，原方程组的同解方程组为

$$\begin{cases} x_1=-x_3+5x_3-2 \\ x_2=2x_3-7x_3+5 \end{cases}.$$

令自由未知量 $x_3=0$，$x_4=0$，得到方程组的一个特解 $\boldsymbol{\eta}^*=\begin{pmatrix} -2 \\ 5 \\ 0 \\ 0 \end{pmatrix}$.

去掉上述增广矩阵中行最简形矩阵的最后一列，可得到导出组的同解方程组为 $\begin{cases} x_1=-x_3+5x_3 \\ x_2=2x_3-7x_3 \end{cases}$，分别取 $\begin{pmatrix} x_3 \\ x_4 \end{pmatrix}=\begin{pmatrix} 1 \\ 0 \end{pmatrix}$ 和 $\begin{pmatrix} 0 \\ 1 \end{pmatrix}$，得基础解系为

$$\boldsymbol{\xi}_1=\begin{pmatrix} -1 \\ 2 \\ 1 \\ 0 \end{pmatrix},\ \boldsymbol{\xi}_2=\begin{pmatrix} 5 \\ -7 \\ 0 \\ 1 \end{pmatrix}.$$

于是得到原方程组的通解为

$$\boldsymbol{x}=\boldsymbol{\eta}^*+k_1\boldsymbol{\xi}_1+k_2\boldsymbol{\xi}_2 \quad (k_1,\ k_2\in\mathbf{R}).$$

例 3.20　求出一个齐次线性方程组，使它的基础解系由下列向量组成：

$$\boldsymbol{\xi}_1=\begin{pmatrix} 1 \\ 2 \\ 3 \\ 4 \end{pmatrix},\ \boldsymbol{\xi}_2=\begin{pmatrix} 4 \\ 3 \\ 2 \\ 1 \end{pmatrix}.$$

解　设所求齐次线性方程组为 $\boldsymbol{Ax}=\boldsymbol{0}$，矩阵 $\boldsymbol{A}$ 的行向量形如 $\boldsymbol{\alpha}^{\mathrm{T}}=(a_1,\ a_2,\ a_3,\ a_4)$，

根据题意，有 $\boldsymbol{\alpha}^{\mathrm{T}}\boldsymbol{\xi}_1=\mathbf{0}$，$\boldsymbol{\alpha}^{\mathrm{T}}\boldsymbol{\xi}_2=\mathbf{0}$，即 $\begin{cases}a_1+2a_2+3a_3+4a_4=0\\4a_1+3a_2+2a_3+a_4=0\end{cases}$.

设这个方程组系数矩阵为 $\boldsymbol{B}$，对 $\boldsymbol{B}$ 进行初等行变换，得

$$\boldsymbol{B}=\begin{pmatrix}1&2&3&4\\4&3&2&1\end{pmatrix}\to\begin{pmatrix}1&2&3&4\\0&-5&-10&-15\end{pmatrix}\to\begin{pmatrix}1&0&-1&-2\\0&1&2&3\end{pmatrix}.$$

这个方程组的同解方程组为

$$\begin{cases}a_1-a_3-2a_4=0\\a_2+2a_3+3a_4=0\end{cases},$$

其基础解系为 $\begin{pmatrix}1\\-2\\1\\0\end{pmatrix}$，$\begin{pmatrix}2\\-3\\0\\1\end{pmatrix}$，故可取矩阵 $\boldsymbol{A}$ 的行向量为 $\boldsymbol{\alpha}_1^{\mathrm{T}}=(1,-2,1,0)$，$\boldsymbol{\alpha}_2^{\mathrm{T}}=(2,-3,0,1)$，所求齐次线性方程组的系数矩阵 $\boldsymbol{A}=\begin{pmatrix}1&-2&1&0\\2&-3&0&1\end{pmatrix}$，所求齐次线性方程组为 $\begin{cases}x_1-2x_2+x_3=0\\2x_1-3x_2+x_4=0\end{cases}$.

例 3.21 四元齐次线性方程组Ⅰ为

$$\begin{cases}x_1+x_2=0\\x_2-x_4=0\end{cases}.$$

又已知某个齐次线性方程组Ⅱ的全部解(通解)为

$$c_1(0,1,1,0)^{\mathrm{T}}+c_2(-1,2,2,1)^{\mathrm{T}}\quad(c_1、c_2\text{ 为任意常数}).$$

(1) 求线性方程组Ⅰ的基础解系；

(2) 线性方程组Ⅰ与Ⅱ是否有非零的公共解？若有，求出所有非零公共解.

解 线性方程组的一般解为 $\begin{cases}x_1=-x_2\\x_4=x_2\end{cases}$ (x_2、x_3 均为自由未知量).

令 $\begin{pmatrix}x_2\\x_3\end{pmatrix}$ 分别取 $\begin{pmatrix}1\\0\end{pmatrix}$ 和 $\begin{pmatrix}0\\1\end{pmatrix}$ 便得到方程组的一个基础解系 $\boldsymbol{\xi}_1=\begin{pmatrix}-1\\1\\0\\1\end{pmatrix}$，$\boldsymbol{\xi}_2=\begin{pmatrix}0\\0\\1\\0\end{pmatrix}$.

Ⅱ 的通解为 $(-c_2, c_1+2c_2, c_1+2c_2, c_2)^{\mathrm{T}}$，将其代入Ⅰ，解得 $c_1=-c_2$.

当 $c_1=-c_2\neq0$ 时，Ⅱ 的通解可化为 $c_1(0,1,1,0)^{\mathrm{T}}+c_2(-1,2,2,1)^{\mathrm{T}}=c_2(-1,1,1,1)^{\mathrm{T}}$. 所以，方程组Ⅰ和Ⅱ的所有非零解为 $c(-1,1,1,1)^{\mathrm{T}}$(c 为非零常数).

例 3.22 设 $\boldsymbol{A}$ 为 4×3 矩阵，且线性方程组 $\boldsymbol{Ax}=\boldsymbol{b}$ 满足 $R(\boldsymbol{A})=R(\bar{\boldsymbol{A}})=2$，并且已知 $\boldsymbol{\gamma}_1=(-1,1,0)^{\mathrm{T}}$，$\boldsymbol{\gamma}_2=(1,0,1)^{\mathrm{T}}$ 为方程组的两个解，试求方程组的全部解.

解 因为 $\boldsymbol{\gamma}_1$、$\boldsymbol{\gamma}_2$ 是 $\boldsymbol{Ax}=\boldsymbol{b}$ 的解，所以 $\boldsymbol{\gamma}_1-\boldsymbol{\gamma}_2$ 是 $\boldsymbol{Ax}=\mathbf{0}$ 的解，又 $R(\boldsymbol{A})=R(\bar{\boldsymbol{A}})=2$，所以 $\boldsymbol{x}=k(\boldsymbol{\gamma}_1-\boldsymbol{\gamma}_2)$ 是 $\boldsymbol{Ax}=\mathbf{0}$ 的全部解.

因此，$\boldsymbol{Ax}=\boldsymbol{b}$ 的全部解为 $\boldsymbol{x}=\boldsymbol{\gamma}_1+k(\boldsymbol{\gamma}_1-\boldsymbol{\gamma}_2)=(-1,1,0)^{\mathrm{T}}+k(-2,1,-1)^{\mathrm{T}}$，

$k \in \mathbf{R}$.

例 3.23　设四元非齐次线性方程组 $\boldsymbol{AX}=\boldsymbol{b}$ 的系数矩阵 $\boldsymbol{A}$ 的秩为 3，已知它的三个解向量为 $\boldsymbol{\eta}_1$，$\boldsymbol{\eta}_2$，$\boldsymbol{\eta}_3$，其中

$$\boldsymbol{\eta}_1=\begin{pmatrix}3\\-4\\1\\2\end{pmatrix},\ \boldsymbol{\eta}_2+\boldsymbol{\eta}_3=\begin{pmatrix}4\\6\\8\\0\end{pmatrix},$$

求该方程组的通解.

解　依题意可得，方程组 $\boldsymbol{A}\boldsymbol{x}=\boldsymbol{b}$ 的导出组的基础解系含 1(4－3＝1)个向量，于是导出组的任何一个非零解都可作为其基础解系.

显然，$\boldsymbol{\eta}_1-\dfrac{1}{2}(\boldsymbol{\eta}_2+\boldsymbol{\eta}_3)=\begin{pmatrix}1\\-7\\-3\\2\end{pmatrix}\neq\boldsymbol{0}$ 是导出组的非零解，其可作为其基础解系. 故方程组 $\boldsymbol{A}\boldsymbol{x}=\boldsymbol{b}$ 的通解为

$$\boldsymbol{x}=\boldsymbol{\eta}_1+k\left[\boldsymbol{\eta}_1-\frac{1}{2}(\boldsymbol{\eta}_2+\boldsymbol{\eta}_3)\right]=\begin{pmatrix}3\\-4\\1\\2\end{pmatrix}+k\begin{pmatrix}1\\-7\\-3\\2\end{pmatrix}(k\ \text{为任意常数}).$$

例 3.24(中药配制)　设某中药厂用 9 种中草药原料(A～I)根据不同的比例配制了 7 种成药，各成分用量(单位：g)如表 3.1 所示.

表 3.1　7 种成药

原料	1 号成药	2 号成药	3 号成药	4 号成药	5 号成药	6 号成药	7 号成药
A	10	14	2	12	38	20	100
B	12	12	0	25	60	35	55
C	5	11	3	0	14	5	0
D	7	25	9	5	47	15	35
E	0	2	1	25	33	5	6
F	25	35	5	5	55	35	50
G	9	17	4	25	39	2	25
H	6	16	5	10	35	10	10
I	8	12	2	0	6	0	20

(1) 某医院要购买这 7 种成药，但药厂的第 2 号成药和第 5 号成药已经卖完，问能否用其他成药配制出这两种脱销的药品？

(2) 现在该医院想用这 7 种成药再配制 3 种新的成药，表 3.2 所示为这三种新的成药的配方，能否配制？如何配制？

表 3.2　3 种 新 药

原料	1 号新药	2 号新药	3 号新药
A	26	192	88
B	37	209	67
C	11	25	8
D	30	99	51
E	27	46	7
F	40	210	80
G	22	74	38
H	26	62	21
I	12	36	30

解　(1) 把每一种成药看作一个 9 维列向量，记为

$$\boldsymbol{\alpha}_1=\begin{pmatrix}10\\12\\5\\7\\0\\25\\9\\6\\8\end{pmatrix},\boldsymbol{\alpha}_2=\begin{pmatrix}14\\12\\11\\25\\2\\35\\17\\16\\12\end{pmatrix},\boldsymbol{\alpha}_3=\begin{pmatrix}2\\0\\3\\9\\1\\5\\4\\5\\2\end{pmatrix},\boldsymbol{\alpha}_4=\begin{pmatrix}12\\25\\0\\5\\25\\5\\25\\10\\0\end{pmatrix},$$

$$\boldsymbol{\alpha}_5=\begin{pmatrix}38\\60\\14\\47\\33\\55\\39\\35\\6\end{pmatrix},\boldsymbol{\alpha}_6=\begin{pmatrix}20\\35\\5\\15\\5\\35\\2\\10\\0\end{pmatrix},\boldsymbol{\alpha}_7=\begin{pmatrix}100\\55\\0\\35\\6\\50\\25\\10\\20\end{pmatrix}.$$

讨论这 7 个列向量组成的向量组的线性关系. 这样问题就转化为 $\boldsymbol{\alpha}_2$，$\boldsymbol{\alpha}_5$ 是否能由 $\boldsymbol{\alpha}_1$，$\boldsymbol{\alpha}_3$，$\boldsymbol{\alpha}_4$，$\boldsymbol{\alpha}_6$，$\boldsymbol{\alpha}_7$ 线性表示？

设 $\boldsymbol{A}=(\boldsymbol{\alpha}_1,\boldsymbol{\alpha}_2,\boldsymbol{\alpha}_3,\boldsymbol{\alpha}_4,\boldsymbol{\alpha}_5,\boldsymbol{\alpha}_6,\boldsymbol{\alpha}_7)=\begin{pmatrix}10&14&2&12&38&20&100\\12&12&0&25&60&35&55\\5&11&3&0&14&5&0\\7&25&9&5&47&15&35\\0&2&1&25&33&5&6\\25&35&5&5&55&35&50\\9&17&4&25&39&2&25\\6&16&5&10&35&10&10\\8&12&2&0&6&0&20\end{pmatrix}$

$$\xrightarrow{r}\begin{pmatrix}1&1&0&0&0&0&0\\0&2&1&0&3&0&0\\0&0&0&1&1&0&0\\0&0&0&0&1&1&0\\0&0&0&0&0&0&1\\0&0&0&0&0&0&0\\0&0&0&0&0&0&0\\0&0&0&0&0&0&0\\0&0&0&0&0&0&0\end{pmatrix}$$（去掉第 2 列和第 5 列后，得到行最简形矩阵），

由此可见，$R(\boldsymbol{A})=5<7$，所以 $\boldsymbol{A}$ 的列向量组线性相关，且 $\boldsymbol{\alpha}_1,\boldsymbol{\alpha}_3,\boldsymbol{\alpha}_4,\boldsymbol{\alpha}_6,\boldsymbol{\alpha}_7$ 是列向量组的一个极大线性无关组. 又

$$\boldsymbol{\alpha}_2=\boldsymbol{\alpha}_1+2\boldsymbol{\alpha}_3,\ \boldsymbol{\alpha}_5=3\boldsymbol{\alpha}_3+\boldsymbol{\alpha}_4+\boldsymbol{\alpha}_6.$$

故可以用其他成药配制第 2 号和第 5 号两种脱销药.

(2) 设 3 种新的成药用 $\boldsymbol{\beta}_1,\boldsymbol{\beta}_2,\boldsymbol{\beta}_3$ 表示，问题转化为判断 $\boldsymbol{\beta}_1,\boldsymbol{\beta}_2,\boldsymbol{\beta}_3$ 能否由向量组 $\boldsymbol{\alpha}_1,\boldsymbol{\alpha}_3,\boldsymbol{\alpha}_4,\boldsymbol{\alpha}_6,\boldsymbol{\alpha}_7$ 线性表示，如果能线性表示，说明这 3 种新的成药可以由原来的 7 种特效药配制；如果不能线性表示，则说明不能配制.

设 $\boldsymbol{B}=(\boldsymbol{\alpha}_1,\boldsymbol{\alpha}_3,\boldsymbol{\alpha}_4,\boldsymbol{\alpha}_6,\boldsymbol{\alpha}_7,\boldsymbol{\beta}_1,\boldsymbol{\beta}_2,\boldsymbol{\beta}_3)\xrightarrow{r}\begin{pmatrix}1&0&0&0&0&1&2&0\\0&1&0&0&0&2&0&0\\0&0&1&0&0&1&1&0\\0&0&0&1&0&0&3&0\\0&0&0&0&1&0&1&0\\0&0&0&0&0&0&0&1\\0&0&0&0&0&0&0&0\\0&0&0&0&0&0&0&0\\0&0&0&0&0&0&0&0\end{pmatrix}$，

因此有 $\boldsymbol{\beta}_1=\boldsymbol{\alpha}_1+2\boldsymbol{\alpha}_3+\boldsymbol{\alpha}_4$，$\boldsymbol{\beta}_2=2\boldsymbol{\alpha}_1+\boldsymbol{\alpha}_4+3\boldsymbol{\alpha}_6+\boldsymbol{\alpha}_7$，这说明第 1，2 号新药可以由原来的 7 种成药配制，其线性组合表达式给出了配制方法；但是 $\boldsymbol{\beta}_3$ 不能由 $\boldsymbol{\alpha}_1,\boldsymbol{\alpha}_3,\boldsymbol{\alpha}_4,\boldsymbol{\alpha}_6,\boldsymbol{\alpha}_7$ 线性表示，所以第 3 号新药不能由原来的 7 种成药配制而成.

(三) 历年考研真题

例 3.25(2010 年数一，数三，20)　设 $\boldsymbol{A}=\begin{pmatrix}\lambda & 1 & 1\\ 0 & \lambda-1 & 0\\ 1 & 1 & \lambda\end{pmatrix}$，$\boldsymbol{b}=\begin{pmatrix}a\\1\\1\end{pmatrix}$，已知线性方程组 $\boldsymbol{Ax}=\boldsymbol{b}$ 存在 2 个不同的解. (1)求 λ、a；(2)求方程组 $\boldsymbol{Ax}=\boldsymbol{b}$ 的通解.

解　(1) 因为 $\boldsymbol{Ax}=\boldsymbol{b}$ 有两个不同的解，所以 $R(\boldsymbol{A})=R(\boldsymbol{A},\boldsymbol{b})<3$，又 $|\boldsymbol{A}|=0$，所以

$$|\boldsymbol{A}|=\begin{vmatrix}\lambda & 1 & 1\\ 0 & \lambda-1 & 0\\ 1 & 1 & \lambda\end{vmatrix}=(\lambda-1)^2(\lambda+1)=0,\ \lambda=-1\text{ 或 }1.$$

当 $\lambda=1$ 时，$R(\boldsymbol{A})=1\neq R(\boldsymbol{A},\boldsymbol{b})=2$，此时 $\boldsymbol{Ax}=\boldsymbol{b}$ 无解；

当 $\lambda=-1$ 时，$R(\boldsymbol{A})=R(\boldsymbol{A},\boldsymbol{b})$，得 $a=-2$.

$$(2)\ (\boldsymbol{A}\,\vdots\,\boldsymbol{b})=\begin{pmatrix}-1 & 1 & 1 & -2\\ 0 & -2 & 0 & 1\\ 1 & 1 & -1 & 1\end{pmatrix}\to\begin{pmatrix}1 & -1 & -1 & 2\\ 0 & 2 & 0 & -1\\ 0 & 0 & 0 & 0\end{pmatrix}$$

$$\to\begin{pmatrix}1 & 0 & -1 & \dfrac{3}{2}\\ 0 & 1 & 0 & -\dfrac{1}{2}\\ 0 & 0 & 0 & 0\end{pmatrix}.$$

即

$$\begin{cases}x_1-x_3=\dfrac{3}{2}\\ x_2=-\dfrac{1}{2}\end{cases},$$

令

$$\begin{cases}x_1=c+\dfrac{3}{2}\\ x_2=-\dfrac{1}{2}\\ x_3=c\end{cases},$$

则

$$\begin{pmatrix}x_1\\x_2\\x_3\end{pmatrix}=c\begin{pmatrix}1\\0\\1\end{pmatrix}+\begin{pmatrix}\dfrac{3}{2}\\ -\dfrac{1}{2}\\ 0\end{pmatrix}\quad(c\in\mathbf{R}).$$

例 3.26(2011 年数三，6)　设 $\boldsymbol{A}$ 为 4×3 矩阵，$\boldsymbol{\eta}_1$，$\boldsymbol{\eta}_2$，$\boldsymbol{\eta}_3$ 是非齐次线性方程组 $\boldsymbol{Ax}=\boldsymbol{\beta}$ 的 3 个线性无关的解，k_1、k_2 为任意常数，则 $\boldsymbol{Ax}=\boldsymbol{\beta}$ 的通解为(　　).

A. $\dfrac{\boldsymbol{\eta}_2+\boldsymbol{\eta}_3}{2}+k_1(\boldsymbol{\eta}_2-\boldsymbol{\eta}_1)$　　　　B. $\dfrac{\boldsymbol{\eta}_2-\boldsymbol{\eta}_3}{2}+k_2(\boldsymbol{\eta}_2-\boldsymbol{\eta}_1)$

C. $\frac{\boldsymbol{\eta}_2+\boldsymbol{\eta}_3}{2}+k_1(\boldsymbol{\eta}_3-\boldsymbol{\eta}_1)+k_2(\boldsymbol{\eta}_2-\boldsymbol{\eta}_1)$　　D. $\frac{\boldsymbol{\eta}_2-\boldsymbol{\eta}_3}{2}+k_2(\boldsymbol{\eta}_2-\boldsymbol{\eta}_1)+k_3(\boldsymbol{\eta}_3-\boldsymbol{\eta}_1)$

解　一方面，$\boldsymbol{\eta}_1$，$\boldsymbol{\eta}_2$，$\boldsymbol{\eta}_3$ 是非齐次线性方程组 $\boldsymbol{Ax}=\boldsymbol{\beta}$ 的 3 个线性无关的解，故 $\boldsymbol{\eta}_2-\boldsymbol{\eta}_1$，$\boldsymbol{\eta}_3-\boldsymbol{\eta}_1$ 是对应齐次 $\boldsymbol{Ax}=\boldsymbol{0}$ 的两个线性无关的解，又 $R(\boldsymbol{A})=1$，所以基础解系包含 $3-R(\boldsymbol{A})=2$ 个解向量，从而 $\boldsymbol{\eta}_2-\boldsymbol{\eta}_1$，$\boldsymbol{\eta}_3-\boldsymbol{\eta}_1$ 是 $\boldsymbol{Ax}=\boldsymbol{0}$ 的一个基础解系.

另一方面，$\boldsymbol{A}\left(\frac{\boldsymbol{\eta}_2+\boldsymbol{\eta}_3}{2}\right)=\frac{1}{2}(\boldsymbol{A\eta}_2+\boldsymbol{A\eta}_3)=\boldsymbol{\beta}$，则 $\frac{\boldsymbol{\eta}_2+\boldsymbol{\eta}_3}{2}$ 是 $\boldsymbol{Ax}=\boldsymbol{\beta}$ 的一个特解，所以 $\boldsymbol{Ax}=\boldsymbol{\beta}$ 的通解为 $\frac{\boldsymbol{\eta}_2+\boldsymbol{\eta}_3}{2}+k_1(\boldsymbol{\eta}_3-\boldsymbol{\eta}_1)+k_2(\boldsymbol{\eta}_2-\boldsymbol{\eta}_1)$，本题应选 C.

例 3.27(2014 年数一，20)　设矩阵 $\boldsymbol{A}=\begin{pmatrix}1&-2&3&-4\\0&1&-1&1\\1&2&0&-3\end{pmatrix}$，$\boldsymbol{E}$ 为三阶单位矩阵.

(1) 求方程组 $\boldsymbol{Ax}=\boldsymbol{0}$ 的一个基础解系；

(2) 求满足 $\boldsymbol{AB}=\boldsymbol{E}$ 的所有矩阵 $\boldsymbol{B}$.

解　$(\boldsymbol{A}\mid\boldsymbol{E})=\begin{pmatrix}1&-2&3&-4&1&0&0\\0&1&-1&1&0&1&0\\1&2&0&-3&0&0&1\end{pmatrix}$

$$\rightarrow\begin{pmatrix}1&-2&3&-4&1&0&0\\0&1&-1&1&0&1&0\\0&4&-3&1&-1&0&1\end{pmatrix}$$

$$\rightarrow\begin{pmatrix}1&-2&3&-4&1&0&0\\0&1&-1&1&0&1&0\\0&0&1&-3&-1&-4&1\end{pmatrix}$$

$$\rightarrow\begin{pmatrix}1&0&0&1&2&6&-1\\0&1&0&-2&-1&-3&1\\0&0&1&-3&-1&-4&1\end{pmatrix}.$$

(1) $\boldsymbol{Ax}=\boldsymbol{0}$ 的基础解系为 $\boldsymbol{\xi}=(-1,2,3,1)^{\mathrm{T}}$；

(2) $\boldsymbol{e}_1=(1,0,0)^{\mathrm{T}}$，$\boldsymbol{e}_2=(0,1,0)^{\mathrm{T}}$，$\boldsymbol{e}_3=(0,0,1)^{\mathrm{T}}$.

$\boldsymbol{Ax}=\boldsymbol{e}_1$ 的通解为

$$x=k_1\boldsymbol{\xi}+(2,-1,-1,0)^{\mathrm{T}}=(2-k_1,-1+2k_1,-1+3k_1,k_1)^{\mathrm{T}},$$

$\boldsymbol{Ax}=\boldsymbol{e}_2$ 的通解为

$$x=k_2\boldsymbol{\xi}+(6,-3,-4,0)^{\mathrm{T}}=(6-k_2,-3+2k_2,-4+3k_2,k_2)^{\mathrm{T}},$$

$\boldsymbol{Ax}=\boldsymbol{e}_3$ 的通解为

$$x=k_3\boldsymbol{\xi}+(-1,1,1,0)^{\mathrm{T}}=(-1-k_3,1+2k_3,1+3k_3,k_3)^{\mathrm{T}}.$$

则

$$\boldsymbol{B}=\begin{pmatrix}2-k_1&6-k_2&-1-k_3\\-1+2k_1&-3+2k_2&1+2k_3\\-1+3k_1&-4+3k_2&1+3k_3\\k_1&k_2&k_3\end{pmatrix}.$$

例 3.28(2019 年数一，13)　设 $\boldsymbol{A}=(\boldsymbol{\alpha}_1, \boldsymbol{\alpha}_2, \boldsymbol{\alpha}_3)$为三阶矩阵，若 $\boldsymbol{\alpha}_1$、$\boldsymbol{\alpha}_2$ 线性无关且 $\boldsymbol{\alpha}_3=-\boldsymbol{\alpha}_1+2\boldsymbol{\alpha}_2$，则线性方程组 $\boldsymbol{Ax}=\boldsymbol{0}$ 的通解为____________.

解　这是齐次线性方程组求通解的问题.

先计算矩阵 $\boldsymbol{A}$ 的秩，由于 $\boldsymbol{\alpha}_1$、$\boldsymbol{\alpha}_2$ 线性无关，可知 $R(\boldsymbol{A})\geqslant 2$；又由于 $\boldsymbol{\alpha}_3=-\boldsymbol{\alpha}_1+2\boldsymbol{\alpha}_2$，则三个向量线性相关，可知 $R(\boldsymbol{A})\leqslant 2$，所以得到 $R(\boldsymbol{A})=2$，所以齐次线性方程组 $\boldsymbol{Ax}=\boldsymbol{0}$ 的基础解系中含有 $n-r=3-2=1$ 个解向量. 又由于 $\boldsymbol{\alpha}_3=-\boldsymbol{\alpha}_1+2\boldsymbol{\alpha}_2$，可知 $\boldsymbol{A}\begin{pmatrix}1\\-2\\1\end{pmatrix}=(\boldsymbol{\alpha}_1, \boldsymbol{\alpha}_2, \boldsymbol{\alpha}_3)\begin{pmatrix}1\\-2\\1\end{pmatrix}=\boldsymbol{\alpha}_1-2\boldsymbol{\alpha}_2+\boldsymbol{\alpha}_3=\boldsymbol{0}$，从而$\begin{pmatrix}1\\-2\\1\end{pmatrix}$即为 $\boldsymbol{Ax}=\boldsymbol{0}$ 的基础解系. 所以，该齐次线性方程组的通解为 $k(1, -2, 1)^{\mathrm{T}}$，k 为任意常数.

例 3.29(2019 年数二，7)　设 $\boldsymbol{A}$ 是 4 阶矩阵，$\boldsymbol{A}^*$ 为 $\boldsymbol{A}$ 的伴随矩阵. 若线性方程组 $\boldsymbol{Ax}=\boldsymbol{0}$ 的基础解系中只有 2 个向量，则 $R(\boldsymbol{A}^*)=$(　　).

A. 0　　B. 1　　C. 2　　D. 3

解　方程组 $\boldsymbol{Ax}=\boldsymbol{0}$ 的基础解系中只有 2 个向量，可知 $4-R(\boldsymbol{A})=2$，即 $R(\boldsymbol{A})=2<4-1$，则 $R(\boldsymbol{A}^*)=0$，故应选 A.

例 3.30(2021 年数二，9)　设 3 阶矩阵 $\boldsymbol{A}=(\boldsymbol{\alpha}_1, \boldsymbol{\alpha}_2, \boldsymbol{\alpha}_3)$，$\boldsymbol{B}=(\boldsymbol{\beta}_1, \boldsymbol{\beta}_2, \boldsymbol{\beta}_3)$若向量组 $\boldsymbol{\alpha}_1, \boldsymbol{\alpha}_2, \boldsymbol{\alpha}_3$ 可以由向量组 $\boldsymbol{\beta}_1, \boldsymbol{\beta}_2, \boldsymbol{\beta}_3$ 线性表示，则(　　).

A. $\boldsymbol{Ax}=\boldsymbol{0}$ 的解均为 $\boldsymbol{Bx}=\boldsymbol{0}$ 的解　　B. $\boldsymbol{A}^{\mathrm{T}}\boldsymbol{x}=\boldsymbol{0}$ 的解均为 $\boldsymbol{B}^{\mathrm{T}}\boldsymbol{x}=\boldsymbol{0}$ 的解

C. $\boldsymbol{Bx}=\boldsymbol{0}$ 的解均为 $\boldsymbol{Ax}=\boldsymbol{0}$ 的解　　D. $\boldsymbol{B}^{\mathrm{T}}\boldsymbol{x}=\boldsymbol{0}$ 的解均为 $\boldsymbol{A}^{\mathrm{T}}\boldsymbol{x}=\boldsymbol{0}$ 的解

解　因为向量组 $\boldsymbol{\alpha}_1, \boldsymbol{\alpha}_2, \boldsymbol{\alpha}_3$ 可以由向量组 $\boldsymbol{\beta}_1, \boldsymbol{\beta}_2, \boldsymbol{\beta}_3$ 线性表示，所以存在 3 阶矩阵 $\boldsymbol{C}$ 使得 $\boldsymbol{A}=\boldsymbol{BC}$，则 $\boldsymbol{A}^{\mathrm{T}}=\boldsymbol{C}^{\mathrm{T}}\boldsymbol{B}^{\mathrm{T}}$. 若 $\boldsymbol{\alpha}$ 是 $\boldsymbol{B}^{\mathrm{T}}\boldsymbol{x}=\boldsymbol{0}$ 的任一解，即 $\boldsymbol{B}^{\mathrm{T}}\boldsymbol{\alpha}=\boldsymbol{0}$. 则 $\boldsymbol{A}^{\mathrm{T}}\boldsymbol{\alpha}=\boldsymbol{C}^{\mathrm{T}}\boldsymbol{B}^{\mathrm{T}}\boldsymbol{\alpha}=\boldsymbol{C}^{\mathrm{T}}\boldsymbol{0}=\boldsymbol{0}$，即 $\boldsymbol{\alpha}$ 一定是 $\boldsymbol{A}^{\mathrm{T}}\boldsymbol{x}=\boldsymbol{0}$ 的解. 所以选择 D.

例 3.31(2022 年数二，9)　设矩阵 $\boldsymbol{A}=\begin{pmatrix}1&1&1\\1&a&a^2\\1&b&b^2\end{pmatrix}$，$\boldsymbol{b}=\begin{pmatrix}1\\2\\4\end{pmatrix}$，则线性方程组 $\boldsymbol{Ax}=\boldsymbol{b}$ 解的情况为(　　).

A. 无解　　B. 有解

C. 有无穷多解或无解　　D. 有唯一解或无解

解　先对增广矩阵进行初等行变换，得

$$(\boldsymbol{A}\mid\boldsymbol{b})=\begin{pmatrix}1&1&1&1\\1&a&a^2&2\\1&b&b^2&4\end{pmatrix}\to\begin{pmatrix}1&1&1&1\\0&a-1&a^2-1&2\\0&b-1&b^2-1&3\end{pmatrix}$$

当 $a\neq 1$，$b\neq 1$，$a\neq b$ 时，则 $R(\boldsymbol{A})=R(\boldsymbol{A}, \boldsymbol{b})=3$，方程组有唯一解；

当 $a=1$，$b\neq 1$ 或 $a\neq 1$，$b=1$ 时，则 $R(\boldsymbol{A})=2$，$R(\boldsymbol{A}, \boldsymbol{b})=3$，方程组无解；

当 $a=b=1$ 时，有 $R(\boldsymbol{A})=1$，$R(\boldsymbol{A}, \boldsymbol{b})=2$，方程组无解；

当 $a=b\neq 1$ 时，有 $R(\boldsymbol{A})=2$，$R(\boldsymbol{A}, \boldsymbol{b})=3$，方程组无解. 所以本题选择 D.

七、自　测　题

自测题(A)

一、填空题

1. 若 $\boldsymbol{\alpha}=(2, 1, -2)^{\mathrm{T}}$，$\boldsymbol{\beta}=(0, 3, 1)^{\mathrm{T}}$，$\boldsymbol{\gamma}=(0, 0, k-2)^{\mathrm{T}}$ 是 $\mathbf{R}^3$ 的基，则 k 满足关系式为____________.

解　构造矩阵 $\boldsymbol{A}=(\boldsymbol{\alpha}, \boldsymbol{\beta}, \boldsymbol{\gamma})=\begin{pmatrix}2 & 0 & 0\\ 1 & 3 & 0\\ -2 & 1 & k-2\end{pmatrix}\xrightarrow{r}\begin{pmatrix}2 & 0 & 0\\ 0 & 3 & 0\\ 0 & 0 & k-2\end{pmatrix}$. 因为 $\boldsymbol{\alpha}, \boldsymbol{\beta}, \boldsymbol{\gamma}$ 是 $\mathbf{R}^3$ 的基，所以 $R(\boldsymbol{\alpha}, \boldsymbol{\beta}, \boldsymbol{\gamma})=3$，$k-2\neq 0$ 即 $k\neq 2$.

2. n 维向量组 $\boldsymbol{\alpha}_1=(1, 1, \cdots, 1)$，$\boldsymbol{\alpha}_2=(2, 2, \cdots, 2)$，$\cdots$，$\boldsymbol{\alpha}_m=(m, m, \cdots, m)$的秩为____________.

解　构造矩阵

$$\boldsymbol{A}=(\boldsymbol{\alpha}_1^{\mathrm{T}}, \boldsymbol{\alpha}_2^{\mathrm{T}}, \cdots, \boldsymbol{\alpha}_m^{\mathrm{T}})=\begin{pmatrix}1 & 2 & \cdots & m\\ 1 & 2 & \cdots & m\\ \vdots & \vdots & & \vdots\\ 1 & 2 & \cdots & m\end{pmatrix}\xrightarrow{r}\begin{pmatrix}1 & 2 & \cdots & m\\ 0 & 0 & \cdots & 0\\ \vdots & \vdots & & \vdots\\ 0 & 0 & \cdots & 0\end{pmatrix},$$

所以 $R(\boldsymbol{A})=1$.

3. 向量组 $\boldsymbol{\alpha}_1, \boldsymbol{\alpha}_2, \boldsymbol{\alpha}_3, \boldsymbol{\alpha}_4, \boldsymbol{\alpha}_5$ 中的向量都是四维的，则它们一定是____________(填线性相关性).

解　根据向量的个数大于向量的维数，则向量组一定是线性相关的，所以填写线性相关.

二、单项选择题

1. 设向量组 $\boldsymbol{\alpha}_1=\begin{pmatrix}1+\lambda\\ 1\\ 1\end{pmatrix}$，$\boldsymbol{\alpha}_2=\begin{pmatrix}1\\ 1+\lambda\\ 1\end{pmatrix}$，$\boldsymbol{\alpha}_3=\begin{pmatrix}1\\ 1\\ 1+\lambda\end{pmatrix}$的秩为 2，则 $\lambda=$(　　).

A. 0　　　　B. 3　　　　C. 0 或-3　　　　D. -3

解　因为向量组含有参数，所以不便利用其构造矩阵，化为行阶梯矩阵的方法. 下面我们用线性相关的定义法. 因为 $\boldsymbol{\alpha}_1, \boldsymbol{\alpha}_2, \boldsymbol{\alpha}_3$ 线性相关，所以存在不全为零的数 k_1, k_2, k_3 使得 $k_1\boldsymbol{\alpha}_1+k_2\boldsymbol{\alpha}_2+k_3\boldsymbol{\alpha}_3=\mathbf{0}$ 成立，即该齐次线性方程组有非零解. 所以，其系数行列式 $D=|\boldsymbol{\alpha}_1, \boldsymbol{\alpha}_2, \boldsymbol{\alpha}_3|=\begin{vmatrix}1 & 1+\lambda & 1\\ 1+\lambda & 1 & 1\\ 1 & 1 & 1+\lambda\end{vmatrix}=0\Rightarrow\lambda_1=0$，$\lambda_2=-3$，当 $\lambda_1=0$ 时，计算 $R(\boldsymbol{\alpha}_1, \boldsymbol{\alpha}_2, \boldsymbol{\alpha}_3)=1$ 与题目矛盾，所以 $\lambda=-3$，则本题应选择 D.

2. 设向量 $\boldsymbol{\alpha}_1=(-8, 8, 5)$，$\boldsymbol{\alpha}_2=(-4, 2, 3)$，$\boldsymbol{\alpha}_3=(2, 1, -2)$，数 k 使得 $\boldsymbol{\alpha}_1-k\boldsymbol{\alpha}_2-$

$2\boldsymbol{\alpha}_3=\mathbf{0}$，则 $k=$(　　).

A. 1　　　　B. 2　　　　C. 3　　　　D. 4

解　直接由 $\boldsymbol{\alpha}_1-k\boldsymbol{\alpha}_2-2\boldsymbol{\alpha}_3=\mathbf{0}$，得 $k=3$，所以本题选择(C).

3. 若 $\boldsymbol{\alpha}_1,\boldsymbol{\alpha}_2,\boldsymbol{\alpha}_3$ 线性无关，那么下列线性相关的向量组是(　　).

A. $\boldsymbol{\alpha}_1,\boldsymbol{\alpha}_1+\boldsymbol{\alpha}_2,\boldsymbol{\alpha}_1+\boldsymbol{\alpha}_2+\boldsymbol{\alpha}_3$　　　　B. $\boldsymbol{\alpha}_1+\boldsymbol{\alpha}_2,\boldsymbol{\alpha}_1-\boldsymbol{\alpha}_2,-\boldsymbol{\alpha}_3$

C. $\boldsymbol{\alpha}_1-\boldsymbol{\alpha}_2,\boldsymbol{\alpha}_2-\boldsymbol{\alpha}_3,\boldsymbol{\alpha}_3-\boldsymbol{\alpha}_1$　　　　D. $-\boldsymbol{\alpha}_1+\boldsymbol{\alpha}_2,\boldsymbol{\alpha}_2+\boldsymbol{\alpha}_3,\boldsymbol{\alpha}_3-\boldsymbol{\alpha}_1$

解　可以用$(\boldsymbol{\beta}_1,\boldsymbol{\beta}_2,\boldsymbol{\beta}_3)=(\boldsymbol{\alpha}_1,\boldsymbol{\alpha}_2,\boldsymbol{\alpha}_3)C$ 的方法来解，若向量组 $\boldsymbol{\alpha}_1,\boldsymbol{\alpha}_2,\boldsymbol{\alpha}_3$ 线性无关，那么向量组 $\boldsymbol{\beta}_1,\boldsymbol{\beta}_2,\boldsymbol{\beta}_3$ 线性无关的充要条件是 $|C|\neq0$.

选项 A，$(\boldsymbol{\alpha}_1,\boldsymbol{\alpha}_1+\boldsymbol{\alpha}_2,\boldsymbol{\alpha}_1+\boldsymbol{\alpha}_2+\boldsymbol{\alpha}_3)=(\boldsymbol{\alpha}_1,\boldsymbol{\alpha}_2,\boldsymbol{\alpha}_3)\begin{pmatrix}1&1&1\\0&1&1\\0&0&1\end{pmatrix}$，由于 $\begin{vmatrix}1&1&1\\0&1&1\\0&0&1\end{vmatrix}=1\neq0$，因此向量组 $\boldsymbol{\alpha}_1,\boldsymbol{\alpha}_1+\boldsymbol{\alpha}_2,\boldsymbol{\alpha}_1+\boldsymbol{\alpha}_2+\boldsymbol{\alpha}_3$ 线性无关.

选项 B，$(\boldsymbol{\alpha}_1+\boldsymbol{\alpha}_2,\boldsymbol{\alpha}_1-\boldsymbol{\alpha}_2,-\boldsymbol{\alpha}_3)=(\boldsymbol{\alpha}_1,\boldsymbol{\alpha}_2,\boldsymbol{\alpha}_3)\begin{pmatrix}1&1&0\\1&-1&0\\0&0&-1\end{pmatrix}$，由于 $\begin{vmatrix}1&1&0\\1&-1&0\\0&0&-1\end{vmatrix}=2\neq0$，因此向量组 $\boldsymbol{\alpha}_1+\boldsymbol{\alpha}_2,\boldsymbol{\alpha}_1-\boldsymbol{\alpha}_2,-\boldsymbol{\alpha}_3$ 线性无关.

选项 C，$(\boldsymbol{\alpha}_1-\boldsymbol{\alpha}_2,\boldsymbol{\alpha}_2-\boldsymbol{\alpha}_3,\boldsymbol{\alpha}_3-\boldsymbol{\alpha}_1)=(\boldsymbol{\alpha}_1,\boldsymbol{\alpha}_2,\boldsymbol{\alpha}_3)\begin{pmatrix}1&0&-1\\-1&1&0\\0&-1&1\end{pmatrix}$，由于 $\begin{vmatrix}1&0&-1\\-1&1&0\\0&-1&1\end{vmatrix}=0$，因此向量组 $\boldsymbol{\alpha}_1-\boldsymbol{\alpha}_2,\boldsymbol{\alpha}_2-\boldsymbol{\alpha}_3,\boldsymbol{\alpha}_3-\boldsymbol{\alpha}_1$ 线性相关.

所以，本题应选择 C.

三、解答题

1. 求下列矩阵的秩.

(1) $\begin{pmatrix}1&2&1&3\\3&4&-3&2\\5&7&-1&9\\2&3&2&7\end{pmatrix}$；　　(2) $\begin{pmatrix}1&-1&-1&1&2\\2&3&8&-3&-1\\2&1&2&1&2\\1&2&5&-2&8\end{pmatrix}$.

分析　本题利用初等行变化将矩阵化为行阶梯形矩阵，在行阶梯形矩阵中非零行的行数就是该矩阵的秩.

解　(1) 设矩阵 $\boldsymbol{A}=\begin{pmatrix}1&2&1&3\\3&4&-3&2\\5&7&-1&9\\2&3&2&7\end{pmatrix}\xrightarrow{r}\begin{pmatrix}1&2&1&3\\0&1&0&-1\\0&0&-6&-9\\0&0&0&0\end{pmatrix}$，则 $R(\boldsymbol{A})=3$；

(2) 设矩阵 $\boldsymbol{A}=\begin{pmatrix}1 & -1 & -1 & 1 & 2\\ 2 & 3 & 8 & -3 & -1\\ 2 & 1 & 2 & 1 & 2\\ 1 & 2 & 5 & -2 & 8\end{pmatrix}\xrightarrow{r}\begin{pmatrix}1 & -1 & -1 & 1 & 2\\ 0 & 1 & 2 & -1 & -1\\ 0 & 0 & -2 & 2 & 1\\ 0 & 0 & 0 & 0 & 3\end{pmatrix}$，则 $R(\boldsymbol{A})=4$.

2. $\boldsymbol{A}=\begin{pmatrix}1 & 2 & 1 & 2\\ 1 & 3 & -2 & b\\ 2 & 5 & a & 3\\ 3 & 4 & 9 & 8\end{pmatrix}$，对不同的 a、b 值，求 $\boldsymbol{A}$ 的秩.

解　$\boldsymbol{A}=\begin{pmatrix}1 & 2 & 1 & 2\\ 1 & 3 & -2 & b\\ 2 & 5 & a & 3\\ 3 & 4 & 9 & 8\end{pmatrix}\xrightarrow{r}\begin{pmatrix}1 & 2 & 1 & 2\\ 0 & 1 & -3 & b-2\\ 0 & 0 & a+1 & 1-b\\ 0 & 0 & 0 & 1-b\end{pmatrix}$.

当 $b\neq1$ 时，$R(\boldsymbol{A})=4$；当 $b=1$ 且 $a\neq-1$，或 $a=-1$ 且 $b\neq1$ 时，$R(\boldsymbol{A})=3$；当 $a=-1$ 且 $b=1$ 时，$R(\boldsymbol{A})=2$.

3. 已知向量组 $\boldsymbol{\beta}_1=(0, 1, -1)^{\mathrm{T}}$，$\boldsymbol{\beta}_2=(a, 2, 1)^{\mathrm{T}}$，$\boldsymbol{\beta}_3=(b, 1, 0)^{\mathrm{T}}$，与向量组 $\boldsymbol{\alpha}_1=(1, 2, -3)^{\mathrm{T}}$，$\boldsymbol{\alpha}_2=(3, 0, 1)^{\mathrm{T}}$，$\boldsymbol{\alpha}_3=(9, 6, -7)^{\mathrm{T}}$ 具有相同的秩，且 $\boldsymbol{\beta}_3$ 可由 $\boldsymbol{\alpha}_1$，$\boldsymbol{\alpha}_2$，$\boldsymbol{\alpha}_3$ 线性表示，求 a、b 的值。

解　由题中的条件可知，$\boldsymbol{\beta}_3$ 可由 $\boldsymbol{\alpha}_1$，$\boldsymbol{\alpha}_2$，$\boldsymbol{\alpha}_3$ 线性表示，所以存在数 x_1，x_2，x_3 使得

$$\boldsymbol{\beta}_3=x_1\boldsymbol{\alpha}_1+x_2\boldsymbol{\alpha}_2+x_3\boldsymbol{\alpha}_3$$

则线性方程组 $\begin{pmatrix}1 & 3 & 9\\ 2 & 0 & 6\\ -3 & 1 & -7\end{pmatrix}\begin{pmatrix}x_1\\ x_2\\ x_3\end{pmatrix}=\begin{pmatrix}b\\ 1\\ 0\end{pmatrix}$ 有解.

对方程组的增广矩阵作初等行变换有

$$\begin{pmatrix}1 & 3 & 9 & b\\ 2 & 0 & 6 & 1\\ -3 & 1 & -7 & 0\end{pmatrix}\xrightarrow{r}\begin{pmatrix}1 & 3 & 9 & b\\ 0 & -6 & -12 & 1-2b\\ 0 & 0 & 0 & 5-b\end{pmatrix}$$

当 $5-b=0$ 时，$R(\boldsymbol{\alpha}_1, \boldsymbol{\alpha}_2, \boldsymbol{\alpha}_3, \boldsymbol{\beta}_3)=R(\boldsymbol{\alpha}_1, \boldsymbol{\alpha}_2, \boldsymbol{\alpha}_3)=2$. 由向量组 $\boldsymbol{\alpha}_1$，$\boldsymbol{\alpha}_2$，$\boldsymbol{\alpha}_3$ 与向量组 $\boldsymbol{\beta}_1$，$\boldsymbol{\beta}_2$，$\boldsymbol{\beta}_3$ 具有相同的秩，可得 $R(\boldsymbol{\beta}_1, \boldsymbol{\beta}_2, \boldsymbol{\beta}_3)=2$，则有

$$|\boldsymbol{\beta}_1, \boldsymbol{\beta}_2, \boldsymbol{\beta}_3|=\begin{vmatrix}0 & a & 5\\ 1 & 2 & 1\\ -1 & 1 & 0\end{vmatrix}=15-a=0,$$

得 $a=15$.

综上所述，$a=15$，$b=5$.

4. 判定下列向量组的线性相关性.

(1) $\boldsymbol{\alpha}=(1, 1, 0)$，$\boldsymbol{\beta}=(0, 1, 1)$，$\boldsymbol{\gamma}=(1, 0, 1)$；

(2) $\boldsymbol{\alpha}=(1, 3, 0)$，$\boldsymbol{\beta}=(1, 1, 2)$，$\boldsymbol{\gamma}=(3, -1, 10)$；

(3) $\boldsymbol{\alpha}=(1, 3, 0)$，$\boldsymbol{\beta}=\left(-\dfrac{1}{3}, -1, 0\right)$.

解　(1) 设存在数 k_1，k_2，k_3 使得 $k_1\boldsymbol{\alpha}+k_2\boldsymbol{\beta}+k_3\boldsymbol{\gamma}=\boldsymbol{0}$ 成立，即

$$\begin{cases}k_1+k_3=0\\k_1+k_2=0.\\k_2+k_3=0\end{cases}$$

该齐次线性方程组系数行列式 $D=\begin{vmatrix}1&0&1\\1&1&0\\0&1&1\end{vmatrix}=2\neq0$，所以方程组只有零解，向量组 $\boldsymbol{\alpha}$，$\boldsymbol{\beta}$，$\boldsymbol{\gamma}$ 线性无关.

(2) 设存在数 k_1，k_2，k_3 使得 $k_1\boldsymbol{\alpha}+k_2\boldsymbol{\beta}+k_3\boldsymbol{\gamma}=\mathbf{0}$ 成立，即

$$\begin{cases}k_1+k_2+3k_3=0\\3k_1+k_2-k_3=0.\\2k_2+10k_3=0\end{cases}$$

该齐次线性方程组系数行列式 $D=\begin{vmatrix}1&1&3\\3&1&-1\\0&2&10\end{vmatrix}=0$，所以方程组有非零解，向量组 $\boldsymbol{\alpha}$，$\boldsymbol{\beta}$，$\boldsymbol{\gamma}$ 线性相关.

(3) 两个向量组对应分量成比例，则向量组 $\boldsymbol{\alpha}$、$\boldsymbol{\beta}$ 线性相关.

5. 设向量组 $\boldsymbol{\alpha}_1$，$\boldsymbol{\alpha}_2$，$\boldsymbol{\alpha}_3$ 线性无关，判定以下向量组的线性相关性：

(1) $\boldsymbol{\beta}_1=\boldsymbol{\alpha}_1+2\boldsymbol{\alpha}_2+3\boldsymbol{\alpha}_3$，$\boldsymbol{\beta}_2=3\boldsymbol{\alpha}_1-\boldsymbol{\alpha}_2+4\boldsymbol{\alpha}_3$，$\boldsymbol{\beta}_3=\boldsymbol{\alpha}_2+\boldsymbol{\alpha}_3$；

(2) $\boldsymbol{\beta}_1=\boldsymbol{\alpha}_1+\boldsymbol{\alpha}_2$，$\boldsymbol{\beta}_2=\boldsymbol{\alpha}_2+\boldsymbol{\alpha}_3$，$\boldsymbol{\beta}_3=\boldsymbol{\alpha}_3+\boldsymbol{\alpha}_1$.

解 可以用$(\boldsymbol{\beta}_1,\boldsymbol{\beta}_2,\boldsymbol{\beta}_3)=(\boldsymbol{\alpha}_1,\boldsymbol{\alpha}_2,\boldsymbol{\alpha}_3)C$ 的方法来解，若向量组 $\boldsymbol{\alpha}_1$，$\boldsymbol{\alpha}_2$，$\boldsymbol{\alpha}_3$ 线性无关，那么向量组 $\boldsymbol{\beta}_1$，$\boldsymbol{\beta}_2$，$\boldsymbol{\beta}_3$ 线性无关的充要条件是 $|C|\neq0$.

(1)
$$\begin{aligned}(\boldsymbol{\beta}_1,\boldsymbol{\beta}_2,\boldsymbol{\beta}_3)&=(\boldsymbol{\alpha}_1+2\boldsymbol{\alpha}_2+3\boldsymbol{\alpha}_3,\ 3\boldsymbol{\alpha}_1-\boldsymbol{\alpha}_2+4\boldsymbol{\alpha}_3,\ \boldsymbol{\alpha}_2+\boldsymbol{\alpha}_3)\\&=(\boldsymbol{\alpha}_1,\boldsymbol{\alpha}_2,\boldsymbol{\alpha}_3)\begin{pmatrix}1&3&0\\2&-1&1\\3&4&1\end{pmatrix},\end{aligned}$$

$$\begin{vmatrix}1&3&0\\2&-1&1\\3&4&1\end{vmatrix}=\frac{2}{7}\neq0,$$

所以向量组 $\boldsymbol{\beta}_1$，$\boldsymbol{\beta}_2$，$\boldsymbol{\beta}_3$ 线性无关.

(2)
$$\begin{aligned}(\boldsymbol{\beta}_1,\boldsymbol{\beta}_2,\boldsymbol{\beta}_3)&=(\boldsymbol{\alpha}_1+2\boldsymbol{\alpha}_2,\ \boldsymbol{\alpha}_2+2\boldsymbol{\alpha}_3,\ \boldsymbol{\alpha}_3-\boldsymbol{\alpha}_1)\\&=(\boldsymbol{\alpha}_1,\boldsymbol{\alpha}_2,\boldsymbol{\alpha}_3)\begin{pmatrix}1&0&-1\\2&1&0\\0&2&1\end{pmatrix},\end{aligned}$$

$$\begin{vmatrix}1&0&-1\\2&1&0\\0&2&1\end{vmatrix}=-3\neq0,$$

所以向量组 $\boldsymbol{\beta}_1$，$\boldsymbol{\beta}_2$，$\boldsymbol{\beta}_3$ 线性无关.

6. 设三维向量组 $\boldsymbol{\alpha}_1=\begin{pmatrix}1\\2\\1\end{pmatrix}$，$\boldsymbol{\alpha}_2=\begin{pmatrix}0\\-1\\1\end{pmatrix}$，$\boldsymbol{\alpha}_3=\begin{pmatrix}2\\-2\\3\end{pmatrix}$，$\boldsymbol{\beta}=\begin{pmatrix}4\\3\\4\end{pmatrix}$，$\boldsymbol{\beta}$ 是否为 $\boldsymbol{\alpha}_1$，$\boldsymbol{\alpha}_2$，$\boldsymbol{\alpha}_3$ 的

线性组合？若是，求出 $\boldsymbol{\beta}$ 的表达式.

分析　构造矩阵 $\boldsymbol{A}=(\boldsymbol{\alpha}_1,\boldsymbol{\alpha}_2,\boldsymbol{\alpha}_3,\boldsymbol{\beta})$，对矩阵 $\boldsymbol{A}$ 施以初等行变换，将其化为行最简形矩阵即可.

解　设 $\boldsymbol{A}=(\boldsymbol{\alpha}_1,\boldsymbol{\alpha}_2,\boldsymbol{\alpha}_3,\boldsymbol{\beta})=\begin{pmatrix}1&0&2&4\\2&-1&-2&3\\1&1&3&4\end{pmatrix}\xrightarrow{r}\begin{pmatrix}1&0&0&2\\0&1&0&-1\\0&0&1&1\end{pmatrix}$.

因为 $R(\boldsymbol{\alpha}_1,\boldsymbol{\alpha}_2,\boldsymbol{\alpha}_3)=R(\boldsymbol{\alpha}_1,\boldsymbol{\alpha}_2,\boldsymbol{\alpha}_3,\boldsymbol{\beta})=3$，所以 $\boldsymbol{\beta}$ 是 $\boldsymbol{\alpha}_1,\boldsymbol{\alpha}_2,\boldsymbol{\alpha}_3$ 的线性组合，且 $\boldsymbol{\beta}=2\boldsymbol{\alpha}_1-\boldsymbol{\alpha}_2+\boldsymbol{\alpha}_3$.

7. 判断下列集合是否为向量空间，并说明理由.

(1) $\boldsymbol{V}_1=\{\boldsymbol{x}=(x_1,x_2,\cdots,x_n)\mid x_1+x_2+\cdots+x_n=0\ (x_1,x_2,\cdots,x_n\in\mathbf{R})\}$；

(2) $\boldsymbol{V}_2=\{\boldsymbol{x}=(x_1,x_2,\cdots,x_n)\mid x_1+x_2+\cdots+x_n=1\ (x_1,x_2,\cdots,x_n\in\mathbf{R})\}$.

解　(1) 是；

(2) $\boldsymbol{V}_2$ 不是.

提示：集合 $\boldsymbol{V}_2=\left\{(x_1,x_2,x_3\cdots x_n)\mid\sum_{i=1}^{n}x_i=1\ (x_i\in\mathbf{R},i=1,2,\cdots,n)\right\}$，因为 $\boldsymbol{\alpha}=[1,0,0,\cdots,0]\in\boldsymbol{V}_2$，所以 $2\boldsymbol{\alpha}=[2,0,0,\cdots,0]\notin\boldsymbol{V}_2$，$\boldsymbol{V}_2$ 对数乘运算不封闭.

8. 设向量组 $\boldsymbol{\alpha}_1=(1,2,1)^{\mathrm{T}}$，$\boldsymbol{\alpha}_2=(1,3,2)^{\mathrm{T}}$，$\boldsymbol{\alpha}_3=(1,a,3)^{\mathrm{T}}$ 为 $\mathbf{R}^3$ 的一个基，$\boldsymbol{\beta}=(1,1,1)^{\mathrm{T}}$ 在基下的坐标为$(b,c,1)^{\mathrm{T}}$。

(1) 求 $\boldsymbol{\alpha}$，b，c；

(2) 证明：$\boldsymbol{\alpha}_1$，$\boldsymbol{\alpha}_2$，$\boldsymbol{\beta}$ 为 $\mathbf{R}^3$ 的一个基.

解　(1) 由题意得，$\boldsymbol{\beta}=b\boldsymbol{\alpha}_1+c\boldsymbol{\alpha}_2+\boldsymbol{\alpha}_3$，即

$$\begin{cases}b+c+1=1\\2b+3c+a=1\\b+2c+3=1\end{cases}$$

解得 $a=3$，$b=2$，$c=-2$.

(2) 因为 $|\boldsymbol{\alpha}_1,\boldsymbol{\alpha}_2,\boldsymbol{\beta}|=\begin{vmatrix}1&1&1\\2&3&1\\1&2&1\end{vmatrix}=1\neq0$，所以 $\boldsymbol{\alpha}_1$，$\boldsymbol{\alpha}_2$，$\boldsymbol{\beta}$ 为 $\mathbf{R}^3$ 的一个基.

9. 设向量组Ⅰ：$\boldsymbol{\alpha}_1=\begin{pmatrix}1\\1\\4\end{pmatrix}$，$\boldsymbol{\alpha}_2=\begin{pmatrix}1\\0\\4\end{pmatrix}$，$\boldsymbol{\alpha}_3=\begin{pmatrix}1\\2\\a^2+3\end{pmatrix}$，向量组Ⅱ：$\boldsymbol{\beta}_1=\begin{pmatrix}1\\1\\a+3\end{pmatrix}$，$\boldsymbol{\beta}_2=\begin{pmatrix}0\\2\\1-a\end{pmatrix}$，$\boldsymbol{\beta}_3=\begin{pmatrix}1\\3\\a^2+3\end{pmatrix}$，若向量组Ⅰ与Ⅱ等价，求 a，并将 $\boldsymbol{\beta}_3$ 用 $\boldsymbol{\alpha}_1$，$\boldsymbol{\alpha}_2$，$\boldsymbol{\alpha}_3$ 线性表示.

解　构造矩阵 $\boldsymbol{A}=(\boldsymbol{\alpha}_1,\boldsymbol{\alpha}_2,\boldsymbol{\alpha}_3,\boldsymbol{\beta}_1,\boldsymbol{\beta}_2,\boldsymbol{\beta}_3)$，对 $\boldsymbol{A}$ 实施初等行变换，

$$\boldsymbol{A}=\left(\begin{array}{ccc:ccc}1&1&1&1&0&1\\1&0&2&1&2&3\\4&4&a^2+3&a+3&1-a&a^2+3\end{array}\right)$$

$$\xrightarrow{r}\left(\begin{array}{ccc|ccc}1&0&2&1&2&3\\0&1&-1&0&-2&-2\\0&0&a^2-1&a-1&1-a&a^2-1\end{array}\right)=\boldsymbol{B}$$

当 $a=-1$ 时，由于 $\boldsymbol{B}=\left(\begin{array}{ccc|ccc}1&0&2&1&2&3\\0&1&-1&0&-2&-2\\0&0&0&-2&2&0\end{array}\right)$，故 $\boldsymbol{\beta}_1$ 不能由 $\boldsymbol{\alpha}_1$，$\boldsymbol{\alpha}_2$，$\boldsymbol{\alpha}_3$ 线性表示，所以向量组Ⅰ与向量组Ⅱ不等价，与题目矛盾.

当 $a=1$ 时，$\boldsymbol{B}=\left(\begin{array}{ccc|ccc}1&0&2&1&2&3\\0&1&-1&0&-2&-2\\0&0&0&0&0&0\end{array}\right)$，可得 $\boldsymbol{\alpha}_1$、$\boldsymbol{\alpha}_2$ 为向量组Ⅰ的极大线性无关组，$\boldsymbol{\beta}_1$、$\boldsymbol{\beta}_2$ 为向量组Ⅱ的极大线性无关组，且 $(\boldsymbol{\beta}_1,\boldsymbol{\beta}_2)=(\boldsymbol{\alpha}_1,\boldsymbol{\alpha}_2)\begin{pmatrix}1&2\\0&-2\end{pmatrix}$.

因为矩阵$\begin{pmatrix}1&2\\0&-2\end{pmatrix}$可逆，故 $\boldsymbol{\alpha}_1$、$\boldsymbol{\alpha}_2$ 与 $\boldsymbol{\beta}_1$、$\boldsymbol{\beta}_2$ 等价，所以向量组Ⅰ与向量组Ⅱ等价. 且 $\boldsymbol{\beta}_3=3\boldsymbol{\alpha}_1-2\boldsymbol{\alpha}_2$.

当 $a\neq\pm1$ 时，由于行列式

$$|\boldsymbol{\alpha}_1,\boldsymbol{\alpha}_2,\boldsymbol{\alpha}_3|=\begin{vmatrix}1&1&1\\1&0&2\\4&4&a^2+3\end{vmatrix}=1-a^2\neq0,$$

$$|\boldsymbol{\beta}_1,\boldsymbol{\beta}_2,\boldsymbol{\beta}_3|=\begin{vmatrix}1&0&1\\1&2&3\\a+3&1-a&a^2+3\end{vmatrix}=2(a^2-1)\neq0,$$

所以向量组Ⅰ与向量组Ⅱ等价，则

$$(\boldsymbol{\alpha}_1,\boldsymbol{\alpha}_2,\boldsymbol{\alpha}_3,\boldsymbol{\beta}_3)=\left(\begin{array}{ccc|c}1&1&1&1\\1&0&2&3\\4&4&a^2+3&a^2+3\end{array}\right)\xrightarrow{r}\left(\begin{array}{ccc|c}1&0&0&1\\0&1&0&-1\\0&0&1&1\end{array}\right),$$

所以 $\boldsymbol{\beta}_3=\boldsymbol{\alpha}_1-\boldsymbol{\alpha}_2+\boldsymbol{\alpha}_3$.

10. 已知齐次线性方程组

（Ⅰ）$\begin{cases}x_1+2x_2+3x_3=0\\2x_1+3x_2+5x_3=0\\x_1+x_2+ax_3=0\end{cases}$ 和（Ⅱ）$\begin{cases}x_1+bx_2+cx_3=0\\2x_1+b^2x_2+(c+1)x_3=0\end{cases}$同解，求 a，b，c 的值.

解 因为方程组Ⅱ中方程的个数小于未知量的个数，所以方程组Ⅱ必有无穷多解，方程组Ⅰ必有无穷多解. 因此方程组Ⅰ的系数行列式必为 0，即有 $\begin{vmatrix}1&2&3\\2&3&5\\1&1&a\end{vmatrix}=2-a=0$，得 $a=2$. 对方程组Ⅰ的系数矩阵作初等行变换，有$\begin{pmatrix}1&2&3\\2&3&5\\1&1&2\end{pmatrix}\xrightarrow{r}\begin{pmatrix}1&0&1\\0&1&1\\0&0&0\end{pmatrix}$，可求出方程组

Ⅰ的通解为 $k(-1,-1,1)^T$. 因为 $(-1,-1,1)^T$ 应当是方程组Ⅱ的解，故有

$$\begin{cases} -1-b+c=0 \\ -2-b^2+(c+1)=0 \end{cases}$$

解得 $b=1$，$c=2$ 或 $b=0$，$c=1$.

当 $b=0$，$c=1$ 时，方程组Ⅱ为 $\begin{cases} x_1+x_3=0 \\ 2x_1+2x_3=0 \end{cases}$.

因为其系数矩阵的秩为 1，所以方程组Ⅰ与方程组Ⅱ不同解，则 $b=0$，$c=1$ 应舍去.

综上所述，当 $a=2$，$b=1$，$c=2$ 时，方程组Ⅰ与方程组Ⅱ同解.

四、证明题

1. 设 $\boldsymbol{A}$ 是秩为 r 的 $m\times n$ 矩阵，证明 $\boldsymbol{A}$ 必可表示成 r 个秩为 1 的 $m\times n$ 的矩阵之和.

证明　因为 $R(\boldsymbol{A})=r$，所以经过一系列的初等行变换可以将 $\boldsymbol{A}$ 化为行阶梯形矩阵 $\boldsymbol{B}$，即存在可逆矩阵 $\boldsymbol{P}$，使得 $\boldsymbol{PA}=\boldsymbol{B}$；$\boldsymbol{B}$ 中只有 r 行含非零元素，$\boldsymbol{B}$ 可以写成 r 个矩阵的和，即 $\boldsymbol{B}=\boldsymbol{C}_1+\boldsymbol{C}_2+\cdots+\boldsymbol{C}_r$，其中 $\boldsymbol{C}_i(1\leqslant i\leqslant r)$ 的第 i 行是 $\boldsymbol{B}$ 中的第 i 行，其余元素都是 0，显然 $R(\boldsymbol{C}_i)=1(1\leqslant i\leqslant r)$，从而 $\boldsymbol{PA}=\boldsymbol{C}_1+\boldsymbol{C}_2+\cdots+\boldsymbol{C}_r$，则

$$\boldsymbol{A}=\boldsymbol{P}^{-1}(\boldsymbol{C}_1+\boldsymbol{C}_2+\cdots+\boldsymbol{C}_r)=\boldsymbol{P}^{-1}\boldsymbol{C}_1+\boldsymbol{P}^{-1}\boldsymbol{C}_2+\cdots+\boldsymbol{P}^{-1}\boldsymbol{C}_r,$$

又因为矩阵经初等变换其秩不变，所以 $R(\boldsymbol{P}^{-1}\boldsymbol{C}_i)=1(1\leqslant i\leqslant r)$.

2. 设向量组 $\boldsymbol{\alpha}_1,\boldsymbol{\alpha}_2,\cdots,\boldsymbol{\alpha}_m$ 与 $\boldsymbol{\beta}_1,\boldsymbol{\beta}_2,\cdots,\boldsymbol{\beta}_m$ 有如下关系式：

$$\begin{aligned} &\boldsymbol{\beta}_1=\boldsymbol{\alpha}_1 \\ &\boldsymbol{\beta}_2=\boldsymbol{\alpha}_1+\boldsymbol{\alpha}_2 \\ &\qquad\vdots \\ &\boldsymbol{\beta}_m=\boldsymbol{\alpha}_1+\boldsymbol{\alpha}_2+\cdots+\boldsymbol{\alpha}_m, \end{aligned}$$

证明向量组 $\boldsymbol{\alpha}_1,\boldsymbol{\alpha}_2,\cdots,\boldsymbol{\alpha}_m$ 与向量组 $\boldsymbol{\beta}_1,\boldsymbol{\beta}_2,\cdots,\boldsymbol{\beta}_m$ 等价.

证明　由题目知向量组 $\boldsymbol{\beta}_1,\boldsymbol{\beta}_2,\cdots,\boldsymbol{\beta}_m$ 能由向量组 $\boldsymbol{\alpha}_1,\boldsymbol{\alpha}_2,\cdots,\boldsymbol{\alpha}_m$ 线性表示，且由已知条件很容易得到，$\boldsymbol{\alpha}_1=\boldsymbol{\beta}_1$，$\boldsymbol{\alpha}_2=\boldsymbol{\beta}_2-\boldsymbol{\beta}_1$，$\boldsymbol{\alpha}_3=\boldsymbol{\beta}_3-\boldsymbol{\beta}_2$，$\cdots$，$\boldsymbol{\alpha}_m=\boldsymbol{\beta}_m-\boldsymbol{\beta}_{m-1}$，则向量组 $\boldsymbol{\alpha}_1,\boldsymbol{\alpha}_2,\cdots,\boldsymbol{\alpha}_m$ 能由向量组 $\boldsymbol{\beta}_1,\boldsymbol{\beta}_2,\cdots,\boldsymbol{\beta}_m$ 线性表示，所以这两个向量组等价.

自测题(B)

一、填空题

1.（2017 年数一，13）　设矩阵 $\boldsymbol{A}=\begin{pmatrix}1&0&1\\1&1&2\\0&1&1\end{pmatrix}$，$\boldsymbol{\alpha}_1,\boldsymbol{\alpha}_2,\boldsymbol{\alpha}_3$ 为线性无关的 3 维列向量组，则向量组 $\boldsymbol{A\alpha}_1,\boldsymbol{A\alpha}_2,\boldsymbol{A\alpha}_3$ 的秩为__________.

解　因为 $(\boldsymbol{A\alpha}_1,\boldsymbol{A\alpha}_2,\boldsymbol{A\alpha}_3)=\boldsymbol{A}(\boldsymbol{\alpha}_1,\boldsymbol{\alpha}_2,\boldsymbol{\alpha}_3)$，$\boldsymbol{\alpha}_1,\boldsymbol{\alpha}_2,\boldsymbol{\alpha}_3$ 为三维线性无关的向量组，所以 $(\boldsymbol{\alpha}_1,\boldsymbol{\alpha}_2,\boldsymbol{\alpha}_3)$ 为三阶可逆矩阵，所以 $R(\boldsymbol{A\alpha}_1,\boldsymbol{A\alpha}_2,\boldsymbol{A\alpha}_3)=R(\boldsymbol{A})=2$.

2. 已知两个向量组 $\boldsymbol{\alpha}_1=\begin{pmatrix}1\\0\\1\end{pmatrix}$，$\boldsymbol{\alpha}_2=\begin{pmatrix}0\\1\\1\end{pmatrix}$，$\boldsymbol{\alpha}_3=\begin{pmatrix}1\\3\\5\end{pmatrix}$，与 $\boldsymbol{\beta}_1=\begin{pmatrix}1\\1\\1\end{pmatrix}$，$\boldsymbol{\beta}_2=\begin{pmatrix}1\\2\\3\end{pmatrix}$，$\boldsymbol{\beta}_3=\begin{pmatrix}3\\4\\a\end{pmatrix}$，并且向量组 $\boldsymbol{\alpha}_1,\boldsymbol{\alpha}_2,\boldsymbol{\alpha}_3$ 不能由向量组 $\boldsymbol{\beta}_1,\boldsymbol{\beta}_2,\boldsymbol{\beta}_3$ 线性表示，则 $a=$__________.

解 因为$|\boldsymbol{\alpha}_1,\boldsymbol{\alpha}_2,\boldsymbol{\alpha}_3|=\begin{vmatrix}1&0&1\\0&1&3\\1&1&5\end{vmatrix}=1\neq0$，所以向量组$\boldsymbol{\alpha}_1,\boldsymbol{\alpha}_2,\boldsymbol{\alpha}_3$线性无关. 那么向量组$\boldsymbol{\alpha}_1,\boldsymbol{\alpha}_2,\boldsymbol{\alpha}_3$不能由向量组$\boldsymbol{\beta}_1,\boldsymbol{\beta}_2,\boldsymbol{\beta}_3$线性表示的充要条件是$\boldsymbol{\beta}_1,\boldsymbol{\beta}_2,\boldsymbol{\beta}_3$线性相关. 即$|\boldsymbol{\beta}_1,\boldsymbol{\beta}_2,\boldsymbol{\beta}_3|=\begin{vmatrix}1&1&3\\1&2&4\\1&3&a\end{vmatrix}=a-5=0$，所以$a=5$.

3.（2010 年数一 13） 设$\boldsymbol{\alpha}_1=(1,2,-1,0)^{\mathrm{T}}$，$\boldsymbol{\alpha}_2=(1,1,0,2)^{\mathrm{T}}$，$\boldsymbol{\alpha}_3=(2,1,1,a)^{\mathrm{T}}$. 若由$\boldsymbol{\alpha}_1,\boldsymbol{\alpha}_2,\boldsymbol{\alpha}_3$生成的向量空间的维数为 2，则$a=$__________.

解 本题考查向量空间及其维数的概念，因为$\boldsymbol{\alpha}_1,\boldsymbol{\alpha}_2,\boldsymbol{\alpha}_3$生成的向量空间是 2 维的，可知向量组的秩$R(\boldsymbol{\alpha}_1,\boldsymbol{\alpha}_2,\boldsymbol{\alpha}_3)=2$.

所以$(\boldsymbol{\alpha}_1,\boldsymbol{\alpha}_2,\boldsymbol{\alpha}_3)=\begin{pmatrix}1&1&2\\2&1&1\\-1&0&1\\0&2&a\end{pmatrix}\xrightarrow{r}\begin{pmatrix}1&1&2\\0&1&3\\0&0&a-6\\0&0&0\end{pmatrix}$，因为其秩为 2，所以可得$a=6$.

4.（2000 年数一，4） 已知方程组$\begin{pmatrix}1&2&1\\2&3&a+2\\1&a&-2\end{pmatrix}\begin{pmatrix}x_1\\x_2\\x_3\end{pmatrix}=\begin{pmatrix}1\\3\\0\end{pmatrix}$无解，则$a=$________.

解 方程组无解的充分必要条件是$R(\boldsymbol{A})\neq R(\boldsymbol{A},\boldsymbol{B})$，故应对增广矩阵作初等行变换，由

$$\left(\begin{array}{ccc:c}1&2&1&1\\2&3&a+2&3\\1&a&-2&0\end{array}\right)\xrightarrow{r}\left(\begin{array}{ccc:c}1&2&1&1\\0&-1&a&1\\0&a-2&-3&-1\end{array}\right)\xrightarrow{r}\left(\begin{array}{ccc:c}1&2&1&1\\0&-1&a&1\\0&0&a^2-2a-3&a-3\end{array}\right).$$

若$a=-1$，则增广矩阵$(\boldsymbol{A},\boldsymbol{B})\xrightarrow{r}\left(\begin{array}{ccc:c}1&2&1&1\\0&-1&-1&1\\0&0&0&-4\end{array}\right)$，于是$R(\boldsymbol{A})=2\neq R(\boldsymbol{A},\boldsymbol{B})=3$，从而方程组无解，则$a=-1$.

二、选择题

1.（2013 年数一，5） 设$\boldsymbol{A},\boldsymbol{B},\boldsymbol{C}$均为$n$阶矩阵，若$\boldsymbol{AB}=\boldsymbol{C}$，且$\boldsymbol{B}$可逆，则（ ）.

A. 矩阵$\boldsymbol{C}$的行向量组与矩阵$\boldsymbol{A}$的行向量组等价

B. 矩阵$\boldsymbol{C}$的列向量组与矩阵$\boldsymbol{A}$的列向量组等价

C. 矩阵$\boldsymbol{C}$的行向量组与矩阵$\boldsymbol{B}$的行向量组等价

D. 矩阵$\boldsymbol{C}$的列向量组与矩阵$\boldsymbol{B}$的列向量组等价

解 对矩阵$\boldsymbol{A}$、$\boldsymbol{C}$分别按列分块，记$\boldsymbol{A}=(\boldsymbol{\alpha}_1,\boldsymbol{\alpha}_2,\cdots,\boldsymbol{\alpha}_n)$，$\boldsymbol{C}=(\boldsymbol{\gamma}_1,\boldsymbol{\gamma}_2,\cdots,\boldsymbol{\gamma}_n)$，由$\boldsymbol{AB}=\boldsymbol{C}$有

$$(\boldsymbol{\alpha}_1,\boldsymbol{\alpha}_2,\cdots,\boldsymbol{\alpha}_n)\begin{pmatrix}b_{11}&b_{12}&\cdots&b_{1n}\\b_{21}&b_{22}&\cdots&b_{2n}\\\vdots&\vdots&&\vdots\\b_{n1}&b_{n2}&\cdots&b_{nn}\end{pmatrix}=(\boldsymbol{\gamma}_1,\boldsymbol{\gamma}_2,\cdots,\boldsymbol{\gamma}_n),$$

可见

$$\begin{cases}\boldsymbol{\gamma}_1=b_{11}\boldsymbol{\alpha}_1+b_{21}\boldsymbol{\alpha}_2+\cdots+b_{n1}\boldsymbol{\alpha}_n\\ \boldsymbol{\gamma}_2=b_{12}\boldsymbol{\alpha}_1+b_{22}\boldsymbol{\alpha}_2+\cdots+b_{n2}\boldsymbol{\alpha}_n\\ \quad\vdots\\ \boldsymbol{\gamma}_n=b_{1n}\boldsymbol{\alpha}_1+b_{2n}\boldsymbol{\alpha}_2+\cdots+b_{nn}\boldsymbol{\alpha}_n\end{cases},$$

即 $\boldsymbol{C}$ 的列向量组可由 $\boldsymbol{A}$ 的列向量组线性表示. 因为 $\boldsymbol{B}$ 可逆，所以有 $\boldsymbol{C}\boldsymbol{B}^{-1}=\boldsymbol{A}$.

类似地，$\boldsymbol{A}$ 的列向量组也可以由 $\boldsymbol{C}$ 的列向量组线性表示，因此本题选 B.

2.（2006 年数一，11）　设 $\boldsymbol{\alpha}_1$，$\boldsymbol{\alpha}_2$，…，$\boldsymbol{\alpha}_s$ 均为 n 维列向量，$\boldsymbol{A}$ 是 $m\times n$ 矩阵，下列选项正确的是(　　).

A. 若 $\boldsymbol{\alpha}_1$，$\boldsymbol{\alpha}_2$，…，$\boldsymbol{\alpha}_s$ 线性相关，则 $\boldsymbol{A\alpha}_1$，$\boldsymbol{A\alpha}_2$，…，$\boldsymbol{A\alpha}_s$ 线性相关

B. 若 $\boldsymbol{\alpha}_1$，$\boldsymbol{\alpha}_2$，…，$\boldsymbol{\alpha}_s$ 线性相关，则 $\boldsymbol{A\alpha}_1$，$\boldsymbol{A\alpha}_2$，…，$\boldsymbol{A\alpha}_s$ 线性无关

C. 若 $\boldsymbol{\alpha}_1$，$\boldsymbol{\alpha}_2$，…，$\boldsymbol{\alpha}_s$ 线性无关，则 $\boldsymbol{A\alpha}_1$，$\boldsymbol{A\alpha}_2$，…，$\boldsymbol{A\alpha}_s$ 线性相关

D. 若 $\boldsymbol{\alpha}_1$，$\boldsymbol{\alpha}_2$，…，$\boldsymbol{\alpha}_s$ 线性无关，则 $\boldsymbol{A\alpha}_1$，$\boldsymbol{A\alpha}_2$，…，$\boldsymbol{A\alpha}_s$ 线性无关

解　用定义法解. 因为 $\boldsymbol{\alpha}_1$，$\boldsymbol{\alpha}_2$，…，$\boldsymbol{\alpha}_s$ 线性相关，故存在不全为零的数 k_1，k_2，…，k_s 使得 $k_1\boldsymbol{\alpha}_1+k_2\boldsymbol{\alpha}_2+\cdots+k_s\boldsymbol{\alpha}_s=\boldsymbol{0}$，从而有 $\boldsymbol{A}(k_1\boldsymbol{\alpha}_1+k_2\boldsymbol{\alpha}_2+\cdots+k_s\boldsymbol{\alpha}_s)=\boldsymbol{A0}=\boldsymbol{0}$，也有 $k_1\boldsymbol{A\alpha}_1+k_2\boldsymbol{A\alpha}_2+\cdots+k_s\boldsymbol{A\alpha}_s=\boldsymbol{0}$. 由于 k_1，k_2，…，k_s 不全为零，因此 $\boldsymbol{A\alpha}_1$，$\boldsymbol{A\alpha}_2$，…，$\boldsymbol{A\alpha}_s$ 线性相关，故本题选择 A.

3.（2007 年数一，7）　设向量组 $\boldsymbol{\alpha}_1$，$\boldsymbol{\alpha}_2$，$\boldsymbol{\alpha}_3$ 线性无关，则下列向量组线性相关的是(　　).

A. $\boldsymbol{\alpha}_1-\boldsymbol{\alpha}_2$，$\boldsymbol{\alpha}_2-\boldsymbol{\alpha}_3$，$\boldsymbol{\alpha}_3-\boldsymbol{\alpha}_1$　　　B. $\boldsymbol{\alpha}_1+\boldsymbol{\alpha}_2$，$\boldsymbol{\alpha}_2+\boldsymbol{\alpha}_3$，$\boldsymbol{\alpha}_3+\boldsymbol{\alpha}_1$

C. $\boldsymbol{\alpha}_1-2\boldsymbol{\alpha}_2$，$\boldsymbol{\alpha}_2-2\boldsymbol{\alpha}_3$，$\boldsymbol{\alpha}_3-2\boldsymbol{\alpha}_1$　　　D. $\boldsymbol{\alpha}_1+2\boldsymbol{\alpha}_2$，$\boldsymbol{\alpha}_2+2\boldsymbol{\alpha}_3$，$\boldsymbol{\alpha}_3+\boldsymbol{\alpha}_1$

解　因为$(\boldsymbol{\alpha}_1-\boldsymbol{\alpha}_2)+(\boldsymbol{\alpha}_2-\boldsymbol{\alpha}_3)+(\boldsymbol{\alpha}_3-\boldsymbol{\alpha}_1)=\boldsymbol{0}$，所以向量组 $\boldsymbol{\alpha}_1-\boldsymbol{\alpha}_2$，$\boldsymbol{\alpha}_2-\boldsymbol{\alpha}_3$，$\boldsymbol{\alpha}_3-\boldsymbol{\alpha}_1$ 线性相关，故本题应选 A.

至于 B，C，D 选项的线性无关性可以用$(\boldsymbol{\beta}_1,\boldsymbol{\beta}_2,\boldsymbol{\beta}_3)=(\boldsymbol{\alpha}_1,\boldsymbol{\alpha}_2,\boldsymbol{\alpha}_3)C$ 的方法来解，若向量组 $\boldsymbol{\alpha}_1$，$\boldsymbol{\alpha}_2$，$\boldsymbol{\alpha}_3$ 线性无关，那么向量组 $\boldsymbol{\beta}_1$，$\boldsymbol{\beta}_2$，$\boldsymbol{\beta}_3$ 线性无关的充要条件是 $|C|\neq0$. 如选项 B，$(\boldsymbol{\alpha}_1+\boldsymbol{\alpha}_2,\boldsymbol{\alpha}_2+\boldsymbol{\alpha}_3,\boldsymbol{\alpha}_3+\boldsymbol{\alpha}_1)=(\boldsymbol{\alpha}_1,\boldsymbol{\alpha}_2,\boldsymbol{\alpha}_3)\begin{pmatrix}1&0&1\\1&1&0\\0&1&1\end{pmatrix}$，由于 $\begin{vmatrix}1&0&1\\1&1&0\\0&1&1\end{vmatrix}=2\neq0$，所以向量组 $\boldsymbol{\alpha}_1+\boldsymbol{\alpha}_2$，$\boldsymbol{\alpha}_2+\boldsymbol{\alpha}_3$，$\boldsymbol{\alpha}_3+\boldsymbol{\alpha}_1$ 线性无关.

4. 若向量组 $\boldsymbol{\alpha}$，$\boldsymbol{\beta}$，$\boldsymbol{\gamma}$ 线性无关，$\boldsymbol{\alpha}$，$\boldsymbol{\beta}$，$\boldsymbol{\delta}$ 线性相关，则(　　).

A. $\boldsymbol{\alpha}$ 必可由 $\boldsymbol{\beta}$，$\boldsymbol{\gamma}$，$\boldsymbol{\delta}$ 线性表示　　　B. $\boldsymbol{\beta}$ 必不可由 $\boldsymbol{\alpha}$，$\boldsymbol{\gamma}$，$\boldsymbol{\delta}$ 线性表示

C. $\boldsymbol{\delta}$ 必可由 $\boldsymbol{\alpha}$，$\boldsymbol{\beta}$，$\boldsymbol{\gamma}$ 线性表示　　　D. $\boldsymbol{\delta}$ 必不可由 $\boldsymbol{\alpha}$，$\boldsymbol{\beta}$，$\boldsymbol{\gamma}$ 线性表示

解　由 $\boldsymbol{\alpha}$，$\boldsymbol{\beta}$，$\boldsymbol{\gamma}$ 线性无关可以推出 $\boldsymbol{\alpha}$、$\boldsymbol{\beta}$ 线性无关(**整体无关，则部分必无关**)，结合 $\boldsymbol{\alpha}$，$\boldsymbol{\beta}$，$\boldsymbol{\delta}$ 线性相关可以推出 $\boldsymbol{\delta}$ 可由 $\boldsymbol{\alpha}$、$\boldsymbol{\beta}$ 线性表示，则 $\boldsymbol{\delta}$ 必可由 $\boldsymbol{\alpha}$，$\boldsymbol{\beta}$，$\boldsymbol{\gamma}$ 线性表示，故本题应选 C. 或者用秩来分析，推理：$\boldsymbol{\alpha}$，$\boldsymbol{\beta}$，$\boldsymbol{\gamma}$ 线性无关$\Rightarrow R(\boldsymbol{\alpha},\boldsymbol{\beta},\boldsymbol{\gamma})=3\Rightarrow R(\boldsymbol{\alpha},\boldsymbol{\beta})=2$(**整体无关，则部分必无关**)，$\boldsymbol{\alpha}$，$\boldsymbol{\beta}$，$\boldsymbol{\delta}$ 线性相关$\Rightarrow R(\boldsymbol{\alpha},\boldsymbol{\beta},\boldsymbol{\delta})<3$，从而 $R(\boldsymbol{\alpha},\boldsymbol{\beta},\boldsymbol{\delta})=2$，那么 $R(\boldsymbol{\alpha},\boldsymbol{\beta},\boldsymbol{\gamma})=R(\boldsymbol{\alpha},\boldsymbol{\beta},\boldsymbol{\delta},\boldsymbol{\gamma})$，则 $\boldsymbol{\delta}$ 必可由 $\boldsymbol{\alpha}$，$\boldsymbol{\beta}$，$\boldsymbol{\gamma}$ 线性表示.

5.（2012 年数一，5）　设 $\boldsymbol{\alpha}_1=\begin{pmatrix}0\\0\\c_1\end{pmatrix}$，$\boldsymbol{\alpha}_2=\begin{pmatrix}0\\1\\c_2\end{pmatrix}$，$\boldsymbol{\alpha}_3=\begin{pmatrix}1\\-1\\c_3\end{pmatrix}$，$\boldsymbol{\alpha}_4=\begin{pmatrix}-1\\1\\c_4\end{pmatrix}$，其中 c_1、c_2、

c_3、c_4 为任意常数，则下列向量组线性相关的为(　　).

A. $\boldsymbol{\alpha}_1, \boldsymbol{\alpha}_2, \boldsymbol{\alpha}_3$　　B. $\boldsymbol{\alpha}_1, \boldsymbol{\alpha}_2, \boldsymbol{\alpha}_4$　　C. $\boldsymbol{\alpha}_1, \boldsymbol{\alpha}_3, \boldsymbol{\alpha}_4$　　D. $\boldsymbol{\alpha}_2, \boldsymbol{\alpha}_3, \boldsymbol{\alpha}_4$

解　n 个 n 维向量组线性相关的充要条件是 $|\boldsymbol{\alpha}_1, \boldsymbol{\alpha}_2, \cdots, \boldsymbol{\alpha}_n|=0$，显然

$$|\boldsymbol{\alpha}_1, \boldsymbol{\alpha}_3, \boldsymbol{\alpha}_4|=\begin{vmatrix}0 & 1 & -1\\0 & -1 & 1\\c_1 & c_3 & c_4\end{vmatrix}=0,$$

所以向量组 $\boldsymbol{\alpha}_1, \boldsymbol{\alpha}_3, \boldsymbol{\alpha}_4$ 必线性相关. 故本题应选择 C.

6.(2014 年数一，6)　设 $\boldsymbol{\alpha}_1, \boldsymbol{\alpha}_2, \boldsymbol{\alpha}_3$ 均为三维向量，则对任意常数 k，l，向量组 $\boldsymbol{\alpha}_1+k\boldsymbol{\alpha}_3$，$\boldsymbol{\alpha}_2+l\boldsymbol{\alpha}_3$ 线性无关是向量组 $\boldsymbol{\alpha}_1, \boldsymbol{\alpha}_2, \boldsymbol{\alpha}_3$ 线性无关的(　　).

A. 必要非充分条件　　B. 充分非必要条件

C. 充分必要条件　　D. 既非充分也非必要

解　记 $\boldsymbol{\beta}_1=\boldsymbol{\alpha}_1+k\boldsymbol{\alpha}_3$，$\boldsymbol{\beta}_2=\boldsymbol{\alpha}_2+l\boldsymbol{\alpha}_3$，则

$$(\boldsymbol{\beta}_1, \boldsymbol{\beta}_2)=(\boldsymbol{\alpha}_1, \boldsymbol{\alpha}_2, \boldsymbol{\alpha}_3)\begin{pmatrix}1 & 0\\0 & 1\\k & l\end{pmatrix}.$$

若 $\boldsymbol{\alpha}_1, \boldsymbol{\alpha}_2, \boldsymbol{\alpha}_3$ 线性无关，则$(\boldsymbol{\alpha}_1, \boldsymbol{\alpha}_2, \boldsymbol{\alpha}_3)$是三阶可逆矩阵，故 $R(\boldsymbol{\beta}_1, \boldsymbol{\beta}_2)=R\begin{pmatrix}1 & 0\\0 & 1\\k & l\end{pmatrix}=2$，即 $\boldsymbol{\alpha}_1+k\boldsymbol{\alpha}_3$、$\boldsymbol{\alpha}_2+l\boldsymbol{\alpha}_3$ 线性无关. 反之，设 $\boldsymbol{\alpha}_1$、$\boldsymbol{\alpha}_2$ 线性无关，$\boldsymbol{\alpha}_3=\mathbf{0}$，则对任意常数 k、l 必有 $\boldsymbol{\alpha}_1+k\boldsymbol{\alpha}_3$、$\boldsymbol{\alpha}_2+l\boldsymbol{\alpha}_3$ 线性无关，但是 $\boldsymbol{\alpha}_1, \boldsymbol{\alpha}_2, \boldsymbol{\alpha}_3$ 线性相关，所以向量组 $\boldsymbol{\alpha}_1+k\boldsymbol{\alpha}_3$、$\boldsymbol{\alpha}_2+l\boldsymbol{\alpha}_3$ 线性无关是向量组 $\boldsymbol{\alpha}_1, \boldsymbol{\alpha}_2, \boldsymbol{\alpha}_3$ 线性无关的必要条件而非充分条件. 故本题应选 A.

7. 设向量组Ⅰ：$\boldsymbol{\alpha}_1, \boldsymbol{\alpha}_2, \cdots, \boldsymbol{\alpha}_r$ 可由向量组Ⅱ：$\boldsymbol{\beta}_1, \boldsymbol{\beta}_2, \cdots, \boldsymbol{\beta}_s$ 线性表示. 下列命题正确的是(　　).

A. 若向量组Ⅰ：$\boldsymbol{\alpha}_1, \boldsymbol{\alpha}_2, \cdots, \boldsymbol{\alpha}_r$ 线性无关，则 $r\leqslant s$

B. 若向量组Ⅰ：$\boldsymbol{\alpha}_1, \boldsymbol{\alpha}_2, \cdots, \boldsymbol{\alpha}_r$ 线性相关，则 $r>s$

C. 若向量组Ⅱ：$\boldsymbol{\beta}_1, \boldsymbol{\beta}_2, \cdots, \boldsymbol{\beta}_s$ 线性无关，则 $r\leqslant s$

D. 若向量组Ⅱ：$\boldsymbol{\beta}_1, \boldsymbol{\beta}_2, \cdots, \boldsymbol{\beta}_s$ 线性相关，则 $r>s$

解　本题在考查线性表示与线性相关之间的联系.

因为向量组Ⅰ可由向量组Ⅱ线性表示，故 $R(\text{Ⅰ})\leqslant R(\text{Ⅱ})$，若向量组Ⅰ线性无关，则 $R(\text{Ⅰ})=R(\boldsymbol{\alpha}_1, \boldsymbol{\alpha}_2, \cdots, \boldsymbol{\alpha}_r)=r$，显然 $R(\text{Ⅱ})=R(\boldsymbol{\beta}_1, \boldsymbol{\beta}_2, \cdots, \boldsymbol{\beta}_s)\leqslant s$. 因此，若向量组Ⅰ：$\boldsymbol{\alpha}_1, \boldsymbol{\alpha}_2, \cdots, \boldsymbol{\alpha}_r$ 线性无关，则 $r\leqslant s$ 正确，故本题应选 A.

8.(2009 年数一，5)　设 $\boldsymbol{\alpha}_1, \boldsymbol{\alpha}_2, \boldsymbol{\alpha}_3$ 是三维向量空间 $\mathbf{R}^3$ 的一组基，则由基 $\boldsymbol{\alpha}_1, \frac{1}{2}\boldsymbol{\alpha}_2, \frac{1}{3}\boldsymbol{\alpha}_3$ 到基 $\boldsymbol{\alpha}_1+\boldsymbol{\alpha}_2, \boldsymbol{\alpha}_2+\boldsymbol{\alpha}_3, \boldsymbol{\alpha}_3+\boldsymbol{\alpha}_1$ 的过渡矩阵为(　　).

A. $\begin{pmatrix}1 & 0 & 1\\2 & 2 & 0\\0 & 3 & 3\end{pmatrix}$　　B. $\begin{pmatrix}1 & 2 & 0\\0 & 2 & 3\\1 & 0 & 3\end{pmatrix}$

C. $\begin{pmatrix} \frac{1}{2} & \frac{1}{4} & -\frac{1}{6} \\ -\frac{1}{2} & \frac{1}{4} & \frac{1}{6} \\ \frac{1}{2} & -\frac{1}{4} & \frac{1}{6} \end{pmatrix}$　　D. $\begin{pmatrix} \frac{1}{2} & -\frac{1}{2} & \frac{1}{2} \\ \frac{1}{4} & \frac{1}{4} & -\frac{1}{4} \\ -\frac{1}{6} & \frac{1}{6} & \frac{1}{6} \end{pmatrix}$

解　本题考查过渡矩阵的概念，用观察法易见：

$$(\boldsymbol{\alpha}_1+\boldsymbol{\alpha}_2,\ \boldsymbol{\alpha}_2+\boldsymbol{\alpha}_3,\ \boldsymbol{\alpha}_3+\boldsymbol{\alpha}_1)=(\boldsymbol{\alpha}_1,\ \frac{1}{2}\boldsymbol{\alpha}_2,\ \frac{1}{3}\boldsymbol{\alpha}_3)\begin{pmatrix} 1 & 0 & 1 \\ 2 & 2 & 0 \\ 0 & 3 & 3 \end{pmatrix},$$

所以本题选择 A.

9.（2011 年数一，6）　设 $\boldsymbol{A}=(\boldsymbol{\alpha}_1,\ \boldsymbol{\alpha}_2,\ \boldsymbol{\alpha}_3,\ \boldsymbol{\alpha}_4)$是四阶矩阵，$\boldsymbol{A}^*$ 为 $\boldsymbol{A}$ 的伴随矩阵，若 $(1,\ 0,\ 1,\ 0)^{\mathrm{T}}$ 是方程组 $\boldsymbol{Ax}=\boldsymbol{0}$ 的一个基础解系，则 $\boldsymbol{A}^*\boldsymbol{x}=\boldsymbol{0}$ 的基础解系可为(　　).

A. $\boldsymbol{\alpha}_1,\ \boldsymbol{\alpha}_3$　　B. $\boldsymbol{\alpha}_1,\ \boldsymbol{\alpha}_2$　　C. $\boldsymbol{\alpha}_1,\ \boldsymbol{\alpha}_2,\ \boldsymbol{\alpha}_3$　　D. $\boldsymbol{\alpha}_2,\ \boldsymbol{\alpha}_3,\ \boldsymbol{\alpha}_4$

解　本题没有给出具体的方程组，因而求解应当由解的结构、秩开始.

因为 $\boldsymbol{Ax}=\boldsymbol{0}$ 只有一个线性无关的解，即 $n-R(\boldsymbol{A})=1$，从而得到 $R(\boldsymbol{A})=3$，那么 $R(\boldsymbol{A}^*)=1$，所以 $n-R(\boldsymbol{A}^*)=3$，故 $\boldsymbol{A}^*\boldsymbol{x}=\boldsymbol{0}$ 的基础解系中有 3 个线性无关的解向量，可见选项 A 和 B 都不对.

再由 $\boldsymbol{A}^*\boldsymbol{A}=|\boldsymbol{A}|\boldsymbol{E}$ 及 $|\boldsymbol{A}|=0$，有 $\boldsymbol{A}^*\boldsymbol{A}=\boldsymbol{0}$，知 $\boldsymbol{A}$ 的列向量全是 $\boldsymbol{A}^*\boldsymbol{x}=\boldsymbol{0}$ 的解，而秩 $R(\boldsymbol{A})=3$，故 $\boldsymbol{A}$ 的列向量中必有 3 个线性无关.

最后，按 $\boldsymbol{A}\begin{pmatrix}1\\0\\1\\0\end{pmatrix}=\boldsymbol{0}$，即 $(\boldsymbol{\alpha}_1,\ \boldsymbol{\alpha}_2,\ \boldsymbol{\alpha}_3,\ \boldsymbol{\alpha}_4)\begin{pmatrix}1\\0\\1\\0\end{pmatrix}=\boldsymbol{0}$，有 $\boldsymbol{\alpha}_1+\boldsymbol{\alpha}_3=\boldsymbol{0}$，说明 $\boldsymbol{\alpha}_1$、$\boldsymbol{\alpha}_3$ 线性相关，得到 $\boldsymbol{\alpha}_1,\ \boldsymbol{\alpha}_2,\ \boldsymbol{\alpha}_3$ 线性相关，所以本题应选 D.

10.（2015 年数一，5）　设矩阵 $\boldsymbol{A}=\begin{pmatrix} 1 & 1 & 1 \\ 1 & 2 & a \\ 1 & 4 & a^2 \end{pmatrix}$，$\boldsymbol{B}=\begin{pmatrix} 1 \\ d \\ d^2 \end{pmatrix}$，若集合 $\Omega=\{1,\ 2\}$，则线性方程组 $\boldsymbol{Ax}=\boldsymbol{B}$ 有无穷多解的充分必要条件是(　　).

A. $a\notin\Omega,\ d\notin\Omega$　　B. $a\notin\Omega,\ d\in\Omega$

C. $a\in\Omega,\ d\notin\Omega$　　D. $a\in\Omega,\ d\in\Omega$

解　$\boldsymbol{Ax}=\boldsymbol{b}$ 有无穷多解的充要条件是 $R(\boldsymbol{A})=R(\boldsymbol{A},\ \boldsymbol{B})<n$. 因为

$$\left(\begin{array}{ccc:c} 1 & 1 & 1 & 1 \\ 1 & 2 & a & d \\ 1 & 4 & a^2 & d^2 \end{array}\right)\xrightarrow{r}\left(\begin{array}{ccc:c} 1 & 1 & 1 & 1 \\ 0 & 1 & a-1 & d-1 \\ 0 & 3 & a^2-1 & d^2-1 \end{array}\right)\xrightarrow{r}\left(\begin{array}{ccc:c} 1 & 1 & 1 & 1 \\ 0 & 1 & a-1 & d-1 \\ 0 & 0 & a^2-3a+2 & d^2-3d+2 \end{array}\right)$$

所以有 $a^2-3a+2=0$，$d^2-3d+2=0$，故 $a\in\Omega$，$d\in\Omega$. 所以本题应选 D.

三、解答题

1.（2022 年数一，7）　设 $\boldsymbol{\alpha}_1=\begin{pmatrix}\lambda\\1\\1\end{pmatrix}$，$\boldsymbol{\alpha}_2=\begin{pmatrix}1\\\lambda\\1\end{pmatrix}$，$\boldsymbol{\alpha}_3=\begin{pmatrix}1\\1\\\lambda\end{pmatrix}$，$\boldsymbol{\alpha}_4=\begin{pmatrix}1\\\lambda\\\lambda^2\end{pmatrix}$，当 λ 满足什么条件

时，向量组 $\boldsymbol{\alpha}_1, \boldsymbol{\alpha}_2, \boldsymbol{\alpha}_3$ 与向量组 $\boldsymbol{\alpha}_1, \boldsymbol{\alpha}_2, \boldsymbol{\alpha}_4$ 等价.

解 $(\boldsymbol{\alpha}_1, \boldsymbol{\alpha}_2, \boldsymbol{\alpha}_3, \boldsymbol{\alpha}_4)=\begin{pmatrix}\lambda & 1 & 1 & 1\\ 1 & \lambda & 1 & \lambda\\ 1 & 1 & \lambda & \lambda^2\end{pmatrix}\xrightarrow[r_1+(-\lambda)r_3]{r_2+(-1)r_3}\begin{pmatrix}0 & 1-\lambda & 1-\lambda^2 & 1-\lambda^3\\ 0 & \lambda-1 & 1-\lambda & \lambda-\lambda^2\\ 1 & 1 & \lambda & \lambda^2\end{pmatrix}$,

(1) 当 $\lambda=1$ 时，$\boldsymbol{\alpha}_1=\boldsymbol{\alpha}_2=\boldsymbol{\alpha}_3=\boldsymbol{\alpha}_4=(1,\ 1,\ 1)^{\mathrm{T}}$，所以 $\boldsymbol{\alpha}_1, \boldsymbol{\alpha}_2, \boldsymbol{\alpha}_3$ 与 $\boldsymbol{\alpha}_1, \boldsymbol{\alpha}_2, \boldsymbol{\alpha}_4$ 等价.

(2) 当 $\lambda\neq 1$ 时，有

$$\begin{pmatrix}0 & 1 & 1+\lambda & 1+\lambda+\lambda^2\\ 0 & -1 & 1 & \lambda\\ 1 & 1 & \lambda & \lambda^2\end{pmatrix}\xrightarrow[r_1\leftrightarrow r_3]{r_1+r_2}\begin{pmatrix}1 & 1 & \lambda & \lambda^2\\ 0 & -1 & 1 & \lambda\\ 0 & 0 & 2+\lambda & 1+2\lambda+\lambda^2\end{pmatrix}.$$

若 $\lambda=-2$，$R(\boldsymbol{\alpha}_1, \boldsymbol{\alpha}_2, \boldsymbol{\alpha}_3)=2$，$R(\boldsymbol{\alpha}_1, \boldsymbol{\alpha}_2, \boldsymbol{\alpha}_4)=3$，$\boldsymbol{\alpha}_1, \boldsymbol{\alpha}_2, \boldsymbol{\alpha}_3$ 与 $\boldsymbol{\alpha}_1, \boldsymbol{\alpha}_2, \boldsymbol{\alpha}_4$ 不等价；

若 $\lambda=-1$，$R(\boldsymbol{\alpha}_1, \boldsymbol{\alpha}_2, \boldsymbol{\alpha}_3)=3$，$R(\boldsymbol{\alpha}_1, \boldsymbol{\alpha}_2, \boldsymbol{\alpha}_4)=2$，$\boldsymbol{\alpha}_1, \boldsymbol{\alpha}_2, \boldsymbol{\alpha}_3$ 与 $\boldsymbol{\alpha}_1, \boldsymbol{\alpha}_2, \boldsymbol{\alpha}_4$ 不等价；

若 $\lambda\neq-2$，$\lambda\neq-1$，$R(\boldsymbol{\alpha}_1, \boldsymbol{\alpha}_2, \boldsymbol{\alpha}_3)=3=R(\boldsymbol{\alpha}_1, \boldsymbol{\alpha}_2, \boldsymbol{\alpha}_4)$，$\boldsymbol{\alpha}_1, \boldsymbol{\alpha}_2, \boldsymbol{\alpha}_3$ 与 $\boldsymbol{\alpha}_1, \boldsymbol{\alpha}_2, \boldsymbol{\alpha}_4$ 等价.

向量组 $\boldsymbol{\alpha}_1, \boldsymbol{\alpha}_2, \boldsymbol{\alpha}_3$ 与向量组 $\boldsymbol{\alpha}_1, \boldsymbol{\alpha}_2, \boldsymbol{\alpha}_4$ 等价的充要条件是 $R(\boldsymbol{\alpha}_1, \boldsymbol{\alpha}_2, \boldsymbol{\alpha}_3)=R(\boldsymbol{\alpha}_1, \boldsymbol{\alpha}_2, \boldsymbol{\alpha}_4)=R(\boldsymbol{\alpha}_1, \boldsymbol{\alpha}_2, \boldsymbol{\alpha}_3, \boldsymbol{\alpha}_4)$.

2.（2023 年数一，7） 已知向量 $\boldsymbol{\alpha}_1=\begin{pmatrix}1\\2\\3\end{pmatrix}$，$\boldsymbol{\alpha}_2=\begin{pmatrix}2\\1\\1\end{pmatrix}$，$\boldsymbol{\beta}_1=\begin{pmatrix}2\\5\\9\end{pmatrix}$，$\boldsymbol{\beta}_2=\begin{pmatrix}1\\0\\1\end{pmatrix}$，当 $\boldsymbol{\gamma}$ 满足什么条件时，$\boldsymbol{\gamma}$ 既可由 $\boldsymbol{\alpha}_1$、$\boldsymbol{\alpha}_2$ 线性表示，也可由 $\boldsymbol{\beta}_1$、$\boldsymbol{\beta}_2$ 线性表示？

解 设 $\boldsymbol{\gamma}=x_1\boldsymbol{\alpha}_1+x_2\boldsymbol{\alpha}_2=y_1\boldsymbol{\beta}_1+y_2\boldsymbol{\beta}_2$，则 $x_1\boldsymbol{\alpha}_1+x_2\boldsymbol{\alpha}_2-y_1\boldsymbol{\beta}_1-y_2\boldsymbol{\beta}_2=\mathbf{0}$. 又因为

$$(\boldsymbol{\alpha}_1, \boldsymbol{\alpha}_2, -\boldsymbol{\beta}_1, -\boldsymbol{\beta}_2)=\begin{pmatrix}1 & 2 & -2 & -1\\ 2 & 1 & -5 & 0\\ 3 & 1 & -9 & -1\end{pmatrix}\xrightarrow{r}\begin{pmatrix}1 & 0 & 0 & 3\\ 0 & 1 & 0 & -1\\ 0 & 0 & 1 & 1\end{pmatrix},$$

故

$$(x_1,\ x_2,\ y_1,\ y_2)^{\mathrm{T}}=c(-3,\ 1,\ -1,\ 1)^{\mathrm{T}}\quad(c\in\mathbf{R}),$$

所以

$$\boldsymbol{\gamma}=-c\boldsymbol{\beta}_1+c\boldsymbol{\beta}_2=c(-1,\ -5,\ -8)^{\mathrm{T}}=-c(1,\ 5,\ 8)^{\mathrm{T}}=k(1,\ 5,\ 8)^{\mathrm{T}}\quad(k\in\mathbf{R}).$$

3.（2024 年数一，6） $\boldsymbol{\alpha}_1=\begin{pmatrix}a\\1\\-1\\1\end{pmatrix}$，$\boldsymbol{\alpha}_2=\begin{pmatrix}1\\1\\b\\a\end{pmatrix}$，$\boldsymbol{\alpha}_3=\begin{pmatrix}1\\a\\-1\\1\end{pmatrix}$，当 a、b 满足什么条件时，$\boldsymbol{\alpha}_1, \boldsymbol{\alpha}_2, \boldsymbol{\alpha}_3$ 线性相关，且其中任意两个向量均线性无关？

解 由于 $\boldsymbol{\alpha}_1, \boldsymbol{\alpha}_2, \boldsymbol{\alpha}_3$ 线性相关，故 $R(\boldsymbol{\alpha}_1, \boldsymbol{\alpha}_2, \boldsymbol{\alpha}_3)<3$，因此 $\begin{vmatrix}a & 1 & 1\\ 1 & 1 & a\\ 1 & a & 1\end{vmatrix}=0$，得 $a=1$ 或 $a=-2$.

当 $a=1$ 时，$\boldsymbol{\alpha}_1$、$\boldsymbol{\alpha}_3$ 线性相关，与题意矛盾，故 $a=-2$. 又由

$$\begin{vmatrix}a & 1 & 1\\ 1 & 1 & a\\ -1 & b & -1\end{vmatrix}=\begin{vmatrix}-2 & 1 & 1\\ 1 & 1 & -2\\ -1 & b & -1\end{vmatrix}=0,$$

得 $b=2$.

4.（2015 年数一，20）　设向量组 $\boldsymbol{\alpha}_1$，$\boldsymbol{\alpha}_2$，$\boldsymbol{\alpha}_3$ 是 $\mathbf{R}^3$ 内的一个基，$\boldsymbol{\beta}_1=2\boldsymbol{\alpha}_1+2k\boldsymbol{\alpha}_3$，$\boldsymbol{\beta}_2=2\boldsymbol{\alpha}_2$，$\boldsymbol{\beta}_3=\boldsymbol{\alpha}_1+(k+1)\boldsymbol{\alpha}_3$.

（1）证明向量组 $\boldsymbol{\beta}_1$，$\boldsymbol{\beta}_2$，$\boldsymbol{\beta}_3$ 为 $\mathbf{R}^3$ 内的一个基；

（2）当 k 为何值时，存在非零向量 $\boldsymbol{\xi}$ 在基 $\boldsymbol{\alpha}_1$，$\boldsymbol{\alpha}_2$，$\boldsymbol{\alpha}_3$ 与基 $\boldsymbol{\beta}_1$，$\boldsymbol{\beta}_2$，$\boldsymbol{\beta}_3$ 下的坐标相同，并求所有的 $\boldsymbol{\xi}$.

解　（1）由已知得

$$(\boldsymbol{\beta}_1,\boldsymbol{\beta}_2,\boldsymbol{\beta}_3)=(2\boldsymbol{\alpha}_1+2k\boldsymbol{\alpha}_3,\ 2\boldsymbol{\alpha}_2,\ \boldsymbol{\alpha}_1+(k+1)\boldsymbol{\alpha}_3)=(\boldsymbol{\alpha}_1,\boldsymbol{\alpha}_2,\boldsymbol{\alpha}_3)\begin{pmatrix}2&0&1\\0&2&0\\2k&0&k+1\end{pmatrix}$$

因为 $\begin{vmatrix}2&0&1\\0&2&0\\2k&0&k+1\end{vmatrix}=2\begin{vmatrix}2&1\\2k&k+1\end{vmatrix}=4\neq0$，所以 $r(\boldsymbol{\beta}_1,\boldsymbol{\beta}_2,\boldsymbol{\beta}_3)=r(\alpha_1,\alpha_2,\alpha_3)=3$，即向量组 $\boldsymbol{\beta}_1$，$\boldsymbol{\beta}_2$，$\boldsymbol{\beta}_3$ 为 $\mathbf{R}^3$ 内的一个基.

（2）设

$$\boldsymbol{\xi}=x_1\boldsymbol{\alpha}_1+x_2\boldsymbol{\alpha}_2+x_3\boldsymbol{\alpha}_3=(\boldsymbol{\alpha}_1,\boldsymbol{\alpha}_2,\boldsymbol{\alpha}_3)\begin{pmatrix}x_1\\x_2\\x_3\end{pmatrix}$$

$$=x_1\boldsymbol{\beta}_1+x_2\boldsymbol{\beta}_2+x_3\boldsymbol{\beta}_3=(\boldsymbol{\alpha}_1,\boldsymbol{\alpha}_2,\boldsymbol{\alpha}_3)\begin{pmatrix}2&0&1\\0&2&0\\2k&0&k+1\end{pmatrix}\begin{pmatrix}x_1\\x_2\\x_3\end{pmatrix},$$

因为 $\boldsymbol{\alpha}_1$，$\boldsymbol{\alpha}_2$，$\boldsymbol{\alpha}_3$ 是 $\mathbf{R}^3$ 的基，它们线性无关，有

$$\begin{pmatrix}x_1\\x_2\\x_3\end{pmatrix}=\begin{pmatrix}2&0&1\\0&2&0\\2k&0&k+1\end{pmatrix}\begin{pmatrix}x_1\\x_2\\x_3\end{pmatrix}$$

故

$$\begin{cases}x_1+x_3=0\\x_2=0\\2kx_1+kx_3=0\end{cases}$$

又由非零向量知 x_1，x_2，x_3 不全为 0，那么有系数行列式

$$\begin{vmatrix}1&0&1\\0&1&0\\2k&0&k\end{vmatrix}=-k=0,$$

所以 $k=0$，解得 $x_1=t$，$x_2=0$，$x_3=-t$，故 $\boldsymbol{\xi}=t\boldsymbol{\alpha}_1-t\boldsymbol{\alpha}_3$ 在这两组基下有相同的坐标.

5.（2016 年数一，6）　设矩阵 $\boldsymbol{A}=\begin{pmatrix}1&-1&-1\\2&a&1\\-1&1&a\end{pmatrix}$，$\boldsymbol{B}=\begin{pmatrix}2&2\\1&a\\-a-1&-2\end{pmatrix}$，当 a 为何

值时，方程 $\boldsymbol{AX}=\boldsymbol{B}$ 无解、有无穷多解？在有解时，求解此方程.

解 对矩阵 $(\boldsymbol{A}\mid\boldsymbol{B})$ 作初等行变换：

$$\left(\begin{array}{ccc|cc}1&-1&-1&2&2\\2&a&1&1&a\\-1&1&a&-a-1&-2\end{array}\right)\xrightarrow{r}\left(\begin{array}{ccc|cc}1&-1&-1&2&2\\0&a+2&3&-3&a-4\\0&0&a-1&1-a&0\end{array}\right).$$

当 $a=-2$ 时，$R(\boldsymbol{A})=2$，$R(\boldsymbol{A}\mid\boldsymbol{B})=3$，方程组无解；当 $a\neq1$ 且 $a\neq-2$ 时，方程 $\boldsymbol{AX}=\boldsymbol{B}$ 有唯一解.

由 $\left(\begin{array}{ccc|c}1&-1&-1&2\\0&a+2&3&-3\\0&0&a-1&1-a\end{array}\right)$，解得 $x_1=1$，$x_2=0$，$x_3=-1$；由 $\left(\begin{array}{ccc|c}1&-1&-1&2\\0&a+2&3&a-4\\0&0&a-1&0\end{array}\right)$，

解得 $x_1=\dfrac{3a}{a+2}$，$x_2=\dfrac{a-4}{a+2}$，$x_3=0$. 故 $\boldsymbol{X}=\begin{pmatrix}1&\dfrac{3a}{a+2}\\0&\dfrac{a-4}{a+2}\\-1&0\end{pmatrix}$.

当 $a=1$ 时，方程 $\boldsymbol{AX}=\boldsymbol{B}$ 有无穷多解.

由 $\left(\begin{array}{ccc|c}1&-1&-1&2\\0&3&3&-3\\0&0&0&0\end{array}\right)\xrightarrow{r}\left(\begin{array}{ccc|c}1&0&0&1\\0&1&1&-1\\0&0&0&0\end{array}\right)$，解得

$$\boldsymbol{x}=\begin{pmatrix}1\\-1\\0\end{pmatrix}+k_1\begin{pmatrix}0\\-1\\1\end{pmatrix};$$

由

$$\left(\begin{array}{ccc|c}1&-1&-1&2\\0&3&3&-3\\0&0&0&0\end{array}\right)\xrightarrow{r}\left(\begin{array}{ccc|c}1&0&0&1\\0&1&1&-1\\0&0&0&0\end{array}\right),$$

解得

$$\boldsymbol{x}=\begin{pmatrix}1\\-1\\0\end{pmatrix}+k_2\begin{pmatrix}0\\-1\\1\end{pmatrix}.$$

故

$$\boldsymbol{X}=\begin{pmatrix}1&1\\-k_1-1&-k_2-1\\k_1&k_2\end{pmatrix}\quad(k_1、k_2\in\mathbf{R}).$$

4

第 4 章

相似矩阵与二次型

一、教学基本要求

(1) 理解方阵的特征值与特征向量的概念，会求方阵的特征值与特征向量，了解方阵的特征值与特征向量的性质.

(2) 理解相似矩阵的概念，了解相似矩阵的性质，掌握矩阵与对角阵相似的充要条件，会将矩阵对角化.

(3) 了解向量的内积、长度、正交、规范正交基、正交矩阵的概念，会用施密特正交法将向量组规范正交化.

(4) 了解对称矩阵的特征值与特征向量的性质，掌握利用正交矩阵将对称阵化为对角阵的方法.

(5) 理解二次型及其标准形、规范形的概念，以及二次型的秩的概念，会用矩阵表示二次型.

(6) 了解惯性定理，会用配方法化二次型为标准形.

(7) 掌握用正交变换化二次型为标准形的方法.

(8) 理解正定二次型、正定矩阵的概念，掌握正定二次型的判定方法.

二、内 容 概 要

1. 特征值与特征向量

定义 1　设 $\boldsymbol{A}$ 是 n 阶方阵，如果数 λ 和 n 维**非零向量** $\boldsymbol{x}$ 使

$$\boldsymbol{A}\boldsymbol{x}=\lambda\boldsymbol{x}$$

成立，则称数 λ 为方阵 $\boldsymbol{A}$ 的特征值，非零向量 $\boldsymbol{x}$ 称为 $\boldsymbol{A}$ 的对应于特征值 λ 的**特征向量**(或称为 $\boldsymbol{A}$ 的属于特征值 λ 的特征向量).

注　n 阶方阵 $\boldsymbol{A}$ 的特征值 λ，就是使齐次线性方程组

$$(\lambda \boldsymbol{E}-\boldsymbol{A})\boldsymbol{x}=\boldsymbol{0}$$

有非零解的值，即满足方程

$$|\lambda \boldsymbol{E}-\boldsymbol{A}|=0$$

的 λ 都是矩阵 $\boldsymbol{A}$ 的特征值.

称关于 λ 的一元 n 次方程 $|\lambda \boldsymbol{E}-\boldsymbol{A}|=0$ 为矩阵 $\boldsymbol{A}$ 的特征方程，称 λ 的一元 n 次多项式

$$f(\lambda)=|\lambda \boldsymbol{E}-\boldsymbol{A}|$$

为矩阵 $\boldsymbol{A}$ 的特征多项式.

下面介绍特征向量的求法.

设 $\lambda=\lambda_i$ 为方阵 $\boldsymbol{A}$ 的一个特征值，则由齐次线性方程组

$$(\lambda_i \boldsymbol{E}-\boldsymbol{A})\boldsymbol{x}=\boldsymbol{0}$$

可求得非零解 $\boldsymbol{p}_i$，那么 $\boldsymbol{p}_i$ 就是 $\boldsymbol{A}$ 的对应于特征值 λ_i 的特征向量，且 $\boldsymbol{A}$ 的对应于特征值 λ_i 的特征向量全体是方程组 $(\lambda_i \boldsymbol{E}-\boldsymbol{A})\boldsymbol{x}=\boldsymbol{0}$ 的全体非零解，即设 $\boldsymbol{p}_1$，$\boldsymbol{p}_2$，…，$\boldsymbol{p}_s$ 为 $(\lambda_i \boldsymbol{E}-\boldsymbol{A})\boldsymbol{x}=\boldsymbol{0}$ 的基础解系，则 $\boldsymbol{A}$ 的对应于特征值 λ_i 的特征向量为

$$\boldsymbol{p}=k_1\boldsymbol{p}_1+k_2\boldsymbol{p}_2+\cdots+k_s\boldsymbol{p}_s \quad (k_1,\ \cdots,\ k_s \text{ 不同时为 } 0).$$

性质 1 n 阶矩阵 $\boldsymbol{A}$ 与它的转置矩阵 $\boldsymbol{A}^{\mathrm{T}}$ 有相同的特征值.

性质 2 设 $\boldsymbol{A}=(a_{ij})$ 是 n 阶矩阵，则

$$\begin{aligned} f(\lambda) &= |\lambda \boldsymbol{E}-\boldsymbol{A}| \\ &= \begin{vmatrix} \lambda-a_{11} & -a_{12} & \cdots & -a_{1n} \\ -a_{21} & \lambda-a_{22} & \cdots & -a_{2n} \\ \vdots & \vdots & & \vdots \\ -a_{n1} & -a_{n2} & \cdots & \lambda-a_{nn} \end{vmatrix} \\ &= \lambda^n-\left(\sum_{i=1}^{n} a_{ii}\right)\lambda^{n-1}+\cdots+(-1)^k S_k \lambda^{n-k}+\cdots+(-1)^n|\boldsymbol{A}|. \end{aligned}$$

其中，S_k 是 $\boldsymbol{A}$ 的全体 k 阶主子式的和. 设 λ_1，λ_2，…，λ_n 是 $\boldsymbol{A}$ 的 n 个特征值，则由 n 次代数方程的根与系数的关系知，有：

(1) $\lambda_1+\lambda_2+\cdots+\lambda_n=a_{11}+a_{22}+\cdots+a_{nn}$；

(2) $\lambda_1\lambda_2\cdots\lambda_n=|\boldsymbol{A}|$.

其中，$\boldsymbol{A}$ 的主对角线元素之和 $a_{11}+a_{22}+\cdots+a_{nn}$ 称为矩阵 $\boldsymbol{A}$ 的**迹**，记为 $\mathrm{tr}(\boldsymbol{A})$.

定理 1 n 阶矩阵 $\boldsymbol{A}$ 的互不相等的特征值 λ_1，λ_2，…，λ_m 对应的特征向量 $\boldsymbol{p}_1$，$\boldsymbol{p}_2$，…，$\boldsymbol{p}_m$ 线性无关.

注意：

(1) 属于不同特征值的特征向量是线性无关的；

(2) 属于同一特征值的特征向量的非零线性组合仍是这个特征值的特征向量；

(3) 矩阵的特征向量总是相对于矩阵的特征值而言的，一个特征值具有的特征向量不唯一，一个特征向量不能属于不同的特征值.

(4) 特征值关系表如表 4.1 所示。

表 4.1　矩阵 $\boldsymbol{A}$ 的相关矩阵的特征值关系表

矩阵	$\boldsymbol{A}$	$\boldsymbol{A}^n$	$k\boldsymbol{A}$	$f(\boldsymbol{A})$	$\boldsymbol{A}^{-1}$	$\boldsymbol{A}^*$	$\boldsymbol{A}^{\mathrm{T}}$
特征值	λ	λ^n	$k\lambda$	$f(\lambda)$	$1/\lambda$	$\lvert\boldsymbol{A}\rvert/\lambda$	λ
特征向量	$\boldsymbol{x}$	$\boldsymbol{x}$	$\boldsymbol{x}$	$\boldsymbol{x}$	$\boldsymbol{x}$	$\boldsymbol{x}$	$\boldsymbol{x}$

2. 相似矩阵

定义 2　设 $\boldsymbol{A}$、$\boldsymbol{B}$ 都是 n 阶矩阵，若存在可逆矩阵 $\boldsymbol{P}$，使

$$\boldsymbol{P}^{-1}\boldsymbol{A}\boldsymbol{P}=\boldsymbol{B}$$

则称 $\boldsymbol{B}$ 是 $\boldsymbol{A}$ 的相似矩阵，并称矩阵 $\boldsymbol{A}$ 与 $\boldsymbol{B}$ **相似**.

对 $\boldsymbol{A}$ 进行运算 $\boldsymbol{P}^{-1}\boldsymbol{A}\boldsymbol{P}$ 称为对 $\boldsymbol{A}$ 进行**相似变换**，称可逆矩阵 $\boldsymbol{P}$ 为**相似变换矩阵**.

两个常用的运算表达式如下：

(1) $\boldsymbol{P}^{-1}\boldsymbol{A}\boldsymbol{B}\boldsymbol{P}=(\boldsymbol{P}^{-1}\boldsymbol{A}\boldsymbol{P})(\boldsymbol{P}^{-1}\boldsymbol{B}\boldsymbol{P})$；

(2) $\boldsymbol{P}^{-1}(k\boldsymbol{A}+l\boldsymbol{B})\boldsymbol{P}=k\boldsymbol{P}^{-1}\boldsymbol{A}\boldsymbol{P}+l\boldsymbol{P}^{-1}\boldsymbol{B}\boldsymbol{P}$，其中 k、l 为任意实数.

定理 2　若 n 阶矩阵 $\boldsymbol{A}$ 与 $\boldsymbol{B}$ 相似，则 $\boldsymbol{A}$ 与 $\boldsymbol{B}$ 的特征多项式相同，从而 $\boldsymbol{A}$ 与 $\boldsymbol{B}$ 的特征值亦相同.

相似矩阵的其他性质如下：

(1) 相似矩阵的秩相等；

(2) 相似矩阵的行列式相等；

(3) 相似矩阵具有相同的可逆性，当它们可逆时，它们的逆矩阵也相似.

(4) $f(x)$ 为多项式，则 $f(\boldsymbol{A})$ 与 $f(\boldsymbol{B})$ 相似.

定理 3　n 阶矩阵 $\boldsymbol{A}$ 与对角矩阵 $\boldsymbol{\Lambda}=\begin{pmatrix}\lambda_1 & & & \\ & \lambda_2 & & \\ & & \ddots & \\ & & & \lambda_n\end{pmatrix}$ 相似的充分必要条件为矩阵 $\boldsymbol{A}$ 有 n 个线性无关的特征向量.

推论 1　若 n 阶矩阵 $\boldsymbol{A}$ 有 n 个相异的特征值 λ_1，λ_2，…，λ_n，则 $\boldsymbol{A}$ 与对角矩阵

$$\boldsymbol{\Lambda}=\begin{pmatrix}\lambda_1 & & & \\ & \lambda_2 & & \\ & & \ddots & \\ & & & \lambda_n\end{pmatrix}$$

相似.

对于 n 阶方阵 $\boldsymbol{A}$，若存在可逆矩阵 $\boldsymbol{P}$，使 $\boldsymbol{P}^{-1}\boldsymbol{A}\boldsymbol{P}=\boldsymbol{\Lambda}$ 为对角阵，则称方阵 $\boldsymbol{A}$ **可对角化**.

定理 4　n 阶矩阵 $\boldsymbol{A}$ 可对角化的充要条件是对应于 $\boldsymbol{A}$ 的每个特征值的线性无关的特征向量的个数恰好等于该特征值的重数，即设 λ_i 是矩阵 $\boldsymbol{A}$ 的 n_i 重特征值，则

$$\boldsymbol{A} \text{ 与 } \boldsymbol{\Lambda} \text{ 相似} \Leftrightarrow R(\boldsymbol{A}-\lambda_i\boldsymbol{E})=n-n_i\ (i=1,\ 2,\ \cdots,\ n).$$

矩阵对角化的步骤如下：

(1) 求出 $\boldsymbol{A}$ 的全部特征值 λ_1，λ_2，…，λ_s；

(2) 对每一个特征值 λ_i，设其重数为 n_i，则对应齐次线性方程组

$$(\lambda_i \boldsymbol{E}-\boldsymbol{A})\boldsymbol{x}=\boldsymbol{0}$$

的基础解系由 n_i 个向量 $\boldsymbol{\xi}_{i1}, \boldsymbol{\xi}_{i2}, \cdots, \boldsymbol{\xi}_{in_i}$ 构成，即 $\boldsymbol{\xi}_{i1}, \boldsymbol{\xi}_{i2}, \cdots, \boldsymbol{\xi}_{in_i}$ 为 λ_i 对应的线性无关的特征向量；

(3) 步骤(2)中求出的特征向量

$$\boldsymbol{\xi}_{11}, \boldsymbol{\xi}_{12}, \cdots, \boldsymbol{\xi}_{1n_1}, \boldsymbol{\xi}_{21}, \boldsymbol{\xi}_{22}, \cdots, \boldsymbol{\xi}_{2n_2}, \cdots, \boldsymbol{\xi}_{s1}, \boldsymbol{\xi}_{s2}, \cdots, \boldsymbol{\xi}_{sn_s}$$

恰好为矩阵 $\boldsymbol{A}$ 的 n 个线性无关的特征向量；

(4) 令 $\boldsymbol{P}=(\boldsymbol{\xi}_{11}, \boldsymbol{\xi}_{12}, \cdots, \boldsymbol{\xi}_{1n_1}, \boldsymbol{\xi}_{21}, \boldsymbol{\xi}_{22}, \cdots, \boldsymbol{\xi}_{2n_2}, \cdots, \boldsymbol{\xi}_{s1}, \boldsymbol{\xi}_{s2}, \cdots, \boldsymbol{\xi}_{sn_s})$，则

$$\boldsymbol{P}^{-1}\boldsymbol{A}\boldsymbol{P}=\boldsymbol{\Lambda}=\begin{pmatrix} \lambda_1 & & & & & & & & \\ & \ddots & & & & & & & \\ & & \lambda_1 & & & & & & \\ & & & \lambda_2 & & & & & \\ & & & & \ddots & & & & \\ & & & & & \lambda_2 & & & \\ & & & & & & \ddots & & \\ & & & & & & & \lambda_s & \\ & & & & & & & & \ddots & \\ & & & & & & & & & \lambda_s \end{pmatrix}.$$

3. 向量的内积与正交矩阵

定义 3 设有 n 维向量

$$\boldsymbol{x}=\begin{pmatrix} x_1 \\ x_2 \\ \vdots \\ x_n \end{pmatrix}, \quad \boldsymbol{y}=\begin{pmatrix} y_1 \\ y_2 \\ \vdots \\ y_n \end{pmatrix}$$

令

$$[\boldsymbol{x}, \boldsymbol{y}]=x_1y_1+x_2y_2+\cdots+x_ny_n,$$

称 $[\boldsymbol{x}, \boldsymbol{y}]$ 为向量 $\boldsymbol{x}$ 与 $\boldsymbol{y}$ 的**内积**.

内积是两个向量之间的一种运算，其结果是一个实数，按矩阵的记法可表示为

$$[\boldsymbol{x}, \boldsymbol{y}]=\boldsymbol{x}^{\mathrm{T}}\boldsymbol{y}=(x_1, x_2, \cdots, x_n)\begin{pmatrix} y_1 \\ y_2 \\ \vdots \\ y_n \end{pmatrix}.$$

定义 4 令

$$\|\boldsymbol{x}\|=\sqrt{[\boldsymbol{x}, \boldsymbol{x}]}=\sqrt{x_1^2+x_2^2+\cdots+x_n^2},$$

称 $\|\boldsymbol{x}\|$ 为 n 维向量 $\boldsymbol{x}$ 的长度(或范数).

对 $\mathbf{R}^n$ 中的任一非零向量 $\boldsymbol{\alpha}$，向量 $\dfrac{\boldsymbol{\alpha}}{\|\boldsymbol{\alpha}\|}$ 是一个单位向量，因为

$$\left\|\frac{\boldsymbol{\alpha}}{\|\boldsymbol{\alpha}\|}\right\|=\frac{1}{\|\boldsymbol{\alpha}\|}\|\boldsymbol{\alpha}\|=1.$$

注　用非零向量 $\boldsymbol{\alpha}$ 的长度去除向量 $\boldsymbol{\alpha}$，得到一个单位向量，这一过程通常称为把向量 $\boldsymbol{\alpha}$ 单位化.

定义 5　若两向量 $\boldsymbol{\alpha}$ 与 $\boldsymbol{\beta}$ 的内积等于零，即

$$[\boldsymbol{\alpha},\boldsymbol{\beta}]=0$$

则称向量 $\boldsymbol{\alpha}$ 与 $\boldsymbol{\beta}$，相互正交，记作 $\boldsymbol{\alpha}\perp\boldsymbol{\beta}$.

定义 6　若 n 维向量 $\boldsymbol{\alpha}_1$，$\boldsymbol{\alpha}_2$，…，$\boldsymbol{\alpha}_r$ 是一个非零向量组，且 $\boldsymbol{\alpha}_1$，$\boldsymbol{\alpha}_2$，…，$\boldsymbol{\alpha}_r$ 中的向量两两正交，则称该向量组为正交向量组.

定理 5　若 n 维向量 $\boldsymbol{\alpha}_1$，$\boldsymbol{\alpha}_2$，…，$\boldsymbol{\alpha}_r$ 是一组正交向量组，则 $\boldsymbol{\alpha}_1$，$\boldsymbol{\alpha}_2$，…，$\boldsymbol{\alpha}_r$ 线性无关.

定义 7　设 $\mathbf{V}\subset\mathbf{R}^n$ 是一个向量空间：

(1) 若 $\boldsymbol{\alpha}_1$，$\boldsymbol{\alpha}_2$，…，$\boldsymbol{\alpha}_r$ 是向量空间 $\mathbf{V}$ 的一个基，且是两两正交的向量组，则称 $\boldsymbol{\alpha}_1$，$\boldsymbol{\alpha}_2$，…，$\boldsymbol{\alpha}_r$ 是向量空间 $\mathbf{V}$ 的**正交基**.

(2) 若 $\boldsymbol{e}_1$，$\boldsymbol{e}_2$，…，$\boldsymbol{e}_r$ 是向量空间 $\mathbf{V}$ 的一个基，$\boldsymbol{e}_1$，$\boldsymbol{e}_2$，…，$\boldsymbol{e}_r$ 两两正交，且都是单位向量，则称 $\boldsymbol{e}_1$，$\boldsymbol{e}_2$，…，$\boldsymbol{e}_r$ 是向量空间 $\mathbf{V}$ 的一个**规范正交基**.

若 $\boldsymbol{e}_1$，$\boldsymbol{e}_2$，…，$\boldsymbol{e}_r$ 是 $\mathbf{V}$ 的一个规范正交基，则 $\mathbf{V}$ 中任一向量 $\boldsymbol{\alpha}$ 能由 $\boldsymbol{e}_1$，$\boldsymbol{e}_2$，…，$\boldsymbol{e}_r$ 线性表示，设表示式为

$$\boldsymbol{\alpha}=\lambda_1\boldsymbol{e}_1+\lambda_2\boldsymbol{e}_2+\cdots+\lambda_r\boldsymbol{e}_r$$

为求其中的系数 $\lambda_i(i=1,2,\cdots,r)$，可用 $\boldsymbol{e}_i^{\mathrm{T}}$ 左乘上式，有

$$\boldsymbol{e}_i^{\mathrm{T}}\boldsymbol{\alpha}=\lambda_i\boldsymbol{e}_i^{\mathrm{T}}\boldsymbol{e}_i=\lambda_i$$

即

$$\lambda_i=\boldsymbol{e}_i^{\mathrm{T}}\boldsymbol{\alpha}=[\boldsymbol{\alpha},\boldsymbol{e}_i]$$

这就是向量在规范正交基中的坐标的计算公式. 利用这个公式能方便地求得向量 $\boldsymbol{\alpha}$ 在规范正交基 $\boldsymbol{e}_1$，$\boldsymbol{e}_2$，…，$\boldsymbol{e}_r$ 下的坐标为$(\lambda_1,\lambda_2,\cdots,\lambda_r)$. 因此，我们在给出向量空间的基时常常取规范正交基.

规范正交基的求法：设 $\boldsymbol{\alpha}_1$，$\boldsymbol{\alpha}_2$，…，$\boldsymbol{\alpha}_r$ 是向量空间 $\mathbf{V}$ 的一个基，要求 $\mathbf{V}$ 的一个规范正交基，也就是要找一组两两正交的单位向量 $\boldsymbol{e}_1$，$\boldsymbol{e}_2$，…，$\boldsymbol{e}_r$，使 $\boldsymbol{e}_1$，$\boldsymbol{e}_2$，…，$\boldsymbol{e}_r$ 与 $\boldsymbol{\alpha}_1$，$\boldsymbol{\alpha}_2$，…，$\boldsymbol{\alpha}_r$ 等价，这一过程称为把 $\boldsymbol{\alpha}_1$，$\boldsymbol{\alpha}_2$，…，$\boldsymbol{\alpha}_r$ 这个基规范正交化，可按如下两个步骤进行：

(1) **正交化**.

$$\boldsymbol{\beta}_1=\boldsymbol{\alpha}_1;$$

$$\boldsymbol{\beta}_2=\boldsymbol{\alpha}_2-\frac{[\boldsymbol{\beta}_1,\boldsymbol{\alpha}_2]}{[\boldsymbol{\beta}_1,\boldsymbol{\beta}_1]}\boldsymbol{\beta}_1;$$

$$\vdots$$

$$\boldsymbol{\beta}_r=\boldsymbol{\alpha}_r-\frac{[\boldsymbol{\beta}_1,\boldsymbol{\alpha}_r]}{[\boldsymbol{\beta}_1,\boldsymbol{\beta}_1]}\boldsymbol{\beta}_1-\frac{[\boldsymbol{\beta}_2,\boldsymbol{\alpha}_r]}{[\boldsymbol{\beta}_2,\boldsymbol{\beta}_2]}\boldsymbol{\beta}_2-\cdots-\frac{[\boldsymbol{\beta}_{r-1},\boldsymbol{\alpha}_r]}{[\boldsymbol{\beta}_{r-1},\boldsymbol{\beta}_{r-1}]}\boldsymbol{\beta}_{r-1}.$$

容易验证：$\boldsymbol{\beta}_1$，$\boldsymbol{\beta}_2$，…，$\boldsymbol{\beta}_r$ 两两正交，且 $\boldsymbol{\beta}_1$，$\boldsymbol{\beta}_2$，…，$\boldsymbol{\beta}_r$ 与 $\boldsymbol{\alpha}_1$，$\boldsymbol{\alpha}_2$，…，$\boldsymbol{\alpha}_r$ 等价.

注　上述过程称为施密特(Schmidt)正交化过程. 它不仅满足 $\boldsymbol{\beta}_1$，$\boldsymbol{\beta}_2$，…，$\boldsymbol{\beta}_r$ 与 $\boldsymbol{\alpha}_1$，$\boldsymbol{\alpha}_2$，…，$\boldsymbol{\alpha}_r$ 等价，还满足对任何 $k(1\leqslant k\leqslant r)$，向量组 $\boldsymbol{\beta}_1$，$\boldsymbol{\beta}_2$，…，$\boldsymbol{\beta}_k$ 与 $\boldsymbol{\alpha}_1$，$\boldsymbol{\alpha}_2$，…，$\boldsymbol{\alpha}_k$ 等价.

(2) **单位化**. 取

$$e_1=\frac{\boldsymbol{\beta}_1}{\|\boldsymbol{\beta}_1\|},\ e_2\ \frac{\boldsymbol{\beta}_2}{\|\boldsymbol{\beta}_2\|},\ \cdots,\ e_r=\frac{\boldsymbol{\beta}_r}{\|\boldsymbol{\beta}_r\|},$$

则 e_1, e_2, $\cdots$, e_r 是 V 的一个规范正交基.

注 施密特(Schmidt)正交化过程可将 $\mathbf{R}^n$ 中的任一组线性无关的向量组 $\boldsymbol{\alpha}_1$, $\boldsymbol{\alpha}_2$, $\cdots$, $\boldsymbol{\alpha}_r$ 化为与之等价的正交组 $\boldsymbol{\beta}_1$, $\boldsymbol{\beta}_2$, $\cdots$, $\boldsymbol{\beta}_k$，再经过单位化，可得到一组与 $\boldsymbol{\alpha}_1$, $\boldsymbol{\alpha}_2$, $\cdots$, $\boldsymbol{\alpha}_r$ 等价的规范正交组 e_1, e_2, $\cdots$, e_r.

定义 8 若 n 阶方阵 $\boldsymbol{A}$ 满足

$$\boldsymbol{A}^{\mathrm{T}}\boldsymbol{A}=\boldsymbol{E}\ (\text{即 } \boldsymbol{A}^{-1}=\boldsymbol{A}^{\mathrm{T}}),$$

则称 $\boldsymbol{A}$ 为正交矩阵，简称正交阵.

定理 6 $\boldsymbol{A}$ 为正交矩阵的充分必要条件是 $\boldsymbol{A}$ 的列向量组是单位正交向量组.

注 由于 $\boldsymbol{A}^{\mathrm{T}}\boldsymbol{A}=\boldsymbol{E}$ 与 $\boldsymbol{A}\boldsymbol{A}^{\mathrm{T}}=\boldsymbol{E}$ 等价，因此定理的结论对行向量也成立，即 $\boldsymbol{A}$ 为正交矩阵的充分必要条件是 $\boldsymbol{A}$ 的行向量组是单位正交向量组.

定义 9 若 $\boldsymbol{P}$ 为正交矩阵，则线性变换 $\boldsymbol{y}=\boldsymbol{P}\boldsymbol{x}$ 称为正交变换.

正交变换的性质：正交变换保持向量的长度不变。

4. 实对称矩阵的对角化

定理 7 实对称矩阵的特征值都为实数.

定理 8 设 λ_1、λ_2 是对称矩阵 $\boldsymbol{A}$ 的两个特征值，$\boldsymbol{p}_1$、$\boldsymbol{p}_2$ 是对应的特征向量. 若 $\lambda_1\neq\lambda_2$，则 $\boldsymbol{p}_1$ 与 $\boldsymbol{p}_2$ 正交.

定理 9 设 $\boldsymbol{A}$ 为 n 阶实对称矩阵，λ 是 $\boldsymbol{A}$ 的特征方程的 k 重根，则矩阵 $\boldsymbol{A}-\lambda\boldsymbol{E}$ 的秩 $R(\boldsymbol{A}-\lambda\boldsymbol{E})=n-k$，从而对应特征值 λ 恰有 k 个线性无关的特征向量.

定理 10 设 $\boldsymbol{A}$ 为 n 阶实对称矩阵，则必有正交矩阵 $\boldsymbol{P}$，使 $\boldsymbol{P}^{-1}\boldsymbol{A}\boldsymbol{P}=\boldsymbol{\Lambda}$，其中 $\boldsymbol{\Lambda}$ 是以 $\boldsymbol{A}$ 的 n 个特征值为对角元素的对角矩阵.

与将一般矩阵对角化的方法类似，正交变换矩阵 $\boldsymbol{P}$ 将实对称矩阵 $\boldsymbol{A}$ 对角化的步骤如下：

(1) 求出 $\boldsymbol{A}$ 的全部特征值 λ_1, λ_2, $\cdots$, λ_s；

(2) 对每一个特征值 λ_i，由 $(\lambda_i\boldsymbol{E}-\boldsymbol{A})\boldsymbol{x}=\boldsymbol{0}$ 求出基础解系(特征向量)；

(3) 将基础解系(特征向量)正交化，再单位化；

(4) 以这些单位向量作为列向量构成一个正交矩阵 $\boldsymbol{P}$，使

$$\boldsymbol{P}^{-1}\boldsymbol{A}\boldsymbol{P}=\boldsymbol{\Lambda}.$$

注 $\boldsymbol{P}$ 中列向量的次序与矩阵 $\boldsymbol{A}$ 对角线上的特征值的次序相对应.

5. 二次型的相关概念

定义 10 含有 n 个变量 x_1, x_2, $\cdots$, x_n 的二次齐次函数

$$\begin{aligned}f(x_1,x_2,\cdots,x_n)=&a_{11}x_1^2+a_{22}x_2^2+\cdots+a_{nn}x_n^2\\&+2a_{12}x_1x_2+2a_{13}x_1x_3+\cdots+2a_{n-1,n}x_{n-1}x_n\end{aligned}$$

称为**二次型**. 当 a_{ij} 为复数时，f 称为复二次型；当 a_{ij} 为实数时，f 称为实二次型. 本章只讨论实二次型.

只含有平方项的二次型 $f=k_1y_1^2+k_2y_2^2+\cdots+k_ny_n^2$ 称为**二次型的标准形**(或法式). 如

果标准形的系数 k_1，k_2，…，k_n 只在 1、−1、0 三个数中取值，即 $f=z_1^2+\cdots+z_p^2-z_{p+1}^2-\cdots-z_r^2(r\leqslant n)$，则称为**二次型的规范形**. 规范形中的正项个数 p 称为二次型的正惯性指数，负项个数 $r-p$ 称为二次型的负惯性指数，r 称为二次型的秩.

定理 11(惯性定理)　二次型的标准形中系数 k_i 为正数的个数是唯一确定的(标准形不唯一). 取 $a_{ji}=a_{ij}$，则 $2a_{ij}x_ix_j=a_{ij}x_ix_j+a_{ji}x_jx_i$，于是

$$\begin{aligned}
f(x_1, x_2, \cdots, x_n) &= a_{11}x_1^2+a_{12}x_1x_2+\cdots+a_{1n}x_1x_n+\\
&\quad a_{21}x_2x_1+a_{22}x_2^2+\cdots+a_{2n}x_2x_n\\
&\quad \cdots+a_{n1}x_nx_1+a_{n2}x_nx_2+\cdots+a_{nn}x_n^2\\
&=\sum_{i,j=1}^{n}a_{ij}x_ix_j\\
&=x_1(a_{11}x_1+a_{12}x_2+\cdots+a_{1n}x_n)\\
&\quad +x_2(a_{21}x_1+a_{22}x_2+\cdots+a_{2n}x_n)\\
&\quad \cdots\\
&\quad +x_n(a_{n1}x_1+a_{n2}x_2+\cdots+a_{nn}x_n)\\
&=(x_1, x_2, \cdots, x_n)\begin{pmatrix} a_{11}x_1+a_{12}x_2+\cdots+a_{1n}x_n\\ a_{21}x_1+a_{22}x_2+\cdots+a_{2n}x_n\\ \vdots\\ a_{n1}x_1+a_{n2}x_2+\cdots+a_{nn}x_n\end{pmatrix}\\
&=(x_1, x_2, \cdots, x_n)\begin{pmatrix} a_{11} & a_{12} & \cdots & a_{1n}\\ a_{21} & a_{22} & \cdots & a_{2n}\\ \vdots & \vdots & & \vdots\\ a_{n1} & a_{n2} & \cdots & a_{nn}\end{pmatrix}\begin{pmatrix}x_1\\ x_2\\ \vdots\\ x_n\end{pmatrix}\\
&=\boldsymbol{x}^{\mathrm{T}}\boldsymbol{A}\boldsymbol{x},
\end{aligned}$$

其中

$$\boldsymbol{x}=\begin{pmatrix}x_1\\ x_2\\ \vdots\\ x_n\end{pmatrix}, \boldsymbol{A}=\begin{pmatrix} a_{11} & a_{12} & \cdots & a_{1n}\\ a_{21} & a_{22} & \cdots & a_{2n}\\ \vdots & \vdots & & \vdots\\ a_{n1} & a_{n2} & \cdots & a_{nn}\end{pmatrix}.$$

称 $f(x)=\boldsymbol{x}^{\mathrm{T}}\boldsymbol{A}\boldsymbol{x}$ 为**二次型的矩阵形式**. 其中，实对称矩阵 $\boldsymbol{A}$ 称为该二次型的矩阵. 二次型 f 称为实对称矩阵 $\boldsymbol{A}$ 的二次型. 实对称矩阵 $\boldsymbol{A}$ 的秩称为二次型的秩. 于是，**二次型 f 与其实对称矩阵 $\boldsymbol{A}$ 之间有一一对应关系.**

定义 11　关系式

$$\begin{cases} x_1=c_{11}y_1+c_{12}y_2+\cdots+c_{1n}y_n\\ x_2=c_{21}y_1+c_{22}y_2+\cdots+c_{2n}y_n\\ \quad\vdots\\ x_n=c_{n1}y_1+c_{n2}y_2+\cdots+c_{nn}y_n\end{cases}$$

称为由变量 $x_1, x_2, \cdots, x_n$ **到** $y_1, y_2, \cdots, y_n$ **的线性变换**. 矩阵

$$C=\begin{pmatrix} c_{11} & c_{12} & \cdots & c_{1n} \\ c_{21} & c_{22} & \cdots & c_{2n} \\ \vdots & \vdots & & \vdots \\ c_{n1} & c_{n2} & \cdots & c_{nn} \end{pmatrix}$$

称为线性变换矩阵. 当 $|C|\neq 0$ 时，称该线性变换为可逆线性变换.

定义 12 设 A、B 为两个 n 阶方阵，如果存在 n 阶可逆矩阵 C，使得 $C^TAC=B$，则称**矩阵 A 合同于矩阵 B，或 A 与 B 合同，记为 $A\simeq B$.**

对于二次型 $f(x)=x^TAx$，我们主要研究的问题是：寻求可逆的线性变换 $x=Cy$ 将二次型化为标准形，将其代入得

$$\begin{aligned} f(x)&=x^TAx=(Cy)^TA(Cy) \\ &=y^T(C^TAC)y. \end{aligned}$$

如果 C^TAC 为对角矩阵 $\Lambda=\begin{bmatrix} b_1 & & & \\ & b_2 & & \\ & & \ddots & \\ & & & b_n \end{bmatrix}$，则 $f(x_1, x_2, \cdots, x_n)$ 就可化为标准形 $b_1y_1^2+b_2y_2^2+\cdots+b_ny_n^2$，其标准形中的系数恰好为对角阵 Λ 的对角线上的元素。

6. 用正交变换化二次型为标准形

定理 12 任给二次型 $f=\sum\limits_{i,j=1}^{n}a_{ij}x_ix_j\ (a_{ji}=a_{ij})$，总有正交变换 $x=Py$，使 f 化为标准形

$$f=\lambda_1y_1^2+\lambda_2y_2^2+\cdots+\lambda_ny_n^2,$$

其中，$\lambda_1, \lambda_2, \cdots, \lambda_n$ 为 f 的矩阵 $A=(a_{ij})$ 的特征值.

用正交变换化二次型为标准形的步骤如下：

(1) 将二次型表示成矩阵形式 $f=x^TAx$，求出 A；

(2) 求出 A 的所有特征值 $\lambda_1, \lambda_2, \cdots, \lambda_n$；

(3) 求出对应于特征值的特征向量 $\xi_1, \xi_2, \cdots, \xi_n$；

(4) 将特征向量 $\xi_1, \xi_2, \cdots, \xi_n$ 正交化、单位化，得 $\eta_1, \eta_2, \cdots, \eta_n$，记 $C=(\eta_1, \eta_2, \cdots, \eta_n)$；

(5) 作正交变换 $x=Cy$，则得 f 的标准形为

$$f=\lambda_1y_1^2+\lambda_2y_2^2+\cdots+\lambda_ny_n^2.$$

7. 用配方法化二次型为标准形

拉格朗日配方法的步骤如下：

(1) 若二次型含有 x_i 的平方项，则先把含有 x_i 的乘积项集中，然后配方，再对其余变量进行同样的操作，直到所有变量都配成平方项为止，经过可逆线性变换，就得到了标准形；

(2) 若二次型中不含有平方项，但是 $a_{ij}\neq 0(i\neq j)$，则先对二次型作可逆变换

$$\begin{cases} x_i = y_i - y_j \\ x_j = y_i + y_j \\ x_k = y_k \end{cases} \quad (k=1, 2, \cdots, n \text{ 且 } k \neq i, j),$$

化二次型为含有平方项的二次型，然后按步骤(1)中的操作方法进行配方.

注　用正交变换化二次型时，标准形中的平方项系数是矩阵的 n 个特征值，而配方法是一种可逆线性变换，平方项的系数与 $\boldsymbol{A}$ 的特征值无关.

8. 正定二次型

定理 13　如果对任何非零向量 $\boldsymbol{x}$，都有

$$\boldsymbol{x}^{\mathrm{T}}\boldsymbol{A}\boldsymbol{x} > 0 \quad (\text{或 } \boldsymbol{x}^{\mathrm{T}}\boldsymbol{A}\boldsymbol{x} < 0)$$

成立，则称 $f=\boldsymbol{x}^{\mathrm{T}}\boldsymbol{A}\boldsymbol{x}$ 为正定(负定)二次型，矩阵 $\boldsymbol{A}$ 称为**正定矩阵(负定矩阵)**.

定理 14　n 阶矩阵 $\boldsymbol{A}=(a_{ij})$ 的 k 个行标和列标相同的子式

$$\begin{vmatrix} a_{i_1 i_1} & a_{i_1 i_2} & \cdots & a_{i_1 i_k} \\ a_{i_2 i_1} & a_{i_2 i_2} & \cdots & a_{i_2 i_k} \\ \vdots & \vdots & & \vdots \\ a_{i_k i_1} & a_{i_k i_2} & \cdots & a_{i_k i_k} \end{vmatrix} \quad (1 \leqslant i_1 < i_2 < \cdots < i_k \leqslant n)$$

称为 $\boldsymbol{A}$ 的一个 k 阶主子式，而子式

$$|\boldsymbol{A}_k| = \begin{vmatrix} a_{11} & a_{12} & \cdots & a_{1k} \\ a_{21} & a_{22} & \cdots & a_{2k} \\ \vdots & \vdots & & \vdots \\ a_{k1} & a_{k2} & \cdots & a_{kk} \end{vmatrix} \quad (k=1, 2, \cdots, n)$$

称为 $\boldsymbol{A}$ 的 k 阶顺序主子式.

正(负)定二次型的判定如下：

n 阶对称矩阵 $\boldsymbol{A}$ 为正定矩阵$\Leftrightarrow n$ 元二次型 $f=\boldsymbol{x}^{\mathrm{T}}\boldsymbol{A}\boldsymbol{x}$ 是正定；

$\Leftrightarrow \boldsymbol{A}$ 的正惯性指数 $p=n$；

$\Leftrightarrow \boldsymbol{A}$ 的特征值全大于零；

$\Leftrightarrow$存在可逆矩阵 $\boldsymbol{C}$，使 $\boldsymbol{A}=\boldsymbol{C}^{\mathrm{T}}\boldsymbol{C}$；

$\Leftrightarrow \boldsymbol{A}$ 与 $\boldsymbol{E}$ 合同；

$\Leftrightarrow \boldsymbol{A}$ 的所有顺序主子式 $|A_k|>0$ $(k=1, 2, \cdots, n)$；

$\Leftrightarrow f$ 的规范形为 $f=\boldsymbol{y}^{\mathrm{T}}\boldsymbol{y}$.

推论　若 $\boldsymbol{A}$ 为正定矩阵，则 $|\boldsymbol{A}|>0$.

n 阶对称矩阵 $\boldsymbol{A}$ 为负定$\Leftrightarrow n$ 元二次型 $f=\boldsymbol{x}^{\mathrm{T}}\boldsymbol{A}\boldsymbol{x}$ 是负定；

$\Leftrightarrow \boldsymbol{A}$ 的负惯性指数 $p=n$；

$\Leftrightarrow \boldsymbol{A}$ 的特征值全小于零；

$\Leftrightarrow (-1)^k|A_k|>0$ $(k=1, 2, \cdots, n)$. 其中，A_k 是 $\boldsymbol{A}$ 的 k 阶顺序主子式；

$\Leftrightarrow -\boldsymbol{A}$ 为正定矩阵.

三、知识结构图

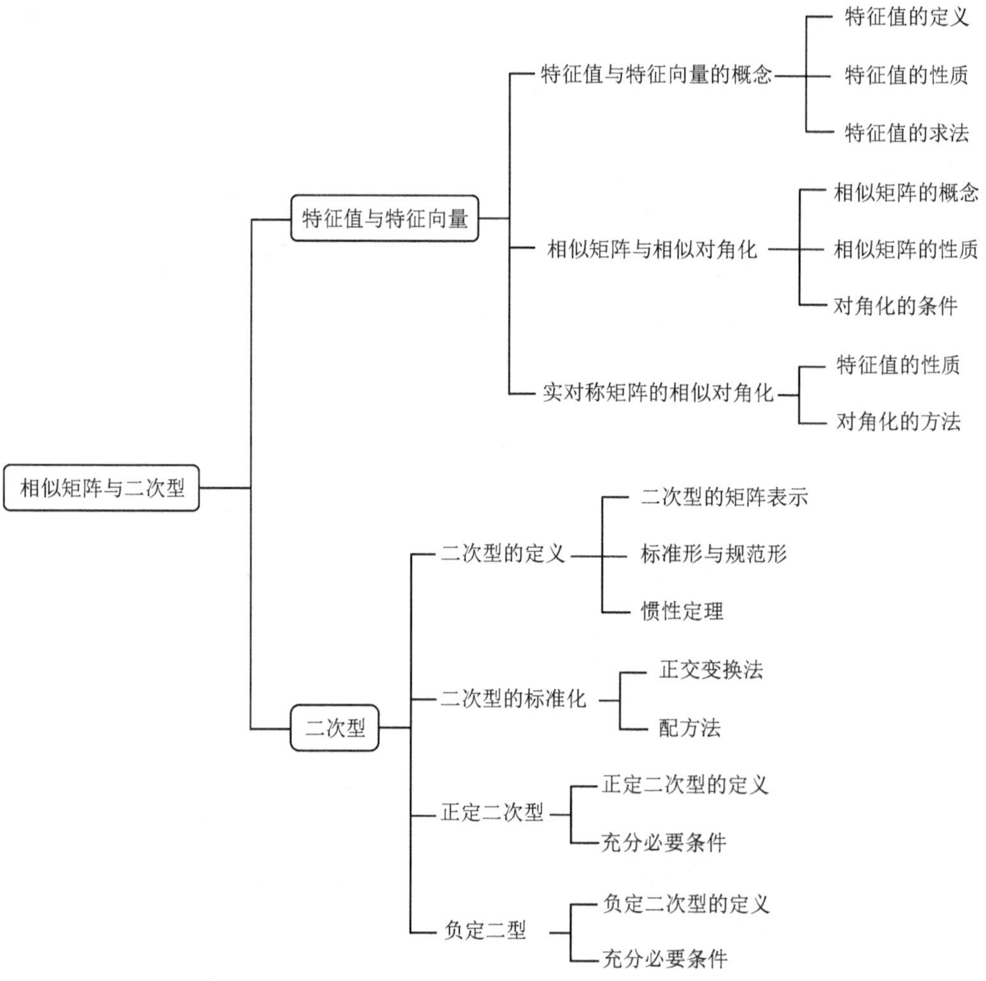

四、要 点 剖 析

1. 方阵的特征值与特征向量

方阵的特征值与特征向量是线性代数的重要内容之一，也是考研的常考内容.

如果 λ 是方阵 $\boldsymbol{A}$ 的特征值，则可以联想到的等价条件有：

$$\boldsymbol{Ax}=\lambda\boldsymbol{x}(\boldsymbol{x}\neq\boldsymbol{0})\Leftrightarrow(\lambda\boldsymbol{E}-\boldsymbol{A})\boldsymbol{x}=\boldsymbol{0}(\boldsymbol{x}\neq\boldsymbol{0})\Leftrightarrow|\lambda\boldsymbol{E}-\boldsymbol{A}|=0.$$

由于方阵 $\boldsymbol{A}$ 的属于特征值 λ_i 的特征向量是齐次线性方程组 $(\lambda_i\boldsymbol{E}-\boldsymbol{A})\boldsymbol{x}=\boldsymbol{0}$ 的全体非零

解，所以方阵 $\boldsymbol{A}$ 的属于特征值 λ_i 的特征向量有无穷多个，设 $\boldsymbol{p}_1$，$\boldsymbol{p}_2$，…，$\boldsymbol{p}_s$ 为 $(\lambda_i\boldsymbol{E}-\boldsymbol{A})\boldsymbol{x}=\boldsymbol{0}$ 的基础解系，就可得到 $\boldsymbol{A}$ 的对应于特征值 λ_i 的特征向量全体为

$$\boldsymbol{p}=k_1\boldsymbol{p}_1+k_2\boldsymbol{p}_2+\cdots+k_s\boldsymbol{p}_s(k_1,\ k_2,\ \cdots,\ k_s\text{ 不同时为 }\boldsymbol{0}).$$

属于不同特征值的特征向量是线性无关的，属于同一特征值的特征向量的非零线性组合仍是这个特征值的特征向量，矩阵的特征向量总是相对于矩阵的特征值而言的，一个特征值具有的特征向量不唯一，一个特征向量不能属于不同的特征值.

2. 实对称矩阵的对角化

若 $\boldsymbol{A}$ 为实对称矩阵，则 $\boldsymbol{A}$ 一定可以对角化. 实对称矩阵 $\boldsymbol{A}$ 的特征值都是实数，属于不同特征值的特征向量相互正交. 对于实对称矩阵 $\boldsymbol{A}$，一定存在正交矩阵 $\boldsymbol{P}$，使得

$$\boldsymbol{P}^{-1}\boldsymbol{A}\boldsymbol{P}=\boldsymbol{P}^{\mathrm{T}}\boldsymbol{A}\boldsymbol{P}=\boldsymbol{\Lambda}.$$

实对称矩阵对角化是本章的核心内容，它建立在矩阵的特征值与特征向量、向量的内积、施密特正交化、正交矩阵等概念的基础上，学习过程中要清楚这些内容与实对称矩阵对角化的联系，搞清楚矩阵能对角化的条件，掌握用正交矩阵化实对称矩阵为对角阵的方法.

3. 二次型

二次型的内容主要有两方面：一是标准形；二是正定性. 学习二次型要注意把二次型与矩阵的特征值、特征向量联系起来.

二次型的矩阵是用矩阵理论解决二次型问题的前提，二次型的矩阵是对称矩阵，其主对角线上元素 a_{ii} 与二次型中平方项 $x_i{}^2$ 的系数相同，非对角线上元素 a_{ij} 为二次型中交叉项 x_ix_j 系数的一半。

二次型的标准形 $f=\lambda_1y_1^2+\lambda_2y_2^2+\cdots+\lambda_ny_n^2$ 不唯一，但标准形中系数为正数的个数是唯一确定的. 化二次型为标准形是对称矩阵合同对角化的应用，应掌握用正交变换化二次型为标准形的方法.

正定二次型是二次型的重要的一类. 研究二次型的正定性通常有三种方法：① 用定义；② 先化为标准形，再看正惯性指数；③ 研究其矩阵的正定性，需掌握正定二次型的几种等价判断条件。

注意：本章内容是历年研究生入学考试的重点考察内容，主要考察的知识点有：方阵特征值与特征向量的性质、求法，相似矩阵的性质，矩阵与对角阵相似的充要条件，实对称矩阵对角化的步骤，二次型的矩阵表示，二次型的标准形与规范形，正负惯性指数，用正交变换将二次型化为标准形的方法与步骤，正定二次型(矩阵)的判定等.

纵观近几年的考研题目，几乎每年都考察了正交法化二次型为标准形的相关知识，故用正交法化二次型的原理及方法和步骤都要熟练掌握.

五、释疑解难

问题 1　如何求一个矩阵的特征值和特征向量?

答　矩阵的特征值与特征向量的求法一般有两种：一种是求具体矩阵 $\boldsymbol{A}$ 的特征值与特

征向量，通过解特征方程$|\lambda \boldsymbol{E}-\boldsymbol{A}|=0$得矩阵$\boldsymbol{A}$的全部特征值，对每个求出的特征值$\lambda_i$，解齐次线性方程组$(\lambda_i \boldsymbol{E}-\boldsymbol{A})\boldsymbol{x}=\boldsymbol{0}$的基础解系，可得$\boldsymbol{A}$的属于特征值$\lambda_i$的全部特征向量；另一种是求抽象矩阵$\boldsymbol{A}$的特征值与特征向量，可以按照定义$\boldsymbol{A\xi}=\lambda\boldsymbol{\xi}$来求$\boldsymbol{A}$的特征值$\lambda$与特征向量$\boldsymbol{\xi}$.

问题 2　矩阵$\boldsymbol{A}$的特征值λ对应的特征向量唯一吗？

答　不唯一.

若$\boldsymbol{x}\neq\boldsymbol{0}$为$\boldsymbol{A}$对应于$\lambda$的特征向量，即$\boldsymbol{Ax}=\lambda\boldsymbol{x}$，则当$k\neq 0$时，$\boldsymbol{A}(k\boldsymbol{x})=k\boldsymbol{A}(\boldsymbol{x})=\lambda(k\boldsymbol{x})$，这表明$k\boldsymbol{x}$也是$\boldsymbol{A}$的特征向量.

问题 3　一个特征向量能属于两个不同的特征值吗？

答　不能.

若$\boldsymbol{Ax}=\lambda_1\boldsymbol{x}$，$\boldsymbol{Ax}=\lambda_2\boldsymbol{x}$，则$\boldsymbol{A}(\boldsymbol{x}-\boldsymbol{x})=(\lambda_1-\lambda_2)\boldsymbol{x}=\boldsymbol{0}$，因为$\boldsymbol{x}$为非零向量，所以必有$\lambda_1=\lambda_2$，故一个特征向量只能同属于一个特征值.

问题 4　怎样判断n阶矩阵$\boldsymbol{A}$能否相似对角化？

答　判断矩阵$\boldsymbol{A}$能否相似对角化有以下几种方法：

(1) 充分条件. 若n阶矩阵$\boldsymbol{A}$有n个互不相等的特征值，则$\boldsymbol{A}$可以相似对角化.

(2) 充分必要条件. 若n阶矩阵$\boldsymbol{A}$有n个线性无关的特征向量，则$\boldsymbol{A}$可以相似对角化；反之亦然.

(3) 充分必要条件. 若n阶矩阵$\boldsymbol{A}$的每个k_i重特征值λ_i，矩阵$\lambda_i\boldsymbol{E}-\boldsymbol{A}$的秩等于$n-k_i$，则$\boldsymbol{A}$可以相似对角化；反之亦然.

(4) 若$\boldsymbol{A}$为实对称矩阵，则$\boldsymbol{A}$可相似对角化.

问题 5　如何判断两个矩阵是否相似？

答　对称性：$\boldsymbol{A}$与$\boldsymbol{B}$相似，则$\boldsymbol{B}$与$\boldsymbol{A}$相似；传递性：$\boldsymbol{A}$与$\boldsymbol{B}$相似，$\boldsymbol{B}$与$\boldsymbol{C}$相似，则$\boldsymbol{A}$与$\boldsymbol{C}$相似. 通常两个矩阵都相似于同一个对角阵$\boldsymbol{\Lambda}$，则这个矩阵相似.

问题 6　相似矩阵有哪些相同的性质？

答　若矩阵$\boldsymbol{A}$与矩阵$\boldsymbol{B}$相似，则

(1) $\boldsymbol{A}$、$\boldsymbol{B}$的行列式相等，即$|\boldsymbol{A}|=|\boldsymbol{B}|$；

(2) $\boldsymbol{A}$、$\boldsymbol{B}$的秩相等，即$R(\boldsymbol{A})=R(\boldsymbol{B})$；

(3) $\boldsymbol{A}$、$\boldsymbol{B}$的特征多项式相等，即$|\lambda\boldsymbol{E}-\boldsymbol{A}|=|\lambda\boldsymbol{E}-\boldsymbol{B}|$；

(4) $\boldsymbol{A}$、$\boldsymbol{B}$的特征值相等；

(5) $\boldsymbol{A}$、$\boldsymbol{B}$的迹相等，即$\mathrm{tr}(\boldsymbol{A})=\mathrm{tr}(\boldsymbol{B})$；

(6) $\boldsymbol{A}$、$\boldsymbol{B}$具有相同的可逆性，且当它们可逆时，它们的逆矩阵也相似；

(7) $f(x)$为多项式，则$f(\boldsymbol{A})$与$f(\boldsymbol{B})$相似.

问题 7　矩阵$\boldsymbol{A}$与$\boldsymbol{B}$相似，则它们有相同的特征值，反过来，若两个矩阵有相同的特征值，它们是否相似？在什么条件下，它们一定相似？

答　矩阵$\boldsymbol{A}$与矩阵$\boldsymbol{B}$的特征值相同，则它们可能相似，也可能不相似.

(1) 如$\boldsymbol{A}=\begin{pmatrix}0 & 2\\0 & 0\end{pmatrix}$，$\boldsymbol{B}=\begin{pmatrix}0 & 0\\0 & 0\end{pmatrix}$，显然$\boldsymbol{A}$、$\boldsymbol{B}$的特征值都为0，但是它们不相似. 这是因为，假如$\boldsymbol{A}$与$\boldsymbol{B}$相似，则存在可逆矩阵$\boldsymbol{P}$使$\boldsymbol{P}^{-1}\boldsymbol{AP}=\boldsymbol{B}=\boldsymbol{O}$，所以$\boldsymbol{A}=\boldsymbol{PBP}^{-1}=\boldsymbol{O}$，这与

$\boldsymbol{A}=\begin{pmatrix}0&2\\0&0\end{pmatrix}$矛盾.

(2) 若 n 阶矩阵 $\boldsymbol{A}$ 与 $\boldsymbol{B}$ 都能对角化且特征值相同，则它们一定相似.

问题 8　相似矩阵定义中的可逆矩阵唯一吗？

答　不唯一.

例如，$\boldsymbol{A}=\begin{pmatrix}1&1\\0&1\end{pmatrix}$，$\boldsymbol{B}=\begin{pmatrix}1&1\\0&1\end{pmatrix}$，且有可逆矩阵 $\boldsymbol{P}=\begin{pmatrix}1&0\\0&1\end{pmatrix}$，$\boldsymbol{Q}=\begin{pmatrix}2&0\\0&2\end{pmatrix}$，使得 $\boldsymbol{B}=\boldsymbol{P}^{-1}\boldsymbol{AP}$，其中 $\boldsymbol{P}^{-1}=\begin{pmatrix}1&0\\0&1\end{pmatrix}$，$\boldsymbol{B}=\boldsymbol{Q}^{-1}\boldsymbol{AQ}$，其中 $\boldsymbol{Q}^{-1}=\begin{pmatrix}\frac{1}{2}&0\\0&\frac{1}{2}\end{pmatrix}$. 由此可见，$\boldsymbol{A}$ 与 $\boldsymbol{B}$ 相似，但是 $\boldsymbol{P}\neq\boldsymbol{Q}$.

问题 9　是不是任何矩阵都与对角阵相似？

答　不是.

例如，$\boldsymbol{A}=\begin{pmatrix}-3&1&-1\\-7&5&-1\\-6&6&-2\end{pmatrix}$的特征值为 $\lambda_1=4$，$\lambda_2=\lambda_3=-2$，对应于特征值 $\lambda_1=4$ 的特征向量为 $\boldsymbol{x}_1=(0,\ 1,\ 1)^{\mathrm{T}}$，对应 $\lambda_2=\lambda_3=-2$ 的特征向量为 $\boldsymbol{x}_2=(1,\ 1,\ 0)^{\mathrm{T}}$. 矩阵 $\boldsymbol{A}$ 是一个三阶方阵，却只有两个线性无关的特征向量，故 $\boldsymbol{A}$ 不能与对角阵相似.

问题 10　若 n 阶矩阵 $\boldsymbol{A}$ 的秩 $R(\boldsymbol{A})=r<n$，那么：

(1) $\lambda=0$ 是不是 $\boldsymbol{A}$ 的 $n-r$ 重特征值？

(2) 什么情况下，$\lambda=0$ 一定是 $\boldsymbol{A}$ 的 $n-r$ 重特征值？

答　(1) $\lambda=0$ 一定是 $\boldsymbol{A}$ 的特征值，但不一定是 $n-r$ 重特征值，而 $n-r$ 是对应特征值 0 的线性无关特征向量的个数. 例如，若 $\boldsymbol{A}=\begin{pmatrix}0&0\\0&0\end{pmatrix}$，则 $R(\boldsymbol{A})=0$，$n-r=2$ 而 0 恰好是 $\boldsymbol{A}$ 的二重特征值；若 $\boldsymbol{A}=\begin{pmatrix}0&1\\0&0\end{pmatrix}$，则 $R(\boldsymbol{A})=1$，$n-r=1$，而 0 是 $\boldsymbol{A}$ 的二重特征值，但不是 $n-r$ 重特征值.

(2) 若 $\boldsymbol{A}$ 能对角化，特别地，若 $\boldsymbol{A}$ 是对称阵，则 0 一定是 $\boldsymbol{A}$ 的 $n-r$ 重特征值.

问题 11　二次型的标准形唯一吗？

答　不唯一.

事实上，一个二次型经过可逆线性变换化为标准形，其所作的线性变换是不同的，所得的标准形也可能是不同的. 例如，二次型 $f=x_1x_2+x_2x_3+x_3x_1$，

经过可逆线性变换$\begin{cases}x_1=z_2\\x_2=3z_1-z_2-2z_3\\x_3=3z_1-z_2+2z_3\end{cases}$，化为 $f=9z_1^2-z_2^2-4z_3^2$；

经过可逆线性变换$\begin{cases}x_1=y_1-y_2-y_3\\x_2=y_1+y_2-y_3\\x_3=y_3\end{cases}$，化为 $f=y_1^2-y_2^2-y_3^2$.

由此可得，二次型的标准形不唯一. 但标准形中不为零的平方项系数是相同的，且正、负平方项的系数分别相同.

问题 12 用正交变换化二次型为标准形，其正交矩阵是否唯一？

答 不唯一.

二次型矩阵是一个实对称矩阵，则必存在正交矩阵 $\boldsymbol{P}$，使得 $\boldsymbol{P}^{-1}\boldsymbol{A}\boldsymbol{P}=\boldsymbol{\Lambda}$，因为属于特征值的特征向量不唯一，所以其正交矩阵不唯一.

问题 13 若 $\boldsymbol{A}$ 为正定矩阵，则 $|\boldsymbol{A}|>0$，反之，结论成立吗？

答 结论不成立.

例如，$\boldsymbol{A}=\begin{pmatrix}1&0&0\\0&-1&0\\0&0&-1\end{pmatrix}$，有 $|\boldsymbol{A}|>0$，反过来，$\boldsymbol{A}$ 的一二阶主子式 $\begin{vmatrix}1&0\\0&-1\end{vmatrix}=-1<0$，故 $\boldsymbol{A}$ 不是正定阵.

问题 14 化二次型为标准形的方法有哪些？

答 化二次型为标准形常用的方法有配方法、正交变换法、初等变换法.

下面简单介绍初等变换法.

设有可逆线性变换 $\boldsymbol{x}=\boldsymbol{C}\boldsymbol{y}$，把二次型 $\boldsymbol{x}^{\mathrm{T}}\boldsymbol{A}\boldsymbol{x}$ 化为标准形 $\boldsymbol{y}^{\mathrm{T}}\boldsymbol{B}\boldsymbol{y}$，则 $\boldsymbol{C}^{\mathrm{T}}\boldsymbol{A}\boldsymbol{C}=\boldsymbol{B}$. 已知任一可逆矩阵均可表示为若干个初等矩阵的乘积，故存在初等矩阵 $\boldsymbol{P}_1$，$\boldsymbol{P}_2$，…，$\boldsymbol{P}_s$，使 $\boldsymbol{C}=\boldsymbol{P}_1\boldsymbol{P}_2\cdots\boldsymbol{P}_s$，于是有

$$\boldsymbol{C}=\boldsymbol{E}\boldsymbol{P}_1\boldsymbol{P}_2\cdots\boldsymbol{P}_s,$$
$$\boldsymbol{C}^{\mathrm{T}}\boldsymbol{A}\boldsymbol{C}=\boldsymbol{P}_s^{\mathrm{T}}\cdots\boldsymbol{P}_2^{\mathrm{T}}\boldsymbol{P}_1^{\mathrm{T}}\boldsymbol{A}\boldsymbol{P}_1\boldsymbol{P}_2\cdots\boldsymbol{P}_s=\boldsymbol{\Lambda}.$$

由此可见，对 $2n\times n$ 矩阵 $\begin{pmatrix}\boldsymbol{A}\\\boldsymbol{E}\end{pmatrix}$ 施以相应于右乘 $\boldsymbol{P}_1\boldsymbol{P}_2\cdots\boldsymbol{P}_s$ 的初等列变换，再对 A 施以相应于左乘 $\boldsymbol{P}_1^{\mathrm{T}}$，$\boldsymbol{P}_2^{\mathrm{T}}$，…，$\boldsymbol{P}_s^{\mathrm{T}}$ 的初等行变换，则矩阵 $\boldsymbol{A}$ 变为对角矩阵 $\boldsymbol{B}$，而单位矩阵 $\boldsymbol{E}$ 就变为所要求的可逆矩阵 $\boldsymbol{C}$.

例如，设 $\boldsymbol{A}=\begin{pmatrix}1&1&1\\1&2&2\\1&2&1\end{pmatrix}$，用初等变换法求可逆矩阵 $\boldsymbol{C}$，使 $\boldsymbol{C}^{\mathrm{T}}\boldsymbol{A}\boldsymbol{C}$ 为对角矩阵.

解 $$\begin{pmatrix}\boldsymbol{A}\\\boldsymbol{E}\end{pmatrix}=\begin{pmatrix}1&1&1\\1&2&2\\1&2&1\\1&0&0\\0&1&0\\0&0&1\end{pmatrix}\to\begin{pmatrix}1&0&0\\1&1&1\\1&1&0\\1&-1&-1\\0&1&0\\0&0&1\end{pmatrix}\to\begin{pmatrix}1&0&0\\0&1&1\\0&1&0\\1&-1&-1\\0&1&0\\0&0&1\end{pmatrix}\to\begin{pmatrix}1&0&0\\0&1&0\\0&0&-1\\1&-1&0\\0&1&-1\\0&0&1\end{pmatrix},$$

因此，$\boldsymbol{C}=\begin{pmatrix}1&-1&0\\0&1&-1\\0&0&1\end{pmatrix}$，$\boldsymbol{C}^{\mathrm{T}}\boldsymbol{A}\boldsymbol{C}=\begin{pmatrix}1&0&0\\0&1&0\\0&0&-1\end{pmatrix}$.

问题 15 矩阵的等价、相似、合同的概念的区别与联系有哪些？

答 三个不同的概念既有区别，也有联系.

如果存在 n 阶可逆矩阵 $\boldsymbol{P}$、$\boldsymbol{Q}$，使得 $\boldsymbol{PAQ}=\boldsymbol{B}$，则称矩阵 $\boldsymbol{A}$ 与 $\boldsymbol{B}$ 等价；
如果存在 n 阶可逆矩阵 $\boldsymbol{P}$，使得 $\boldsymbol{P}^{-1}\boldsymbol{AP}=\boldsymbol{B}$，则称矩阵 $\boldsymbol{A}$ 与 $\boldsymbol{B}$ 相似；
如果存在 n 阶可逆矩阵 $\boldsymbol{P}$，使得 $\boldsymbol{P}^{\mathrm{T}}\boldsymbol{AP}=\boldsymbol{B}$，则称矩阵 $\boldsymbol{A}$ 与 $\boldsymbol{B}$ 合同.

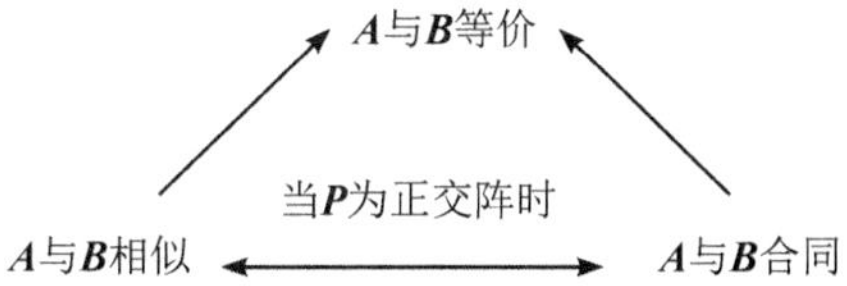

初等变换保持矩阵的秩不变，相似变换保持矩阵的特征值不变，合同变换保持矩阵的正负惯性指数不变.

六、典型例题解析

(一) 基础题

例 4.1　设 $\boldsymbol{A}=\begin{pmatrix}-2&1&1\\0&2&0\\-4&1&3\end{pmatrix}$，求 $\boldsymbol{A}$ 的特征值与特征向量.

分析　要求方阵 $\boldsymbol{A}$ 的特征值，可以用 $|\lambda\boldsymbol{E}-\boldsymbol{A}|=0$，也可以用 $|\boldsymbol{A}-\lambda\boldsymbol{E}|=0$ 求根，两者的本质是相同的，$\boldsymbol{A}$ 的对应特征值 λ 的特征向量是齐次方程组 $(\lambda\boldsymbol{E}-\boldsymbol{A})\boldsymbol{x}=\boldsymbol{0}$ 的非零解，也是 $(\boldsymbol{A}-\lambda\boldsymbol{E})\boldsymbol{x}=\boldsymbol{0}$ 的非零解.

解
$$|\lambda\boldsymbol{E}-\boldsymbol{A}|=\begin{vmatrix}\lambda+2&-1&-1\\0&\lambda-2&0\\4&-1&\lambda-3\end{vmatrix}=(\lambda+1)(\lambda-2)^2,$$

得特征值 $\lambda_1=-1$，$\lambda_2=2$.

当 $\lambda_1=-1$ 时，解方程 $(-\boldsymbol{A}-\boldsymbol{E})\boldsymbol{x}=\boldsymbol{0}$，由

$$-A-E=\begin{pmatrix}1&-1&-1\\0&-3&0\\4&-1&-4\end{pmatrix}\rightarrow\begin{pmatrix}1&0&-1\\0&1&0\\0&0&0\end{pmatrix}$$

得基础解系 $\boldsymbol{p}_1=\begin{pmatrix}1\\0\\1\end{pmatrix}$，故对应于 $\lambda_1=-1$ 的全体特征向量为 $k_1\boldsymbol{p}_1(k_1\neq0)$.

当 $\lambda_2=2$ 时，解方程 $(2\boldsymbol{A}-\boldsymbol{E})\boldsymbol{x}=\boldsymbol{0}$. 由

$$2\boldsymbol{E}-\boldsymbol{A}=\begin{pmatrix}4&-1&-1\\0&0&0\\4&-1&-1\end{pmatrix}\rightarrow\begin{pmatrix}4&-1&-1\\0&0&0\\0&0&0\end{pmatrix}$$

得基础解系为 $\boldsymbol{p}_2=\begin{pmatrix}1\\4\\0\end{pmatrix}$，$\boldsymbol{p}_2=\begin{pmatrix}1\\0\\4\end{pmatrix}$，故对应于 $\lambda_2=2$ 的全部特征向量为 $k_2\boldsymbol{p}_2+k_3\boldsymbol{p}_3$（$k_2$、$k_3$ 不同时为 0）.

例 4.2 试求上三角阵 $\boldsymbol{A}$ 的特征值：

$$\boldsymbol{A}=\begin{pmatrix}a_{11} & a_{12} & \cdots & a_{1n}\\ 0 & a_{22} & \cdots & a_{2n}\\ \vdots & \vdots & & \vdots\\ 0 & 0 & \cdots & a_{nn}\end{pmatrix}$$

分析 上三角形矩阵的特征值为主对角线上的元素，下三角形矩阵及其对角阵也是如此.

解
$$|\lambda\boldsymbol{E}-\boldsymbol{A}|=\begin{vmatrix}\lambda-a_{11} & -a_{12} & \cdots & -a_{1m}\\ 0 & \lambda-a_{22} & \cdots & -a_{2n}\\ \vdots & \vdots & & \vdots\\ 0 & 0 & \cdots & \lambda-a_{nn}\end{vmatrix},$$

这是一个上三角行列式，因此，有

$$|\lambda\boldsymbol{E}-\boldsymbol{A}|=(\lambda-a_{11})(\lambda-a_{22})\cdots(\lambda-a_{nn}),$$

则 $\boldsymbol{A}$ 的特征值等于 a_{11}，a_{22}，$\cdots$，a_{nn}.

例 4.3 设 λ 是方阵 $\boldsymbol{A}$ 的特征值，证明：

（1）λ^2 是 $\boldsymbol{A}^2$ 的特征值；

（2）当 $\boldsymbol{A}$ 可逆时，$\dfrac{1}{\lambda}$是 $\boldsymbol{A}^{-1}$ 的特征值.

分析 若 λ 是 $\boldsymbol{A}$ 的特征值，则 λ^k 是 $\boldsymbol{A}^k$ 的特征值，$\varphi(\lambda)$是 $\varphi(\boldsymbol{A})$的特征值，其中 $\varphi(\lambda)=a_0+a_1\lambda+\cdots+a_n\lambda^n$，$\varphi(\boldsymbol{A})=a_0\boldsymbol{E}+a_1\boldsymbol{A}+\cdots+a_n\boldsymbol{A}^n$，特别地，设特征多项式 $f(\lambda)=|\lambda\boldsymbol{E}-\boldsymbol{A}|$，则 $f(\lambda)$是 $f(\boldsymbol{A})$的特征值，且

$$\boldsymbol{A}^n-(a_{11}+a_{22}+\cdots+a_{nn})\boldsymbol{A}^{n-1}+\cdots+(-1)^n\,|\boldsymbol{A}|\,\boldsymbol{E}=\boldsymbol{0}$$

证明 因为 λ 是 $\boldsymbol{A}$ 的特征值，故有 $\boldsymbol{p}\neq\boldsymbol{0}$ 使 $\boldsymbol{A}\boldsymbol{p}=\lambda\boldsymbol{p}$，有：

（1）$\boldsymbol{A}^2\boldsymbol{p}=\boldsymbol{A}\boldsymbol{A}\boldsymbol{p}=\boldsymbol{A}\lambda\boldsymbol{p}=\lambda\boldsymbol{A}\boldsymbol{p}=\lambda\lambda\boldsymbol{p}=\lambda^2\boldsymbol{p}$，则 λ^2 是 $\boldsymbol{A}^2$ 的特征值；

（2）$\boldsymbol{p}=\lambda\boldsymbol{A}^{-1}\boldsymbol{p}$，因 $\boldsymbol{p}\neq\boldsymbol{0}$，则 $\lambda\neq 0$，故 $\boldsymbol{A}^{-1}\boldsymbol{p}=\dfrac{1}{\lambda}\boldsymbol{p}$，即$\dfrac{1}{\lambda}$是 $\boldsymbol{A}^{-1}$ 的特征值.

例 4.4 设 3 阶矩阵 $\boldsymbol{A}$ 的特征值分别为 1，-1，2，求$|\boldsymbol{A}^*+3\boldsymbol{A}-2\boldsymbol{E}|$.

分析 本题考察特征值的性质.

解 因为 $\boldsymbol{A}$ 的特征值全不为 0，则 $\boldsymbol{A}$ 可逆，故 $\boldsymbol{A}^*=|\boldsymbol{A}|\boldsymbol{A}^{-1}$. 而$|\boldsymbol{A}|=\lambda_1\lambda_2\lambda_3=-2$，所以有

$$\boldsymbol{A}^*+3\boldsymbol{A}-2\boldsymbol{E}=-2\boldsymbol{A}^{-1}+3\boldsymbol{A}-2\boldsymbol{E}.$$

把上式记作 $\varphi(\boldsymbol{A})$，有 $\varphi(\lambda)=-\dfrac{2}{\lambda}+3\lambda-2$，故 $\varphi(\boldsymbol{A})$的特征值为

$$\varphi(1)=-1,\ \varphi(-1)=-3,\ \varphi(2)=3,$$

于是

$$|A^* + 3A - 2E| = (-1)\cdot(-3)\cdot 3 = 9.$$

例 4.5　设有矩阵 $A=\begin{pmatrix}3 & 1\\5 & -1\end{pmatrix}$，$B=\begin{pmatrix}4 & 0\\0 & -2\end{pmatrix}$，试证明存在可逆矩阵 $P=\begin{pmatrix}1 & 1\\1 & -5\end{pmatrix}$，使得 A 与 B 相似.

分析　本题考察矩阵相似的定义. 设 A、B 都是 n 阶矩阵，若存在可逆矩阵 P，使 $P^{-1}AP=B$，则称矩阵 A 与 B 相似。

证明　由题中已知条件易见 P 可逆，且 $P^{-1}=\begin{pmatrix}\frac{5}{6} & \frac{1}{2}\\ \frac{1}{6} & -\frac{1}{6}\end{pmatrix}$，因

$$P^{-1}AP=\begin{pmatrix}\frac{5}{6} & \frac{1}{6}\\ \frac{1}{6} & -\frac{1}{6}\end{pmatrix}\begin{pmatrix}3 & 1\\5 & -1\end{pmatrix}\begin{pmatrix}1 & 1\\1 & -5\end{pmatrix}=\begin{pmatrix}4 & 0\\0 & -2\end{pmatrix}=B,$$

故 A 与 B 相似.

例 4.6　判断矩阵 $A=\begin{pmatrix}1 & -2 & 2\\-2 & -2 & 4\\2 & 4 & -2\end{pmatrix}$能否化为对角阵.

分析　本题考察对角化的判断方法. 求出矩阵 A 的所有特征值. 若特征值互不相同，则矩阵 A 可以对角化；若特征值有重根，解出各特征值对应的特征向量. 若每个特征值线性无关的特征向量的个数恰好等于该特征值的重数，则矩阵可对角化，否则矩阵不可对角化。

解　$$|A-\lambda E|=\begin{vmatrix}1-\lambda & -2 & 2\\-2 & -2-\lambda & 4\\2 & 4 & -2-\lambda\end{vmatrix}=-(\lambda-2)^2(\lambda+7)=0,$$

则 $\lambda_1=\lambda_2=2$，$\lambda_3=-7$.

将 $\lambda_1=\lambda_2=2$ 代入 $(A-\lambda E)x=0$，得

$$A-\lambda E=\begin{pmatrix}-1 & -2 & 2\\-2 & -4 & 4\\2 & 4 & -4\end{pmatrix}\rightarrow\begin{pmatrix}1 & 2 & -2\\0 & 0 & 0\\0 & 0 & 0\end{pmatrix}$$

得基础解系为 $p_1=\begin{pmatrix}-2\\1\\0\end{pmatrix}$，$p_2=\begin{pmatrix}2\\0\\1\end{pmatrix}$.

同理，对 $\lambda_3=-7$，由 $(A-\lambda_3E)x=0$，得

$$A-\lambda E=\begin{pmatrix}8 & -2 & 2\\-2 & 5 & 4\\2 & 4 & 5\end{pmatrix}\rightarrow\begin{bmatrix}1 & 0 & \frac{1}{2}\\0 & 1 & 1\\0 & 0 & 0\end{bmatrix}$$

得基础解系为 $\boldsymbol{p}_3=(1, 2, -2)^{\mathrm{T}}$.

由于 $\begin{vmatrix} -2 & 2 & 1 \\ 1 & 2 & 2 \\ 0 & 1 & -2 \end{vmatrix}=9\neq 0$，所以 $\boldsymbol{p}_1$，$\boldsymbol{p}_2$，$\boldsymbol{p}_3$ 线性无关，即 $\boldsymbol{A}$ 有 3 个线性无关的特征向量，因而 $\boldsymbol{A}$ 可对角化.

例 4.7 设 $\boldsymbol{A}=\begin{pmatrix} 0 & 0 & 1 \\ 1 & 1 & a \\ 1 & 0 & 0 \end{pmatrix}$，$a$ 为何值时，矩阵 $\boldsymbol{A}$ 能对角化？

分析 考察 n 阶矩阵 $\boldsymbol{A}$ 能(相似)对角化的充分必要条件为矩阵 $\boldsymbol{A}$ 有 n 个线性无关的特征向量. n 阶矩阵 $\boldsymbol{A}$ 可对角化的充要条件是对应于 $\boldsymbol{A}$ 的每个特征值的线性无关的特征向量的个数恰好等于该特征值的重数，即设 λ_i 是矩阵 $\boldsymbol{A}$ 的 n_i 重特征值，则 $\boldsymbol{A}$ 与 $\boldsymbol{\Lambda}$ 相似$\Leftrightarrow R(\boldsymbol{A}-\lambda_i\boldsymbol{E})=n-n_i(i=1, 2, \cdots, n)$.

解
$$|\lambda\boldsymbol{E}-\boldsymbol{A}|=\begin{vmatrix} \lambda & 0 & -1 \\ -1 & \lambda-1 & -a \\ -1 & 0 & \lambda \end{vmatrix}=(\lambda-1)^2(\lambda+1)=0,$$
则 $\lambda_1=-1$，$\lambda_2=\lambda_3=1$.

对于单根 $\lambda_1=-1$，可求得线性无关的特征向量恰有 1 个，而对应重根 $\lambda_2=\lambda_3=1$，欲使矩阵 $\boldsymbol{A}$ 能对角化，应有 2 个线性无关的特征向量，即方程组$(\boldsymbol{E}-\boldsymbol{A})\boldsymbol{x}=\boldsymbol{0}$ 有 2 个线性无关的解，亦即系数矩阵 $\boldsymbol{E}-\boldsymbol{A}$ 的秩 $R(\boldsymbol{E}-\boldsymbol{A})=3-2=1$. 可求得
$$\boldsymbol{E}-\boldsymbol{A}=\begin{pmatrix} 1 & 0 & 1 \\ -1 & 0 & -a \\ -1 & 0 & 1 \end{pmatrix}\rightarrow\begin{pmatrix} 1 & 0 & -1 \\ 0 & 0 & a+1 \\ 0 & 0 & 0 \end{pmatrix},$$
要使 $R(\boldsymbol{E}-\boldsymbol{A})=1$，则有 $a+1=0$，即 $a=-1$. 因此，当 $a=-1$ 时，矩阵 $\boldsymbol{A}$ 能对角化.

例 4.8 设 $\boldsymbol{\alpha}_1=\begin{pmatrix} 1 \\ 2 \\ -1 \end{pmatrix}$，$\boldsymbol{\alpha}_2=\begin{pmatrix} -1 \\ 3 \\ 1 \end{pmatrix}$，$\boldsymbol{\alpha}_3=\begin{pmatrix} 4 \\ -1 \\ 0 \end{pmatrix}$，试用施密特正交化方法将向量组正交规范化.

分析 本题考察用施密特正交法将向量组规范正交化.

解 不难证明，$\boldsymbol{\alpha}_1$，$\boldsymbol{\alpha}_2$，$\boldsymbol{\alpha}_3$ 是线性无关的.

取
$$\boldsymbol{\beta}_1=\boldsymbol{\alpha}_1,$$
$$\boldsymbol{\beta}_2=\boldsymbol{\alpha}_2-\frac{[\boldsymbol{\alpha}_2, \boldsymbol{\beta}_1]}{\|\boldsymbol{\beta}_1\|^2}\boldsymbol{\beta}_1=\begin{pmatrix} -1 \\ 3 \\ 1 \end{pmatrix}-\frac{4}{6}\begin{pmatrix} 1 \\ 2 \\ -1 \end{pmatrix}=\frac{5}{3}\begin{pmatrix} -1 \\ 1 \\ 1 \end{pmatrix},$$
$$\boldsymbol{\beta}_3=\boldsymbol{\alpha}_3-\frac{[\boldsymbol{\alpha}_3, \boldsymbol{\beta}_1]}{\|\boldsymbol{\beta}_1\|^2}\boldsymbol{\beta}_1-\frac{[\boldsymbol{\alpha}_3, \boldsymbol{\beta}_2]}{\|\boldsymbol{\beta}_2\|^2}\boldsymbol{\beta}_2=\begin{pmatrix} 4 \\ -1 \\ 0 \end{pmatrix}-\frac{1}{3}\begin{pmatrix} 1 \\ 2 \\ -1 \end{pmatrix}+\frac{5}{3}\begin{pmatrix} -1 \\ 1 \\ 1 \end{pmatrix}=2\begin{pmatrix} 1 \\ 0 \\ 1 \end{pmatrix}.$$

再把它们单位化，取

$$e_1=\frac{\boldsymbol{\beta}_1}{\|\boldsymbol{\beta}_1\|}=\frac{1}{\sqrt{6}}\begin{pmatrix}1\\2\\-1\end{pmatrix},\ e_2=\frac{\boldsymbol{\beta}_2}{\|\boldsymbol{\beta}_2\|}=\frac{1}{\sqrt{3}}\begin{pmatrix}-1\\1\\1\end{pmatrix},\ e_3=\frac{\boldsymbol{\beta}_3}{\|\boldsymbol{\beta}_3\|}=\frac{1}{\sqrt{2}}\begin{pmatrix}1\\0\\1\end{pmatrix}.$$

则 $\boldsymbol{e}_1$，$\boldsymbol{e}_2$，$\boldsymbol{e}_3$ 即为所求.

例 4.9　已知三维向量空间中两个向量 $\boldsymbol{\alpha}_1=\begin{pmatrix}1\\1\\1\end{pmatrix}$，$\boldsymbol{\alpha}_2=\begin{pmatrix}1\\-2\\1\end{pmatrix}$正交，试求 $\boldsymbol{\alpha}_3$，使 $\boldsymbol{\alpha}_1$，$\boldsymbol{\alpha}_2$，$\boldsymbol{\alpha}_3$ 构成三维空间的一个正交基.

分析　由正交关系建立一个齐次线性方程组，归结为求齐次线性方程组的问题.

解　设 $\boldsymbol{\alpha}_3=(x_1,x_2,x_3)^{\mathrm{T}}\neq\boldsymbol{0}$，且 $\boldsymbol{\alpha}_3$ 分别与 $\boldsymbol{\alpha}_1$，$\boldsymbol{\alpha}_2$ 正交，则$[\boldsymbol{\alpha}_1,\boldsymbol{\alpha}_3]=[\boldsymbol{\alpha}_2,\boldsymbol{\alpha}_3]=0$，即

$$\begin{cases}[\boldsymbol{\alpha}_1,\boldsymbol{\alpha}_3]=x_1+x_2+x_3=0\\ [\boldsymbol{\alpha}_2,\boldsymbol{\alpha}_3]=x_1-2x_2+x_3=0\end{cases},$$

解得 $x_1=-x_3$，$x_2=0$.

令 $x_3=1$，则

$$\boldsymbol{\alpha}_3=\begin{pmatrix}x_1\\x_2\\x_3\end{pmatrix}=\begin{pmatrix}-1\\0\\1\end{pmatrix}.$$

由上可得，$\boldsymbol{\alpha}_1$，$\boldsymbol{\alpha}_2$，$\boldsymbol{\alpha}_3$ 构成三维空间的一个正交基.

例 4.10　判别下列矩形是否为正交矩阵.

$$(1)\begin{pmatrix}1&-\frac{1}{2}&\frac{1}{3}\\-\frac{1}{2}&1&\frac{1}{2}\\\frac{1}{3}&\frac{1}{2}&-1\end{pmatrix};\quad(2)\begin{pmatrix}\frac{1}{9}&-\frac{8}{9}&-\frac{4}{9}\\-\frac{8}{9}&\frac{1}{9}&-\frac{4}{9}\\-\frac{4}{4}&-\frac{4}{4}&\frac{7}{9}\end{pmatrix}.$$

分析　$\boldsymbol{A}$ 为正交矩阵$\Leftrightarrow\boldsymbol{A}^{\mathrm{T}}\boldsymbol{A}=\boldsymbol{E}\Leftrightarrow\boldsymbol{A}\boldsymbol{A}^{\mathrm{T}}=\boldsymbol{E}\Leftrightarrow\boldsymbol{A}$ 可逆，且 $\boldsymbol{A}^{-1}=\boldsymbol{A}^{\mathrm{T}}\Leftrightarrow\boldsymbol{A}$ 的列(行)向量都是单位正交向量组.

解　(1) 考察矩阵的第一列和第二列.

因为 $1\times\left(-\frac{1}{2}\right)+\left(-\frac{1}{2}\right)\times1+\frac{1}{3}\times\frac{1}{2}\neq0$，所以此矩阵不是正交矩阵.

(2) 根据正交矩阵的定义，因为

$$\begin{pmatrix}\frac{1}{9}&-\frac{8}{9}&-\frac{4}{9}\\-\frac{8}{9}&\frac{1}{9}&-\frac{4}{9}\\-\frac{4}{9}&-\frac{4}{9}&\frac{7}{9}\end{pmatrix}\begin{pmatrix}\frac{1}{9}&-\frac{8}{9}&-\frac{4}{9}\\-\frac{8}{9}&\frac{1}{9}&-\frac{4}{9}\\-\frac{4}{9}&-\frac{4}{9}&\frac{7}{9}\end{pmatrix}^{\mathrm{T}}=\begin{pmatrix}1&0&0\\0&1&0\\0&0&1\end{pmatrix},$$

所以此矩阵是正交矩阵.

例 4.11 设实对称矩阵 $\boldsymbol{A}=\begin{pmatrix}1 & -2 & 0\\ -2 & 2 & -2\\ 0 & -2 & 3\end{pmatrix}$，求正交矩阵 $\boldsymbol{P}$，使 $\boldsymbol{P}^{-1}\boldsymbol{A}\boldsymbol{P}$ 为对角矩阵.

分析 对称矩阵正交相似对角化的原理和步骤是本章的重点内容. 本题是一个基本题目，用以帮助读者熟练掌握对角化的方法和步骤。

解 矩阵 $\boldsymbol{A}$ 的特征方程为

$$|\lambda\boldsymbol{E}-\boldsymbol{A}|=\begin{vmatrix}\lambda-1 & 2 & 0\\ 2 & \lambda-2 & 2\\ 0 & 2 & \lambda-3\end{vmatrix}=0$$

因此 $(\lambda+1)(\lambda-2)(\lambda-5)=0 \Rightarrow \lambda_1=-1,\ \lambda_2=2,\ \lambda_3=5$.

当 $\lambda_1=-1$ 时，由 $(-\boldsymbol{E}-\boldsymbol{A})\boldsymbol{x}=\boldsymbol{0}$，得基础解系 $\boldsymbol{p}_1=(2,\ 2,\ 1)^{\mathrm{T}}$；

当 $\lambda_2=2$ 时，由 $(2\boldsymbol{E}-\boldsymbol{A})\boldsymbol{x}=\boldsymbol{0}$，得基础解系 $\boldsymbol{p}_2=(2,\ -1,\ -2)^{\mathrm{T}}$；

当 $\lambda_3=5$ 时，由 $(5\boldsymbol{E}-\boldsymbol{A})\boldsymbol{x}=\boldsymbol{0}$，得基础解系 $\boldsymbol{p}_3=(1,\ -2,\ 2)^{\mathrm{T}}$.

不难验证，$\boldsymbol{p}_1$，$\boldsymbol{p}_2$，$\boldsymbol{p}_3$ 是正交向量组. 把 $\boldsymbol{p}_1$，$\boldsymbol{p}_2$，$\boldsymbol{p}_3$ 单位化，得

$$\boldsymbol{\eta}_1=\frac{\boldsymbol{p}_1}{\|\boldsymbol{p}_1\|}=\begin{pmatrix}\frac{2}{3}\\ \frac{2}{3}\\ \frac{1}{3}\end{pmatrix},\ \boldsymbol{\eta}_2=\frac{\boldsymbol{p}_2}{\|\boldsymbol{p}_2\|}=\begin{pmatrix}\frac{2}{3}\\ -\frac{1}{3}\\ -\frac{2}{3}\end{pmatrix},\ \boldsymbol{\eta}_3=\frac{\boldsymbol{p}_3}{\|\boldsymbol{p}_3\|}=\begin{pmatrix}\frac{1}{3}\\ -\frac{2}{3}\\ \frac{2}{3}\end{pmatrix}.$$

令 $\boldsymbol{P}=(\boldsymbol{\eta}_1,\ \boldsymbol{\eta}_2,\ \boldsymbol{\eta}_3)=\begin{pmatrix}\frac{2}{3} & \frac{2}{3} & \frac{1}{3}\\ \frac{2}{3} & -\frac{1}{3} & -\frac{2}{3}\\ \frac{1}{3} & -\frac{2}{3} & \frac{2}{3}\end{pmatrix}$，则

$$\boldsymbol{P}^{-1}\boldsymbol{A}\boldsymbol{P}=\boldsymbol{P}^{\mathrm{T}}\boldsymbol{A}\boldsymbol{P}=\begin{pmatrix}-1 & 0 & 0\\ 0 & 2 & 0\\ 0 & 0 & 5\end{pmatrix}.$$

例 4.12 设 $\boldsymbol{A}=\begin{pmatrix}2 & -1\\ -1 & 2\end{pmatrix}$，求 $\boldsymbol{A}^n$.

分析 本题的目的是掌握用矩阵对角化理论计算矩阵的幂及多项式. 因 $\boldsymbol{A}$ 为对称矩阵，所以 $\boldsymbol{A}$ 可以对角化，故存在正交矩阵 $\boldsymbol{P}$，使 $\boldsymbol{P}^{-1}\boldsymbol{A}\boldsymbol{P}=\boldsymbol{\Lambda}$ 为对角矩阵，于是 $\boldsymbol{A}=\boldsymbol{P}\boldsymbol{\Lambda}\boldsymbol{P}^{-1}$，则 $\boldsymbol{A}^n=\boldsymbol{P}\boldsymbol{\Lambda}^n\boldsymbol{P}^{-1}$。

解 因 $\boldsymbol{A}$ 为对称阵，故 $\boldsymbol{A}$ 可对角化，即有可逆矩阵 $\boldsymbol{P}$ 及对角阵 $\boldsymbol{\Lambda}$，使 $\boldsymbol{P}^{-1}\boldsymbol{A}\boldsymbol{P}=\boldsymbol{\Lambda}$，于是

$$\boldsymbol{A}=\boldsymbol{P}\boldsymbol{\Lambda}\boldsymbol{P}^{-1}\Rightarrow\boldsymbol{A}^n=\boldsymbol{P}\boldsymbol{\Lambda}^n\boldsymbol{P}^{-1}.$$

由 $|\boldsymbol{A}-\lambda\boldsymbol{E}|=\begin{vmatrix}2-\lambda & -1\\ -1 & 2-\lambda\end{vmatrix}=\lambda^2-4\lambda+3=(\lambda-1)(\lambda-3)$，得 $\boldsymbol{A}$ 的特征值为 $\lambda_1=1$，$\lambda_2=3$.

于是 $\boldsymbol{\Lambda}=\begin{pmatrix}1&0\\0&3\end{pmatrix}$，$\boldsymbol{\Lambda}^n=\begin{pmatrix}1&0\\0&3^n\end{pmatrix}$.

对应 $\lambda_1=1$，由 $(\boldsymbol{A}-\boldsymbol{E})\boldsymbol{x}=\boldsymbol{0}$，解得对应特征向量 $\boldsymbol{P}_1=\begin{pmatrix}1\\1\end{pmatrix}$；对应 $\lambda_2=3$，由 $(\boldsymbol{A}-3\boldsymbol{E})\boldsymbol{x}=\boldsymbol{0}$，解得对应特征向量 $\boldsymbol{P}_2=\begin{pmatrix}1\\-1\end{pmatrix}$. 令 $\boldsymbol{P}=(\boldsymbol{p}_1,\boldsymbol{p}_2)=\begin{pmatrix}1&1\\1&-1\end{pmatrix}$，求出 $\boldsymbol{P}^{-1}=\frac{1}{2}\begin{pmatrix}1&1\\1&-1\end{pmatrix}$. 于是

$\boldsymbol{A}^n=\boldsymbol{P\Lambda}^n\boldsymbol{P}^{-1}=\frac{1}{2}\begin{pmatrix}1&1\\1&-1\end{pmatrix}\begin{pmatrix}1&0\\0&3^n\end{pmatrix}\begin{pmatrix}1&1\\1&-1\end{pmatrix}=\frac{1}{2}\begin{pmatrix}1+3^n&1-3^n\\1-3^n&1+3^n\end{pmatrix}$.

例 4.13　写出二次型 $f(x_1,x_2,x_3,x_4)=2x_1x_2+2x_1x_3+2x_1x_4+2x_3x_4$ 的矩阵.

分析　会熟练用矩阵表示二次型.

解　$f(x_1,x_2,x_3,x_4)=(x_1,x_2,x_3,x_4)\begin{pmatrix}0&1&1&1\\1&0&0&0\\1&0&0&1\\1&0&1&0\end{pmatrix}\begin{pmatrix}x_1\\x_2\\x_3\\x_4\end{pmatrix}$,

所以二次型 $f(x_1,x_2,x_3,x_4)$ 的矩阵为 $\begin{pmatrix}0&1&1&1\\1&0&0&0\\1&0&0&1\\1&0&1&0\end{pmatrix}$.

例 4.14　设有实对称矩阵 $\boldsymbol{A}=\begin{pmatrix}-1&1&0\\1&0&-\frac{1}{2}\\0&-\frac{1}{2}&\sqrt{2}\end{pmatrix}$，求 $\boldsymbol{A}$ 对应的实二次型.

分析　实对称矩阵与二次型一一对应，会写出实对称矩阵对应的二次型.

解　$\boldsymbol{A}$ 是三阶阵，故有 3 个变量，则实二次型为

$$f(x_1,x_2,x_3)=(x_1,x_2,x_3)\begin{pmatrix}-1&1&0\\1&0&-\frac{1}{2}\\0&-\frac{1}{2}&\sqrt{2}\end{pmatrix}\begin{pmatrix}x_1\\x_2\\x_3\end{pmatrix}$$

$$=-x_1^2+2x_1x_2-x_2x_3+\sqrt{2}x_3^2.$$

例 4.15　求二次型 $f(x_1,x_2,x_3)=x_1^2-4x_1x_2+2x_1x_3-2x_2^2+6x_3^2$ 的秩.

分析　了解二次型秩的概念，二次型的秩即对应实对称矩阵的秩.

解　先求二次型的矩阵

$f(x_1,x_2,x_3)=x_1^2-2x_1x_2+x_1x_3-2x_2x_1-2x_2^2+0x_2x_3+x_3x_1+0x_3x_2+6x_3^2$,

所以 $\boldsymbol{A}=\begin{pmatrix}1&-2&1\\-2&-2&0\\1&0&6\end{pmatrix}$，对 $\boldsymbol{A}$ 作初等变换

$$A\to\begin{pmatrix}1&-2&1\\0&-6&2\\0&2&5\end{pmatrix}\to\begin{pmatrix}1&-2&1\\0&2&5\\0&0&17\end{pmatrix},$$

即 $R(\boldsymbol{A})=3$，所以二次型的秩为 3.

例 4.16 设二次型 $f(x_1,x_2,x_3)=2x_1x_2-4x_1x_3+10x_2x_3$，且

$$\begin{cases}x_1=y_1-y_2-5y_3\\x_2=y_1+y_2+2y_3,\\x_3=y_3\end{cases}$$

求经过上述线性变换后新的二次型.

分析 二次型 $f(x)=\boldsymbol{x}^{\mathrm{T}}\boldsymbol{A}\boldsymbol{x}$，经过线性变换 $\boldsymbol{x}=\boldsymbol{C}\boldsymbol{y}$ 将二次型化为

$$f(x)=\boldsymbol{x}^{\mathrm{T}}\boldsymbol{A}\boldsymbol{x}=(\boldsymbol{C}\boldsymbol{y})^{\mathrm{T}}\boldsymbol{A}(\boldsymbol{C}\boldsymbol{y})=\boldsymbol{y}^{\mathrm{T}}(\boldsymbol{C}^{\mathrm{T}}\boldsymbol{A}\boldsymbol{C})\boldsymbol{y}.$$

解 因 $f(x_1x_2x_3)$相对应的矩阵 $\boldsymbol{A}=\begin{pmatrix}0&1&-2\\1&0&5\\-2&5&0\end{pmatrix}$. 而变换所确定的变换矩阵 $\boldsymbol{C}=\begin{pmatrix}1&-1&-5\\1&1&2\\0&0&1\end{pmatrix}$，由于

$$\boldsymbol{C}^{\mathrm{T}}\boldsymbol{A}\boldsymbol{C}=\begin{pmatrix}1&1&0\\-1&1&0\\-5&2&1\end{pmatrix}\begin{pmatrix}0&1&-2\\1&0&5\\-2&5&0\end{pmatrix}\begin{pmatrix}1&-1&-5\\1&1&2\\0&0&1\end{pmatrix}=\begin{pmatrix}2&0&0\\0&-2&0\\0&0&20\end{pmatrix}.$$

于是新的二次型为 $2y_1^2-2y_2^2+20y_3^2$.

例 4.17 用配方法将下列二次型化为标准形：

(1) $f(x_1,x_2,x_3)=x_1^2+2x_2^2+5x_3^2+2x_1x_2+2x_1x_3+6x_2x_3$；

(2) $f(x_1,x_2,x_3)=2x_1x_2+4x_1x_3$.

分析 用配方法化二次型为标准形时，一定要保证所做的线性变换为可逆线性变换，同时所做的可逆线性变换要保证变量个数不变. 其主要步骤：若二次型含有 x_i 的平方项，则把 x_i 的项集中，然后按 x_i 配成平方项，对其他变量也作类似处理，直到都配成平方项为止；若在二次型中没有平方项，有 $a_{ij}\neq 0(i\neq j)$，则可作线性变换 $y_i=x_i-x_j$，$y_j=x_i+x_j$，$y_k=x_k(k\neq i,j)$化二次型为含有平方项的二次型，然后再配方. 一般配方的方法不同，则得到的标准形也不同。

解 (1) 先将含有 x_1 的项进行配方，得

$$\begin{aligned}f(x_1,x_2,x_3)&=x_1^2+2x_1(x_2+x_3)+(x_2+x_3)^2-(x_2+x_3)^2+2x_2^2+6x_2x_3+5x_3^2\\&=(x_1+x_2+x_3)^2+x_2^2+4x_2x_3+4x_3^2\end{aligned}$$

对后三项中含有 x_2 的项进行配方，有

$$f(x_1,x_2,x_3)=(x_1+x_2+x_3)^2+x_2^2+4x_2x_3+4x_3^2=(x_1+x_2+x_3)^2+(x_2+2x_3)^2.$$

令 $\begin{cases}y_1=x_1+x_2+x_3\\y_2=x_2+2x_3\\y_3=x_3\end{cases}\Rightarrow\begin{cases}x_1=y_1-y_2+y_3\\x_2=y_2-2y_3\\x_3=y_3\end{cases}$，所以

$$\begin{pmatrix}x_1\\x_2\\x_3\end{pmatrix}=\begin{pmatrix}1&-1&1\\0&1&-2\\0&0&1\end{pmatrix}\begin{pmatrix}y_1\\y_2\\y_3\end{pmatrix},\ f=x_1^2+2x_2^2+5x_3^2+2x_1x_2+2x_1x_3+6x_2x_3=y_1^2+y_2^2,$$

则所用变换矩阵为 $\boldsymbol{C}=\begin{pmatrix}1&-1&1\\0&1&-2\\0&0&1\end{pmatrix}(|\boldsymbol{C}|=1\neq 0)$.

(2) 此二次型没有平方项，只有混合项. 因此先对二次型作变换，使其有平方项，然后按本例题(1)的方法进行配方. 令

$$\begin{cases}x_1=y_1+y_2\\x_2=y_1-y_2\\x_3=y_3\end{cases}$$

即 $\begin{pmatrix}x_1\\x_2\\x_3\end{pmatrix}=\begin{pmatrix}1&1&0\\1&-1&0\\0&0&1\end{pmatrix}\begin{pmatrix}y_1\\y_2\\y_3\end{pmatrix}$，则原二次型化为

$$\begin{aligned}f(x_1,x_2,x_3)&=2(y_1+y_2)(y_1-y_2)+4(y_1+y_2)y_3\\&=2y_1^2-2y_2^2+4y_1y_3+4y_2y_3\\&=2(y_1+y_3)^2-2(y_2-y_3)^2.\end{aligned}$$

令 $\begin{cases}z_1=y_1+y_3\\z_2=y_2-y_3\\z_3=y_3\end{cases}\Rightarrow\begin{cases}y_1=z_1-z_3\\y_2=z_2+z_3\\y_3=z_3\end{cases}$，所以

$$\begin{pmatrix}y_1\\y_2\\y_3\end{pmatrix}=\begin{pmatrix}1&0&-1\\0&1&1\\0&0&1\end{pmatrix}\begin{pmatrix}z_1\\z_2\\z_3\end{pmatrix},$$

故
$$\begin{pmatrix}x_1\\x_2\\x_3\end{pmatrix}=\begin{pmatrix}1&1&0\\1&-1&0\\0&0&1\end{pmatrix}\begin{pmatrix}1&0&-1\\0&1&1\\0&0&1\end{pmatrix}\begin{pmatrix}z_1\\z_2\\z_3\end{pmatrix}=\begin{pmatrix}1&1&0\\1&-1&-2\\0&0&1\end{pmatrix}\begin{pmatrix}z_1\\z_2\\z_3\end{pmatrix}.$$

$$f=2x_1x_2+4x_1x_3=2z_1^2-2z_2^2.$$

所以变换矩阵为 $\boldsymbol{C}=\begin{pmatrix}1&1&0\\1&-1&-2\\0&0&1\end{pmatrix}(|\boldsymbol{C}|=-2\neq 0)$.

例 4.18　将二次型 $f=17x_1^2+14x_2^2+14x_3^2-4x_1x_2-4x_1x_3-8x_2x_3$ 通过正交变换 $\boldsymbol{x}=\boldsymbol{P}\boldsymbol{y}$，化成标准形.

分析　用正交变换化二次型的方法步骤需熟练掌握. 主要步骤：写出二次型 $f=\boldsymbol{x}^{\mathrm{T}}\boldsymbol{A}\boldsymbol{x}$ 的矩阵 $\boldsymbol{A}$，对 A 进行对角化过程，找到正交阵 $\boldsymbol{P}$，使得 $\boldsymbol{P}^{-1}\boldsymbol{A}\boldsymbol{P}=\boldsymbol{\Lambda}$，则对 $\boldsymbol{x}$ 实行正交变换 $\boldsymbol{x}=\boldsymbol{P}\boldsymbol{y}$，则得二次型的标准形 $f=\boldsymbol{y}^{\mathrm{T}}\boldsymbol{\Lambda}\boldsymbol{y}$。另外注意，$\boldsymbol{A}$ 与 $\boldsymbol{\Lambda}$ 既相似又合同.

解　(1) 写出二次型矩阵：$\boldsymbol{A}=\begin{pmatrix}17&-2&-2\\-2&14&-4\\-2&-4&14\end{pmatrix}$.

(2) 求其特征值. 由

$$|\lambda \boldsymbol{E}-\boldsymbol{A}|=\begin{vmatrix}\lambda-17 & 2 & 2\\ 2 & \lambda-14 & 4\\ 2 & 4 & \lambda-14\end{vmatrix}=(\lambda-18)^2(\lambda-9),$$

则 $\lambda_1=9$，$\lambda_2=\lambda_3=18$.

(3) 求特征向量. 将 $\lambda_1=9$ 代入 $(\lambda\boldsymbol{E}-\boldsymbol{A})\boldsymbol{x}=\boldsymbol{0}$，得基础解系 $\boldsymbol{\xi}_1=(1/2,1,1)^{\mathrm{T}}$.

将 $\lambda_2=\lambda_3=18$ 代入 $(\lambda\boldsymbol{E}-\boldsymbol{A})\boldsymbol{x}=\boldsymbol{0}$，得基础解系 $\boldsymbol{\xi}_2=(-2,1,0)^{\mathrm{T}}$，$\boldsymbol{\xi}_3=(-2,0,1)^{\mathrm{T}}$.

(4) 将特征向量正交化. 取 $\boldsymbol{\alpha}_1=\boldsymbol{\xi}_1$，$\boldsymbol{\alpha}_2=\boldsymbol{\xi}_2$，$\boldsymbol{\alpha}_3=\boldsymbol{\xi}_3-\dfrac{[\boldsymbol{\alpha}_2,\boldsymbol{\xi}_3]}{[\boldsymbol{\alpha}_2,\boldsymbol{\alpha}_2]}\boldsymbol{\alpha}_2$，得正交向量组为

$\boldsymbol{\alpha}_1=\left(\dfrac{1}{2},1,1\right)^{\mathrm{T}}$，$\boldsymbol{\alpha}_2=(-2,1,0)^{\mathrm{T}}$，$\boldsymbol{\alpha}_3=\left(-\dfrac{2}{5},-\dfrac{4}{5},1\right)^{\mathrm{T}}$. 将其单位化得

$$\boldsymbol{\eta}_1=\begin{pmatrix}\frac{1}{3}\\ \frac{2}{3}\\ \frac{2}{3}\end{pmatrix},\ \boldsymbol{\eta}_2=\begin{pmatrix}-\frac{2}{\sqrt5}\\ \frac{1}{\sqrt5}\\ 0\end{pmatrix},\ \boldsymbol{\eta}_3=\begin{pmatrix}-\frac{2}{\sqrt{45}}\\ -\frac{4}{\sqrt{45}}\\ \frac{5}{\sqrt{45}}\end{pmatrix}.$$

作正交矩阵：$\boldsymbol{P}=\begin{pmatrix}\frac{1}{3} & -\frac{2}{\sqrt5} & -\frac{2}{\sqrt{45}}\\ \frac{2}{3} & \frac{1}{\sqrt5} & -\frac{4}{\sqrt{45}}\\ \frac{2}{3} & 0 & \frac{5}{\sqrt{45}}\end{pmatrix}$.

(5) 所求正交变换为 $\begin{pmatrix}x_1\\ x_2\\ x_3\end{pmatrix}=\begin{pmatrix}\frac{1}{3} & -\frac{2}{\sqrt5} & -\frac{2}{\sqrt{45}}\\ \frac{2}{3} & \frac{1}{\sqrt5} & -\frac{4}{\sqrt{45}}\\ \frac{2}{3} & 0 & \frac{5}{\sqrt{45}}\end{pmatrix}\begin{pmatrix}y_1\\ y_2\\ y_3\end{pmatrix}$，在此变换下原二次型化为标准形为 $f=9y_1^2+18y_2^2+18y_3^2$.

例 4.19 将标准形 $2y_1^2-2y_2^2-\dfrac{1}{2}y_3^2$ 规范化，并求其正负惯性指数.

分析 会将二次形的标准形化为规范形.

解
$$2y_1^2-2y_2^2-\frac{1}{2}y_3^2=(\sqrt2 y_1)^2-(\sqrt2 y_2)^2-\left(\frac{1}{\sqrt2}y_3\right)^2,$$

作变换：$\begin{cases}w_1=\sqrt2 y_1\\ w_2=\sqrt2 y_2\\ w_3=\dfrac{1}{\sqrt2}y_3\end{cases}$，则 $\begin{cases}y_1=\dfrac{1}{\sqrt2}w_1\\ y_2=\dfrac{1}{\sqrt2}w_2\\ y_3=\sqrt2 w_3\end{cases}$，变换矩阵 $\boldsymbol{C}=\begin{pmatrix}\frac{1}{\sqrt2} & & \\ & \frac{1}{\sqrt2} & \\ & & \sqrt2\end{pmatrix}$，$\boldsymbol{C}$ 可逆，则原二次

型就成为 $w_1^2-w_2^2-w_3^2$，就是一个规范标准形，其正惯性指数为 1，负惯性指数为 2.

例 4.20　当 λ 取何值时，二次型 $f(x_1, x_2, x_3)=x_1^2+2x_1x_2+4x_1x_3+2x_2^2+6x_2x_3+\lambda x_3^2$ 为正定二次型.

分析　n 元实二次型 $f=\boldsymbol{X}^{\mathrm{T}}\boldsymbol{AX}$ 正定$\Leftrightarrow\boldsymbol{A}$ 的所有顺序主子式大于零.

解　二次型矩阵 $\boldsymbol{A}=\begin{pmatrix}1 & 1 & 2\\ 1 & 2 & 3\\ 2 & 3 & \lambda\end{pmatrix}$，因为其顺序主子式 $|\boldsymbol{A}_1|=1>0$，$|\boldsymbol{A}_2|=\begin{vmatrix}1 & 1\\ 1 & 2\end{vmatrix}=1>0$，$|\boldsymbol{A}_3|=|\boldsymbol{A}|=\lambda-5>0$，所以当 $\lambda>5$ 时，$f(x_1, x_2, x_3)$ 为正定二次型.

例 4.21　判别二次型 $f(x, y, z)=-5x^2-6y^2-4z^2+4xy+4xz$ 为负定二次型.

分析　实二次型 $f=\boldsymbol{X}^{\mathrm{T}}\boldsymbol{AX}$ 负定$\Leftrightarrow\boldsymbol{A}$ 的 n 个顺序主子式的值正负相间.

解　二次型矩阵 $\boldsymbol{A}=\begin{pmatrix}-5 & 2 & 2\\ 2 & -6 & 0\\ 2 & 0 & -4\end{pmatrix}$，因为

$$|\boldsymbol{A}_1|=-5<0,\ |\boldsymbol{A}_2|=\begin{vmatrix}-5 & 2\\ 2 & -6\end{vmatrix}=26>0,\ |\boldsymbol{A}_3|=|\boldsymbol{A}|=-80<0,$$

所以 $f(x_1, x_2, x_3)$ 为负定二次型.

例 4.22　已知二次型 $f(x_1, x_2, x_3)=5x_1^2+5x_2^2+cx_3^2-2x_1x_2+6x_1x_3-6x_2x_3$ 的秩为 2. 求参数 c 的值，并将此二次型化为标准形.

分析　本题先根据二次型的秩求出二次型中的参数，再对二次型进行正交标准化.

解　二次型 $f(x_1, x_2, x_3)$ 的矩阵为

$$\boldsymbol{A}=\begin{pmatrix}5 & -1 & 3\\ -1 & 5 & -3\\ 3 & -3 & c\end{pmatrix},$$

因为 $\boldsymbol{A}$ 的秩为 2，所以 $|\boldsymbol{A}|=0$，可得 $c=3$，即

$$f(x_1, x_2, x_3)=5x_1^2+5x_2^2+3x_3^2-2x_1x_2+6x_1x_3-6x_2x_3$$

也就是

$$\boldsymbol{A}=\begin{pmatrix}5 & -1 & 3\\ -1 & 5 & -3\\ 3 & -3 & 3\end{pmatrix}.$$

通过对 $\boldsymbol{A}$ 进行正交变换法，可将其化为标准形为 $4y_2^2+9y_3^2$.

（二）拓展题

例 4.23　设 $\boldsymbol{A}=\begin{pmatrix}1 & -1 & 0\\ 2 & x & 0\\ 4 & 2 & 1\end{pmatrix}$，$\boldsymbol{A}$ 的特征值为 1，2，3，试求 x 的值.

分析　根据方阵 $\boldsymbol{A}$ 的特征值 λ 满足 $|\lambda\boldsymbol{E}-\boldsymbol{A}|=\boldsymbol{0}$，从而可以求出 $\boldsymbol{x}$. 此类型的题目也可以根据特征值的性质① $\lambda_1+\lambda_2+\cdots+\lambda_n=a_{11}+a_{22}+\cdots+a_{nn}$ 和② $\lambda_1\lambda_2\cdots\lambda_n=|\boldsymbol{A}|$ 建立 $\boldsymbol{x}$ 的方程，从而求出未知数 $\boldsymbol{x}$. 例如，由①式得 $1+2+3=1+x+1$，得出 $x=4$.

解 矩阵 $\boldsymbol{A}$ 的特征多项式为

$$|\lambda\boldsymbol{E}-\boldsymbol{A}|=\begin{vmatrix}\lambda-1 & 1 & 0\\ -2 & \lambda-x & 0\\ -4 & -2 & \lambda-1\end{vmatrix}=(\lambda-1)[\lambda^2-(x+1)\lambda+x+2]$$

又因为 $\boldsymbol{A}$ 的特征值为 1，2，3，所以当 $\lambda=1$，2，3 时，$|\lambda\boldsymbol{E}-\boldsymbol{A}|=0$，由 $|2\boldsymbol{E}-\boldsymbol{A}|=0$ 可解得 $x=4$.

例 4.24 已知 $\boldsymbol{A}=\begin{pmatrix}2 & 0 & 0\\ 0 & a & 2\\ 0 & 2 & a\end{pmatrix}$ $(a>0)$ 有一特征值为 1，求正交矩阵 $\boldsymbol{P}$ 使得 $\boldsymbol{P}^{-1}\boldsymbol{AP}$ 为对角矩阵.

分析 本题先根据矩阵有一特征值为 1，使 $|\boldsymbol{E}-\boldsymbol{A}|=0$ 解得 a 的值，再按照矩阵对角化步骤求正交矩阵 $\boldsymbol{P}$.

解 $\boldsymbol{A}$ 的特征多项式为

$$|\lambda\boldsymbol{E}-\boldsymbol{A}|=\begin{vmatrix}\lambda-2 & 0 & 0\\ 0 & \lambda-a & -2\\ 0 & -2 & \lambda-a\end{vmatrix}=(\lambda-2)(\lambda-a+2)(\lambda-a-2),$$

由于 $\boldsymbol{A}$ 有特征值 1，故有两种情形：若 $a-2=1$，则 $a=3$；若 $a+3=1$，则 $a=-1$.

由于 $a>0$，因此只能取 $a=3$. 从而得 $\boldsymbol{A}$ 的特征值为 2，1，5. 对 $\lambda_1=2$，由 $(2\boldsymbol{E}-\boldsymbol{A})\boldsymbol{x}=\boldsymbol{0}$，得基础解系 $\boldsymbol{p}_1=(1,0,0)^{\mathrm{T}}$；对 $\lambda_2=1$，由 $(\boldsymbol{E}-\boldsymbol{A})\boldsymbol{x}=\boldsymbol{0}$，得基础解系 $\boldsymbol{p}_2=(0,1,-1)^{\mathrm{T}}$；对 $\lambda_3=5$，由 $(5\boldsymbol{E}-\boldsymbol{A})\boldsymbol{x}=\boldsymbol{0}$，得基础解系 $\boldsymbol{p}_3=(0,1,1)^{\mathrm{T}}$.

因实对称矩阵属于不同特征值的特征向量必相互正交，故特征向量 $\boldsymbol{p}_1$，$\boldsymbol{p}_2$，$\boldsymbol{p}_3$ 已是正交向量组，只需对特征向量进行单位化：

$$\boldsymbol{\eta}_1=(1,0,0)^{\mathrm{T}},\ \boldsymbol{\eta}_2=\left(0,\frac{1}{\sqrt{2}},-\frac{1}{\sqrt{2}}\right)^{\mathrm{T}},\ \boldsymbol{\eta}_3=\left(0,\frac{1}{\sqrt{2}},\frac{1}{\sqrt{2}}\right)^{\mathrm{T}}.$$

令 $\boldsymbol{P}=(\boldsymbol{\eta}_1,\boldsymbol{\eta}_2,\boldsymbol{\eta}_3)=\begin{pmatrix}1 & 0 & 0\\ 0 & \frac{1}{\sqrt{2}} & \frac{1}{\sqrt{2}}\\ 0 & -\frac{1}{\sqrt{2}} & \frac{1}{\sqrt{2}}\end{pmatrix}$，则 $\boldsymbol{P}^{-1}\boldsymbol{AP}=\begin{pmatrix}2 & 0 & 0\\ 0 & 1 & 0\\ 0 & 0 & 5\end{pmatrix}$.

例 4.25 已知矩阵 $\boldsymbol{A}=\begin{pmatrix}2 & 0 & 0\\ 0 & 0 & 1\\ 0 & 1 & x\end{pmatrix}$ 与 $\boldsymbol{B}=\begin{pmatrix}2 & 0 & 0\\ 0 & y & 0\\ 0 & 0 & -1\end{pmatrix}$ 相似。

(1) 求 x、y 的值；

(2) 求矩阵 $\boldsymbol{P}$，使得 $\boldsymbol{P}^{-1}\boldsymbol{AP}=\boldsymbol{B}$.

分析 该题用相似矩阵有相同的特征值及 $|-\boldsymbol{E}-\boldsymbol{A}|=0$ 可求出 x 与 y 的值，也可以用 $\boldsymbol{A}$ 的对角线元素之和 $=\boldsymbol{B}$ 的对角线元素之和或者 $|\boldsymbol{A}|=\boldsymbol{A}$ 的特征值之积 $=\boldsymbol{B}$ 的特征值之积 $=|\boldsymbol{B}|$. 另外注意，正交阵 $\boldsymbol{P}$ 将 $\boldsymbol{A}$ 相似对角化，$\boldsymbol{P}$ 是不唯一的，同时，对角阵 $\boldsymbol{B}$ 给定，$\boldsymbol{P}$ 中列向量的排列顺序与 $\boldsymbol{B}$ 中的对角线元素要对应。

解 (1) 矩阵 $\boldsymbol{A}$ 的特征多项式为

$$|\lambda \boldsymbol{E}-\boldsymbol{A}|=\begin{vmatrix}\lambda-2 & 0 & 0\\ 0 & \lambda & -1\\ 0 & -1 & \lambda-x\end{vmatrix}=(\lambda-2)(\lambda^2-\lambda x-1)$$

又因为 $\boldsymbol{A}$ 与 $\boldsymbol{B}$ 相似，所以 $\boldsymbol{A}$ 与 $\boldsymbol{B}$ 有相同的特征值，$\boldsymbol{B}$ 为对角阵，故 $\boldsymbol{A}$ 的特征值为 2，y，-1.

当 $\lambda=-1$ 时，$|\lambda \boldsymbol{E}-\boldsymbol{A}|=0$，由此解得 $x=0$.

由 $x=0$ 知：

$$|\lambda \boldsymbol{E}-\boldsymbol{A}|=(\lambda-2)(\lambda^2-1)$$

所以 $\boldsymbol{A}$ 的特征值为 2，1，-1，$y=-1$.

(2) 由(1)知 $\boldsymbol{A}$ 的特征值为 2，1，-1.

对于 $\lambda_1=2$，解齐次线性方程组 $(2\boldsymbol{E}-\boldsymbol{A})\boldsymbol{x}=\boldsymbol{0}$，可得方程组的一个基础解系 $\boldsymbol{\alpha}_1=(1,0,0)^{\mathrm{T}}$.

对于 $\lambda_2=1$，解齐次线性方程组 $(\boldsymbol{E}-\boldsymbol{A})\boldsymbol{x}=\boldsymbol{0}$，可得方程组的一个基础解系 $\boldsymbol{\alpha}_2=(0,1,1)^{\mathrm{T}}$.

对于 $\lambda_3=-1$，解齐次线性方程组 $(-\boldsymbol{E}-\boldsymbol{A})\boldsymbol{x}=\boldsymbol{0}$，可得方程组的一个基础解系 $\boldsymbol{\alpha}_3=(0,1,-1)^{\mathrm{T}}$.

令 $\boldsymbol{P}=(\alpha_1,\alpha_2,\alpha_3)=\begin{pmatrix}1 & 0 & 0\\ 0 & 1 & 1\\ 0 & 0 & -1\end{pmatrix}$，则 $\boldsymbol{P}^{-1}\boldsymbol{AP}=\boldsymbol{B}$.

例 4.26　设三阶实对称矩阵 $\boldsymbol{A}$ 的特征值为 1，2，3，对应的特征向量分别为 $\boldsymbol{\alpha}_1=(1,1,1)^{\mathrm{T}}$，$\boldsymbol{\alpha}_2=(1,0,1)^{\mathrm{T}}$，$\boldsymbol{\alpha}_3=(0,1,1)^{\mathrm{T}}$，求矩阵 $\boldsymbol{A}$ 和 $\boldsymbol{A}^3$.

分析　本题是根据对角化理论求矩阵及矩阵的幂。因为 $\boldsymbol{A}$ 为对称阵，所以 $\boldsymbol{A}$ 可以对角化，故存在正交矩阵 $\boldsymbol{P}$，使 $\boldsymbol{P}^{-1}\boldsymbol{AP}=\boldsymbol{\Lambda}$ 为对角矩阵. 依题意，$\boldsymbol{P}$ 和 $\boldsymbol{\Lambda}$ 已知，所以 $\boldsymbol{A}=\boldsymbol{P\Lambda P}^{-1}$，$\boldsymbol{A}^3=\boldsymbol{P\Lambda}^3\boldsymbol{P}^{-1}$.

解　设矩阵 $\boldsymbol{A}=\begin{pmatrix}a_{11} & a_{12} & a_{13}\\ a_{21} & a_{22} & a_{23}\\ a_{31} & a_{32} & a_{33}\end{pmatrix}$，则

$$\begin{pmatrix}1 & 1 & 0\\ 1 & 0 & 1\\ 1 & 1 & 1\end{pmatrix}^{-1}\begin{pmatrix}a_{11} & a_{12} & a_{13}\\ a_{21} & a_{22} & a_{23}\\ a_{31} & a_{32} & a_{33}\end{pmatrix}\begin{pmatrix}1 & 1 & 0\\ 1 & 0 & 1\\ 1 & 1 & 1\end{pmatrix}=\begin{pmatrix}1 & 0 & 0\\ 0 & 2 & 0\\ 0 & 0 & 3\end{pmatrix}.$$

因此

$$A=\begin{pmatrix}1 & 1 & 0\\ 1 & 0 & 1\\ 1 & 1 & 1\end{pmatrix}\begin{pmatrix}1 & 0 & 0\\ 0 & 2 & 0\\ 0 & 0 & 3\end{pmatrix}\begin{pmatrix}1 & 1 & 0\\ 1 & 0 & 1\\ 1 & 1 & 1\end{pmatrix}^{-1}=\begin{pmatrix}1 & -1 & 1\\ -2 & 1 & 2\\ -2 & -1 & 4\end{pmatrix},$$

$$A^3=\begin{pmatrix}1 & 1 & 0\\ 1 & 0 & 1\\ 1 & 1 & 1\end{pmatrix}\begin{pmatrix}1 & 0 & 0\\ 0 & 2 & 0\\ 0 & 0 & 3\end{pmatrix}^3\begin{pmatrix}1 & 1 & 0\\ 1 & 0 & 1\\ 1 & 1 & 1\end{pmatrix}^{-1}=\begin{pmatrix}1 & -7 & 7\\ -26 & 1 & 26\\ -26 & -7 & 34\end{pmatrix}.$$

例 4.27　设三阶实对称矩阵 $\boldsymbol{A}$ 的特征值为 $\lambda_1=-1$，$\lambda_2=1$(二重)，对应于 λ_1 的特征向量 $\boldsymbol{\alpha}_1=(0,1,1)^{\mathrm{T}}$.

(1) 求 $\boldsymbol{A}$ 对应特征值 1 的特征向量；

(2) 求矩阵 $\boldsymbol{A}$.

分析 本题是关于特征值和特征向量的逆问题，已知矩阵的部分特征值和特征向量，求另外的特征值和特征向量及矩阵. 由对角化理论，问(1)根据对称矩阵对应不同特征值的特征向量正交，求出特征值对应的特征向量；问(2)同例 4.18 由 $\boldsymbol{P}^{-1}\boldsymbol{AP}=\boldsymbol{\Lambda}\Rightarrow\boldsymbol{A}=\boldsymbol{P\Lambda P}^{-1}$ 即可.

解 (1) 由于 $\boldsymbol{A}$ 为三阶实对称矩阵，因此 $\boldsymbol{A}$ 对应 $\lambda_2=1$(二重)的特征向量应有两个，设为 $\boldsymbol{\alpha}_2$、$\boldsymbol{\alpha}_3$，则 $\boldsymbol{\alpha}_2$、$\boldsymbol{\alpha}_3$ 都与 $\boldsymbol{\alpha}_1$ 正交. 设与向量 $\boldsymbol{\alpha}_1$ 正交的向量为 $\boldsymbol{\alpha}=(x_1\quad x_2\quad x_3)^{\mathrm{T}}$，则有

$$\boldsymbol{\alpha}_1^{\mathrm{T}}\boldsymbol{\alpha}=(0,\ 1,\ 1)\begin{pmatrix}x_1\\x_2\\x_3\end{pmatrix}=x_2+x_3=\boldsymbol{0}$$

解此线性方程组可得方程组的一个基础解系 $\boldsymbol{\alpha}_2=(1,\ 0,\ 0)^{\mathrm{T}}$，$\boldsymbol{\alpha}_3=(0,\ 1,\ -1)^{\mathrm{T}}$，则 $\boldsymbol{A}$ 对应 $\lambda_2=1$(二重)的特征向量应有两个，分别为 $\boldsymbol{\alpha}_2=(1,\ 0,\ 0)^{\mathrm{T}}$，$\boldsymbol{\alpha}_3=(0,\ 1,\ -1)^{\mathrm{T}}$.

(2) $\boldsymbol{P}=(\boldsymbol{\alpha}_1,\ \boldsymbol{\alpha}_2,\ \boldsymbol{\alpha}_3)=\begin{pmatrix}0&1&0\\1&0&1\\1&0&-1\end{pmatrix}$，则 $\boldsymbol{P}^{-1}\boldsymbol{AP}=\begin{pmatrix}-1&0&0\\0&1&0\\0&0&1\end{pmatrix}$，所以

$$\boldsymbol{A}=\begin{pmatrix}0&1&0\\1&0&1\\1&0&-1\end{pmatrix}\begin{pmatrix}-1&0&0\\0&1&0\\0&0&1\end{pmatrix}\begin{pmatrix}0&1&0\\1&0&1\\1&0&-1\end{pmatrix}^{-1}=\begin{pmatrix}1&0&0\\0&0&-1\\0&-1&0\end{pmatrix}.$$

例 4.28 已知 $\boldsymbol{\alpha}=(1,\ 1,\ -1)^{\mathrm{T}}$ 是矩阵 $\boldsymbol{A}=\begin{pmatrix}2&-1&2\\5&a&3\\-1&b&-2\end{pmatrix}$ 的一个特征向量. 试确定 a、b 的值和 $\boldsymbol{\alpha}$ 所对应的特征值，并判断 $\boldsymbol{A}$ 是否可对角化.

分析 矩阵能否对角化，取决于它的线性无关的特征向量的个数.

解 因为 $\boldsymbol{\alpha}=(1,\ 1,\ -1)^{\mathrm{T}}$ 是矩阵 $\boldsymbol{A}=\begin{pmatrix}2&-1&2\\5&a&3\\-1&b&-2\end{pmatrix}$ 的一个特征向量，所以 $(\lambda\boldsymbol{E}-\boldsymbol{A})\boldsymbol{\alpha}=\boldsymbol{0}$，即 $\begin{pmatrix}\lambda-2&1&-2\\-5&\lambda-a&-3\\1&-b&\lambda+2\end{pmatrix}\begin{pmatrix}1\\1\\-1\end{pmatrix}=\begin{pmatrix}0\\0\\0\end{pmatrix}$，解此线性方程组可得 $\lambda=-1$，$a=-3$，$b=0$.

因此，矩阵 $\boldsymbol{A}$ 的特征多项式为

$$|\lambda\boldsymbol{E}-\boldsymbol{A}|=\begin{pmatrix}\lambda-2&1&-2\\-5&\lambda+3&-3\\1&0&\lambda+2\end{pmatrix}=(\lambda+1)^3.$$

由 $|\lambda\boldsymbol{E}-\boldsymbol{A}|=0$，可得 $\boldsymbol{A}$ 的特征值为 $\lambda_1=\lambda_2=\lambda_3=-1$，对于 $\lambda_1=\lambda_2=\lambda_3=-1$，解齐次线性方程组 $(-\boldsymbol{E}-\boldsymbol{A})\boldsymbol{x}=\boldsymbol{0}$，可得方程组的一个基础解系 $\boldsymbol{\alpha}_1=(-1,\ -1,\ 1)^{\mathrm{T}}$.

因为对应于 $\lambda_1=\lambda_2=\lambda_3=-1$ 的线性无关的特征向量只有一个，所以 $\boldsymbol{A}$ 不能对角化。

例 4.29　试证 n 阶矩阵 $\boldsymbol{A}$ 是奇异矩阵的充分必要条件是 $\boldsymbol{A}$ 有一个特征值为零.

分析　此例也可以叙述为：n 阶矩阵 $\boldsymbol{A}$ 可逆$\Leftrightarrow$它的任一特征值不为零.

证明　必要性：若 $\boldsymbol{A}$ 是奇异矩阵，则 $|\boldsymbol{A}|=0$，于是

$$|0\boldsymbol{E}-\boldsymbol{A}|=|-\boldsymbol{A}|=(-1)^n|\boldsymbol{A}|=0$$

即 0 是 $\boldsymbol{A}$ 的一个特征值.

充分性：设 $\boldsymbol{A}$ 有一个特征值为 0，对应的特征向量为 $\boldsymbol{p}$，由特征值的定义，有

$$\boldsymbol{A}\boldsymbol{p}=0\boldsymbol{p}=\boldsymbol{0}\ (\boldsymbol{p}\neq\boldsymbol{0})$$

所以，齐次线性方程组 $\boldsymbol{A}\boldsymbol{x}=\boldsymbol{0}$ 有非零解 $\boldsymbol{p}$. 由此可知 $|\boldsymbol{A}|=0$，即 $\boldsymbol{A}$ 为奇异矩阵.

例 4.30　设 λ_1 和 λ_2 是矩阵 $\boldsymbol{A}$ 的两个不同的特征值，对应的特征向量依次为 $\boldsymbol{p}_1$ 和 $\boldsymbol{p}_2$，证明 $\boldsymbol{p}_1+\boldsymbol{p}_2$ 不是 $\boldsymbol{A}$ 的特征向量.

分析　矩阵属于同一特征值的特征向量的非零线性组合仍是该矩阵属于这个特征值的特征向量，属于不同特征值的特征向量的非零线性组合不是该矩阵的特征向量.

证明　按题意设，有 $\boldsymbol{A}\boldsymbol{p}_1=\lambda_1\boldsymbol{p}_1$，$\boldsymbol{A}\boldsymbol{p}_2=\lambda_2\boldsymbol{p}_2$，故 $\boldsymbol{A}(\boldsymbol{p}_1+\boldsymbol{p}_2)=\lambda_1\boldsymbol{p}_1+\lambda_2\boldsymbol{p}_2$.

用反证法证明，设 $\boldsymbol{p}_1+\boldsymbol{p}_2$ 是 $\boldsymbol{A}$ 的特征向量，则应存在数 λ，使

$$\boldsymbol{A}(\boldsymbol{p}_1+\boldsymbol{p}_2)=\lambda(\boldsymbol{p}_1+\boldsymbol{p}_2),$$

于是 $\lambda(\boldsymbol{p}_1+\boldsymbol{p}_2)=\lambda_1\boldsymbol{p}_1+\lambda_2\boldsymbol{p}_2$，即 $(\lambda_1-\lambda)\boldsymbol{p}_1+(\lambda_2-\lambda)\boldsymbol{p}_2=\boldsymbol{0}$. 因 $\lambda_1\neq\lambda_2$，则 $\boldsymbol{p}_1$、$\boldsymbol{p}_2$ 线性无关，故由上式可得

$$\lambda_1-\lambda=\lambda_2-\lambda=0$$

即 $\lambda_1=\lambda_2$，这与题设矛盾. 因此，$\boldsymbol{p}_1+\boldsymbol{p}_2$ 不是 $\boldsymbol{A}$ 的特征向量.

注　再如下列现象：$\boldsymbol{A}=\begin{pmatrix}1&1\\0&1\end{pmatrix}$，$\boldsymbol{B}=\begin{pmatrix}1&2\\2&1\end{pmatrix}$，则 $\boldsymbol{A}+\boldsymbol{B}=\begin{pmatrix}2&3\\2&2\end{pmatrix}$，$\boldsymbol{AB}=\begin{pmatrix}3&3\\2&1\end{pmatrix}$. 因为 $\boldsymbol{A}$ 是上三角矩阵，所以 1 是 $\boldsymbol{A}$ 的一个特征值，而 $|-\boldsymbol{E}-\boldsymbol{B}|=0$，所以 -1 是 $\boldsymbol{B}$ 的一个特征值，但 $1+(-1)$ 不是 $\boldsymbol{A}+\boldsymbol{B}$ 的特征值，因为 $\boldsymbol{A}+\boldsymbol{B}$ 的特征值是 $2+\sqrt{6}$、$2-\sqrt{6}$，又因为 $\boldsymbol{AB}$ 的特征值是 $2+\sqrt{7}$、$2-\sqrt{7}$，所以 $1\times(-1)=-1$ 也不是 $\boldsymbol{AB}$ 的特征值.

例 4.31　已知二次型 $f(x_1, x_2, x_3)=2x_1^2+3x_2^2+3x_3^2+2ax_2x_3\,(a>0)$ 通过正交变换化为标准形 $f=y_1^2+2y_2^2+5y_3^2$，求 a 的值及所作的正交变换矩阵.

分析　本题首先根据特征值求出 a 的值，然后再按正交化方法和步骤求出正交矩阵.

解　因为原二次型通过正交变换可化为 $f=y_1^2+2y_2^2+5y_3^2$，可知原二次型的矩阵的特征值为 1，2 和 5. 而原二次型的矩阵为

$$\boldsymbol{A}=\begin{pmatrix}2&0&0\\0&3&a\\0&a&3\end{pmatrix}.$$

故 $\boldsymbol{A}$ 的特征方程为

$$|\lambda\boldsymbol{E}-\boldsymbol{A}|=\begin{vmatrix}\lambda-2&0&0\\0&\lambda-3&a\\0&a&\lambda-3\end{vmatrix}=(\lambda-2)(\lambda^2-6\lambda+9-a^2)=0.$$

因此，将此特征方程的解 1，2，5 代入上式得 $a=2$(由题设 $a>0$ 舍去负值).

对于 $\lambda_1=1$，求其线性方程组 $(\boldsymbol{E}-\boldsymbol{A})\boldsymbol{x}=\boldsymbol{0}$，可解得基础解系为

$$\boldsymbol{\alpha}_1=(0, 1, 1)^{\mathrm{T}}.$$

对于 $\lambda_2=2$，求其线性方程组 $(2\boldsymbol{E}-\boldsymbol{A})\boldsymbol{x}=\boldsymbol{0}$，可解得基础解系为

$$\boldsymbol{\alpha}_2=(1,0,0)^{\mathrm{T}}.$$

对于 $\lambda_3=5$，求其线性方程组 $(5\boldsymbol{E}-\boldsymbol{A})\boldsymbol{x}=\boldsymbol{0}$，可解得基础解系为

$$\boldsymbol{\alpha}_3=(0,1,-1)^{\mathrm{T}}.$$

将 $\boldsymbol{\alpha}_1$，$\boldsymbol{\alpha}_2$，$\boldsymbol{\alpha}_3$ 单位化，得

$$\boldsymbol{\gamma}_1=\frac{1}{\|\boldsymbol{\alpha}_1\|}\boldsymbol{\alpha}_1=\left(0,\frac{1}{\sqrt{2}},\frac{1}{\sqrt{2}}\right)^{\mathrm{T}},$$

$$\boldsymbol{\gamma}_2=\frac{1}{\|\boldsymbol{\alpha}_2\|}\boldsymbol{\alpha}_2=(1,0,0)^{\mathrm{T}},$$

$$\boldsymbol{\gamma}_3=\frac{1}{\|\boldsymbol{\alpha}_3\|}\boldsymbol{\alpha}_3=\left(0,\frac{1}{\sqrt{2}},-\frac{1}{\sqrt{2}}\right)^{\mathrm{T}}.$$

故正交变换矩阵为

$$\boldsymbol{P}=(\boldsymbol{\gamma}_1,\boldsymbol{\gamma}_2,\boldsymbol{\gamma}_3)=\begin{pmatrix}0&1&0\\\frac{1}{\sqrt{2}}&0&\frac{1}{\sqrt{2}}\\\frac{1}{\sqrt{2}}&0&-\frac{1}{\sqrt{2}}\end{pmatrix}.$$

例 4.32 已知二次曲面方程 $x^2+ay^2+z^2+2bxy+2xz+2yz=4$ 可以经过正交变换

$$(x,y,z)^{\mathrm{T}}=\boldsymbol{P}(\boldsymbol{\xi},\boldsymbol{\eta},\boldsymbol{\zeta})^{\mathrm{T}}$$

化为椭圆柱面方程 $\boldsymbol{\eta}^2+4\boldsymbol{\zeta}^2=4$. 求 a、b 的值和正交矩阵 $\boldsymbol{P}$.

分析 本题通过 $\lambda_1\lambda_2\cdots\lambda_n=|\boldsymbol{A}|$ 和 $\lambda_1+\lambda_2+\cdots+\lambda_n=\sum\limits_{i=1}^{n}a_{ii}$ 来求 a 和 b. 另外，本题还可以通过 $|\lambda\boldsymbol{E}-\boldsymbol{A}|=0(\lambda=0,1,4)$ 求 a 和 b，计算比较复杂.

解 设 $\boldsymbol{X}=(x,y,z)^{\mathrm{T}}$，$\boldsymbol{Y}=(\boldsymbol{\xi},\boldsymbol{\eta},\boldsymbol{\zeta})^{\mathrm{T}}$，$\boldsymbol{A}=\begin{pmatrix}1&b&1\\b&a&1\\1&1&1\end{pmatrix}$，$\boldsymbol{B}=\begin{pmatrix}0&0&0\\0&1&0\\0&0&4\end{pmatrix}$，则原二次曲面方程可表示为 $\boldsymbol{X}^{\mathrm{T}}\boldsymbol{A}\boldsymbol{X}=4$，椭圆柱面方程为 $\boldsymbol{Y}^{\mathrm{T}}\boldsymbol{B}\boldsymbol{Y}=4$，此问题即寻求一正交变换 $\boldsymbol{X}=\boldsymbol{P}\boldsymbol{Y}$，把原二次型化为已知的标准形. 因此，由已有的标准形，可知矩阵 $\boldsymbol{A}$ 的 3 个特征值分别为 $\lambda_1=0$，$\lambda_2=1$，$\lambda_3=4$，由 $\begin{cases}|\boldsymbol{A}|=-(b-1)^2=0\\a+2=5\end{cases}$，可得 $a=3$，$b=1$.

由矩阵 $\boldsymbol{A}$ 的特征值，可求得对应的特征向量：

$$\lambda_1=0,\ \boldsymbol{\xi}_1=(1,0,-1)^{\mathrm{T}},$$

$$\lambda_2=1,\ \boldsymbol{\xi}_2=(1,-1,1)^{\mathrm{T}},$$

$$\lambda_3=4,\ \boldsymbol{\xi}_3=(1,2,1)^{\mathrm{T}}.$$

将各个特征向量单位化，得

$$\boldsymbol{\eta}_1=\frac{1}{\sqrt{2}}(1,0,-1)^{\mathrm{T}},\ \boldsymbol{\eta}_2=\frac{1}{\sqrt{3}}(1,-1,1)^{\mathrm{T}},\ \boldsymbol{\eta}_3=\frac{1}{\sqrt{6}}(1,2,1)^{\mathrm{T}},$$

故

$$P=\begin{pmatrix}\frac{1}{\sqrt{2}} & \frac{1}{\sqrt{3}} & \frac{1}{\sqrt{6}}\\ 0 & -\frac{1}{\sqrt{3}} & \frac{2}{\sqrt{6}}\\ -\frac{1}{\sqrt{2}} & \frac{1}{\sqrt{3}} & \frac{1}{\sqrt{6}}\end{pmatrix}.$$

例 4.33　设 $\boldsymbol{A}$ 为实对称矩阵，且 $\boldsymbol{A}^3-3\boldsymbol{A}^2+5\boldsymbol{A}-3\boldsymbol{E}=\boldsymbol{0}$，问 $\boldsymbol{A}$ 是否为正定矩阵.

分析　n 阶对称矩阵 $\boldsymbol{A}$ 为正定 $\Leftrightarrow\boldsymbol{A}$ 的特征值全大于零.

解　设 λ 是 $\boldsymbol{A}$ 的任一特征值，对应特征向量 $\boldsymbol{x}\neq\boldsymbol{0}$，即有 $\boldsymbol{Ax}=\lambda\boldsymbol{x}$，代入已知的等式

$$\boldsymbol{A}^3-3\boldsymbol{A}^2+5\boldsymbol{A}-3\boldsymbol{E}=\boldsymbol{0}$$

有
$$(\boldsymbol{A}^3-3\boldsymbol{A}^2+5\boldsymbol{A}-3\boldsymbol{E})\boldsymbol{x}=(\lambda^3-3\lambda^2+5\lambda-3)x=\boldsymbol{0},$$

因为 $x\neq 0$，所以 λ 满足 $(\lambda^3-3\lambda^2+5\lambda-3)=0$，得 $\lambda=1$ 或 $\lambda=1\pm\sqrt{2}\mathrm{i}$，因 $\boldsymbol{A}$ 为实对称矩阵，其特征值一定为实数，故只有 $\lambda=1$，即 $\boldsymbol{A}$ 的全部特征值就是 $\lambda=1>0$，因此 $\boldsymbol{A}$ 为正定矩阵.

例 4.34　已知 $\boldsymbol{A}$ 为反对称矩阵，试证明 $\boldsymbol{E}-\boldsymbol{A}^2$ 为正定矩阵.

分析　n 阶对称矩阵 $\boldsymbol{A}$ 为正定 $\Leftrightarrow$ 存在可逆矩阵 $\boldsymbol{C}$，使 $\boldsymbol{A}=\boldsymbol{C}^{\mathrm{T}}\boldsymbol{C}$.

证明　因为 $(\boldsymbol{E}-\boldsymbol{A}^2)^{\mathrm{T}}=\boldsymbol{E}-\boldsymbol{A}^{\mathrm{T}}\boldsymbol{A}^{\mathrm{T}}=\boldsymbol{E}-\boldsymbol{A}^2$，所以 $\boldsymbol{E}-\boldsymbol{A}^2$ 为对称矩阵.

由 $\boldsymbol{E}-\boldsymbol{A}^2=\boldsymbol{E}+(-\boldsymbol{A})\boldsymbol{A}=\boldsymbol{E}^{\mathrm{T}}\boldsymbol{E}+\boldsymbol{A}^{\mathrm{T}}\boldsymbol{A}=(\boldsymbol{E}^{\mathrm{T}},\ \boldsymbol{A}^{\mathrm{T}})\begin{pmatrix}\boldsymbol{E}\\ \boldsymbol{A}\end{pmatrix}=\begin{pmatrix}\boldsymbol{E}\\ \boldsymbol{A}\end{pmatrix}^{\mathrm{T}}\begin{pmatrix}\boldsymbol{E}\\ \boldsymbol{A}\end{pmatrix}$ 易知 $\begin{pmatrix}\boldsymbol{E}\\ \boldsymbol{A}\end{pmatrix}$ 为列满秩矩阵，故 $\begin{pmatrix}\boldsymbol{E}\\ \boldsymbol{A}\end{pmatrix}$ 可逆，所以 $\boldsymbol{E}-\boldsymbol{A}^2$ 为正定矩阵.

例 4.35　试证明如果 $\boldsymbol{A}$ 为正定矩阵，则 $\boldsymbol{A}^{-1}$ 也是正定矩阵.

分析　n 阶对称矩阵 $\boldsymbol{A}$ 为正定 $\Leftrightarrow\boldsymbol{A}$ 与 $\boldsymbol{E}$ 合同 $\Leftrightarrow$ 存在可逆矩阵 $\boldsymbol{C}$，使 $\boldsymbol{A}=\boldsymbol{C}^{\mathrm{T}}\boldsymbol{C}$. 对于正定矩阵的判别方法，如果题目给的是具体的二次型或对称矩阵，利用所有的顺序主子式大于零判断比较方便，如果给的是抽象矩阵可以考虑用定义法、特征值法或其他充要条件进行判断.

证明　**方法一**：$\boldsymbol{A}$ 正定，则存在可逆矩阵 $\boldsymbol{C}$，使 $\boldsymbol{C}^{\mathrm{T}}\boldsymbol{AC}=\boldsymbol{E}_n$，两边取逆，得

$$\boldsymbol{C}^{-1}\boldsymbol{A}^{-1}(\boldsymbol{C}^{\mathrm{T}})^{-1}=\boldsymbol{E}_n.$$

又因为 $(\boldsymbol{C}^{\mathrm{T}})^{-1}=(\boldsymbol{C}^{-1})^{\mathrm{T}}$，$((\boldsymbol{C}^{-1})^{\mathrm{T}})^{\mathrm{T}}=\boldsymbol{C}^{-1}$，因此 $((\boldsymbol{C}^{-1})^{\mathrm{T}})^{\mathrm{T}}\boldsymbol{A}^{-1}(\boldsymbol{C}^{-1})^{\mathrm{T}}=\boldsymbol{E}_n$，$|(\boldsymbol{C}^{-1})^{\mathrm{T}}|=|\boldsymbol{C}|^{-1}\neq 0$，故 $\boldsymbol{A}^{-1}$ 与 $\boldsymbol{E}_n$ 合同，即 $\boldsymbol{A}^{-1}$ 为正定矩阵.

方法二：$\boldsymbol{A}$ 为正定矩阵，故 $\boldsymbol{A}$ 为实对称矩阵. 从而 $(\boldsymbol{A}^{-1})^{\mathrm{T}}=(\boldsymbol{A}^{\mathrm{T}})^{-1}=\boldsymbol{A}^{-1}$ 即 $\boldsymbol{A}^{-1}$ 也为对称矩阵，由已知条件可知，存在可逆矩阵 $\boldsymbol{C}$，使得 $\boldsymbol{A}=\boldsymbol{C}^{\mathrm{T}}\boldsymbol{C}$. 于是 $\boldsymbol{A}^{-1}=(\boldsymbol{C}^{\mathrm{T}}\boldsymbol{C})^{-1}=\boldsymbol{C}^{-1}(\boldsymbol{C}^{-1})^{\mathrm{T}}=\boldsymbol{Q}^{\mathrm{T}}\boldsymbol{Q}$，其中 $\boldsymbol{Q}=(\boldsymbol{C}^{-1})^{\mathrm{T}}$ 可逆，故 $\boldsymbol{A}^{-1}$ 为正定矩阵。

例 4.36　设矩阵 $\boldsymbol{A}=\begin{pmatrix}1 & 0 & 1\\ 0 & 2 & 0\\ 1 & 0 & 1\end{pmatrix}$，矩阵 $\boldsymbol{B}=(k\boldsymbol{E}+\boldsymbol{A})^2$，其中 k 为实数，$\boldsymbol{E}$ 为单位矩阵，求对角矩阵 $\boldsymbol{\Lambda}$，使 $\boldsymbol{B}$ 与 $\boldsymbol{\Lambda}$ 相似，并求 k 为何值时，$\boldsymbol{B}$ 为正定矩阵.

分析　本题突破口由 $\boldsymbol{A}$ 为实对称矩阵，故存在可逆矩阵 $\boldsymbol{P}$，使得 $\boldsymbol{P}^{\mathrm{T}}\boldsymbol{AP}=\boldsymbol{D}\Rightarrow\boldsymbol{A}=\boldsymbol{PDP}^{\mathrm{T}}$，从而由矩阵运算表达出 $\boldsymbol{B}=(k\boldsymbol{E}+\boldsymbol{A})^2=\boldsymbol{P}(k\boldsymbol{E}+\boldsymbol{D})^2\boldsymbol{P}^{\mathrm{T}}$.

解 $|\lambda \boldsymbol{E}-\boldsymbol{A}|=\begin{vmatrix}\lambda-1 & 0 & -1\\ 0 & \lambda-2 & 0\\ -1 & 0 & \lambda-1\end{vmatrix}=\lambda(\lambda-2)^2$，因此，$\boldsymbol{A}$ 的特征值为 0，2，2. 记对角矩阵

$$\boldsymbol{D}=\begin{pmatrix}2 & 0 & 0\\ 0 & 2 & 0\\ 0 & 0 & 0\end{pmatrix}.$$

因为 $\boldsymbol{A}$ 为实对称矩阵，故存在正交矩阵 $\boldsymbol{P}$，使得

$$\boldsymbol{P}^{\mathrm{T}}\boldsymbol{A}\boldsymbol{P}=\boldsymbol{D},$$

所以
$$\boldsymbol{A}=(\boldsymbol{P}^{\mathrm{T}})^{-1}\boldsymbol{D}\boldsymbol{P}^{-1}=\boldsymbol{P}\boldsymbol{D}\boldsymbol{P}^{\mathrm{T}}.$$

于是
$$\begin{aligned}\boldsymbol{B}&=(k\boldsymbol{E}+\boldsymbol{A})^2=(k\boldsymbol{P}\boldsymbol{P}^{\mathrm{T}}+\boldsymbol{P}\boldsymbol{D}\boldsymbol{P}^{\mathrm{T}})^2=\boldsymbol{P}(k\boldsymbol{E}+\boldsymbol{D})^2\boldsymbol{P}^{\mathrm{T}}\\ &=\boldsymbol{P}\begin{pmatrix}(k+2)^2 & 0 & 0\\ 0 & (k+2)^2 & 0\\ 0 & 0 & k^2\end{pmatrix}\boldsymbol{P}^{\mathrm{T}},\end{aligned}$$

由此可得 $\boldsymbol{A}=\begin{pmatrix}(k+2)^2 & 0 & 0\\ 0 & (k+2)^2 & 0\\ 0 & 0 & k^2\end{pmatrix}$.

因此，当 $k\neq-2$，$k\neq0$，即所有特征值均大于零时，$\boldsymbol{B}$ 为正定矩阵.

例 4.37 在 $\mathbf{R}^3$ 中，将下述二次方程化为标准形式，并判断其曲面类型，

$$x_1^2-2x_2^2-2x_3^2-4x_1x_2+4x_1x_3+8x_2x_3-4\sqrt{5}x_1+2\sqrt{5}x_2-3\sqrt{5}x_3-\frac{5}{7}=0.$$

分析 本题运用二次型知识将二次曲面方程化为标准形，从而判断二次曲面的形状.

解 设

$$\boldsymbol{A}=\begin{pmatrix}1 & -2 & 2\\ -2 & -2 & 4\\ 2 & 4 & -2\end{pmatrix},\ \boldsymbol{\alpha}=\begin{bmatrix}-2\sqrt{5}\\ \sqrt{5}\\ -\frac{3}{2}\sqrt{5}\end{bmatrix},\ \boldsymbol{x}=\begin{pmatrix}x_1\\ x_2\\ x_3\end{pmatrix}.$$

则该二次方程可记为

$$\boldsymbol{X}^{\mathrm{T}}\boldsymbol{A}\boldsymbol{X}+2\boldsymbol{\alpha}^{\mathrm{T}}\boldsymbol{X}-\frac{5}{7}=0.$$

由 $|\lambda\boldsymbol{E}-\boldsymbol{A}|=0$，可得 $\boldsymbol{A}$ 的特征值和对应的特征向量为

$$\lambda_1=2,\ \boldsymbol{\xi}_1=(-2,1,0)^{\mathrm{T}};$$
$$\lambda_2=2,\ \boldsymbol{\xi}_2=(2,0,1)^{\mathrm{T}};$$
$$\lambda_3=-7,\ \boldsymbol{\xi}_3=(-1,-2,2)^{\mathrm{T}}.$$

将特征向量单位化，得

$$\boldsymbol{\eta}_1=\frac{1}{\sqrt{5}}(-2,1,0)^{\mathrm{T}},\ \boldsymbol{\eta}_2=\frac{1}{\sqrt{5}}(2,0,1)^{\mathrm{T}},\ \boldsymbol{\eta}_3=\frac{1}{3}(-1,-2,2)^{\mathrm{T}}.$$

取正交矩阵：

$$B=\begin{pmatrix} -\frac{2}{\sqrt{5}} & \frac{2}{\sqrt{5}} & -\frac{1}{3} \\ \frac{1}{\sqrt{5}} & 0 & -\frac{2}{3} \\ 0 & \frac{1}{\sqrt{5}} & \frac{2}{3} \end{pmatrix},$$

则

$$B^{T}AB=\operatorname{diag}(2, 2, -7).$$

设 $X=BY$，其中 $Y=(y_1, y_2, y_3)^{T}$. 将原二次方程化为

$$Y^{T}B^{T}ABY+2\alpha^{T}BY-\frac{5}{7}=0,$$

即

$$2y_1^2+2y_2^2-7y_3^2+10y_1-11y_2-2\sqrt{5}y_3-\frac{5}{7}=0.$$

令 $z_1=y_1+\frac{5}{2}$，$z_2=y_2-\frac{11}{4}$，$z_3=y_3+\frac{\sqrt{5}}{7}$，则上式可化为

$$2z_1^2+2z_2^2-7z_3^2=\frac{221}{8}.$$

用平面 $z_3=c$ 截此曲面，截痕为椭圆；用平面 $z_1=a$ 截此曲面，截痕为双曲线；用平面 $z_2=b$ 截此曲面，截痕为双曲线. 由此可知，此曲面为单叶双曲面.

(三) 历年考研真题

例 4.38(2023 年考研数一)　下列矩阵中不能相似于对角阵的是(　　).

A. $\begin{pmatrix} 1 & 1 & a \\ 0 & 2 & 2 \\ 0 & 0 & 3 \end{pmatrix}$　　B. $\begin{pmatrix} 1 & 1 & a \\ 1 & 2 & 0 \\ a & 0 & 3 \end{pmatrix}$

C. $\begin{pmatrix} 1 & 1 & a \\ 0 & 2 & 0 \\ 0 & 0 & 2 \end{pmatrix}$　　D. $\begin{pmatrix} 1 & 1 & a \\ 0 & 2 & 2 \\ 0 & 0 & 2 \end{pmatrix}$

分析　本题考察矩阵能否对角化的判定条件.

解　A 矩阵的特征值为 1，2，3 三个不同的特征值，所以 A 可以对角化；

B 矩阵为实对称矩阵，故可以对角化；

C 矩阵的特征值为 1，2，2，二重特征值的重数为 $2=3-R(C-2E)$，故可以对角化；

D 矩阵的特征值为 1，2，2，二重特征值的重数 $2\neq 3-R(D-2E)$，故不可对角化.

故本题选 D.

例 4.39(2023 年考研数一)　已知二次型 $f(x_1, x_2, x_3)=x_1^2+2x_2^2+2x_3^2+2x_1x_2-2x_1x_3$，$g(y_1, y_2, y_3)=y_1^2+y_2^2+y_3^2+2y_2y_3$.

(1) 求可逆变换 $x=Py$，将 $f(x_1, x_2, x_3)$化为 $g(y_1, y_2, y_3)$；

(2) 是否存在正交变换 $x=Qy$，将 $f(x_1, x_2, x_3)$化为 $g(y_1, y_2, y_3)$.

分析　利用配方法将二次型 $f(x_1, x_2, x_3)$和 $g(y_1, y_2, y_3)$化为规范形，从而建立

两者之间的关系.

解 (1) 因为
$$\begin{aligned}f(x_1, x_2, x_3)&=x_1^2+2x_2^2+2x_3^2+2x_1x_2-2x_1x_3\\&=(x_1+x_2-x_3)^2+x_2^2+x_3^2+2x_2x_3\\&=(x_1+x_2-x_3)^2+(x_2+x_3)^2\end{aligned}$$

令
$$\begin{cases}z_1=x_1+x_2-x_3\\z_2=x_2+x_3\\z_3=x_3\end{cases}$$

所以$\begin{pmatrix}z_1\\z_2\\z_3\end{pmatrix}=\begin{pmatrix}1&1&-1\\0&1&1\\0&0&1\end{pmatrix}\begin{pmatrix}x_1\\x_2\\x_3\end{pmatrix}$，使$f(x_1, x_2, x_3)=z_1^2+z_2^2$，再将$g(y_1, y_2, y_3)$化为规范形为
$$g(y_1, y_2, y_3)=y_1^2+y_2^2+y_3^2+2y_2y_3=y_1^2+(y_2+y_3)^2$$

令
$$\begin{cases}z_1=y_1\\z_2=y_2+y_3\\z_3=y_3\end{cases}$$

所以$\begin{pmatrix}z_1\\z_2\\z_3\end{pmatrix}=\begin{pmatrix}1&0&0\\0&1&1\\0&0&1\end{pmatrix}\begin{pmatrix}y_1\\y_2\\y_3\end{pmatrix}$，使$g(y_1, y_2, y_3)=z_1^2+z_2^2$，从而有
$$\begin{pmatrix}z_1\\z_2\\z_3\end{pmatrix}=\begin{pmatrix}1&1&-1\\0&1&1\\0&0&1\end{pmatrix}\begin{pmatrix}x_1\\x_2\\x_3\end{pmatrix}=\begin{pmatrix}1&0&0\\0&1&1\\0&0&1\end{pmatrix}\begin{pmatrix}y_1\\y_2\\y_3\end{pmatrix},$$

于是可得$\begin{pmatrix}x_1\\x_2\\x_3\end{pmatrix}=\boldsymbol{P}\begin{pmatrix}y_1\\y_2\\y_3\end{pmatrix}$，其中$\boldsymbol{P}=\begin{pmatrix}1&1&-1\\0&1&1\\0&0&1\end{pmatrix}^{-1}\begin{pmatrix}1&0&0\\0&1&1\\0&0&1\end{pmatrix}=\begin{pmatrix}1&-1&1\\0&1&0\\0&0&1\end{pmatrix}$为所求矩阵，可将$f(x_1, x_2, x_3)$化为$g(y_1, y_2, y_3)$.

(2) 二次型$f(x_1, x_2, x_3)$和$g(y_1, y_2, y_3)$的矩阵分别为$\boldsymbol{A}=\begin{pmatrix}1&1&-1\\1&2&0\\-1&0&2\end{pmatrix}$，$\boldsymbol{B}=\begin{pmatrix}1&0&0\\0&1&1\\0&1&1\end{pmatrix}$.

由题意知，若存在正交变换$\boldsymbol{x}=\boldsymbol{Q}\boldsymbol{y}$，则$\boldsymbol{Q}^{\mathrm{T}}\boldsymbol{A}\boldsymbol{Q}=\boldsymbol{Q}^{-1}\boldsymbol{A}\boldsymbol{Q}=\boldsymbol{B}$，则$\boldsymbol{A}$和$\boldsymbol{B}$相似，而易知$\mathrm{tr}(\boldsymbol{A})=5$，$\mathrm{tr}(\boldsymbol{B})=3$，从而$\boldsymbol{A}$和$\boldsymbol{B}$不相似，于是不存在正交变换$\boldsymbol{x}=\boldsymbol{Q}\boldsymbol{y}$，使得$f(x_1, x_2, x_3)$化为$g(y_1, y_2, y_3)$.

例 4.40(2022 年考研数一) 下列 4 个条件中，3 阶矩阵$\boldsymbol{A}$可以相似对角化的一个充分但不必要条件为(　　)

A. $\boldsymbol{A}$有 3 个不相等的特征值

B. $\boldsymbol{A}$有 3 个线性无关的特征向量

C. $\boldsymbol{A}$ 有 3 个两两线性无关的特征向量

D. $\boldsymbol{A}$ 的属于不同特征值的特征向量相互正交

分析　本题考察矩阵相似对角化的判定条件.

解　A：$\boldsymbol{A}$ 有 3 个互不相等的特征值，则 $\boldsymbol{A}$ 可对角化；如果 $\boldsymbol{A}$ 可对角化，则 $\boldsymbol{A}$ 的特征值可能有重根，故选项 A 是充分非必要条件；

B：$\boldsymbol{A}$ 有 3 个线性无关的特征向量是 $\boldsymbol{A}$ 可对角化的充分必要条件；

C：3 个特征向量两两线性无关，不能保证 3 个特征向量整体线性无关，故不能推出 $\boldsymbol{A}$ 可对角化；

D：不同特征值的特征向量相互正交，不能得出 $\boldsymbol{A}$ 可对角化.

故选 A。

例 4.41(2022 年考研数一)　已知二次型 $f(x_1, x_2, x_3)=\sum_{i=1}^{3}\sum_{j=1}^{3} ij \cdot x_i x_j$，

(1) 写出 $f(x_1, x_2, x_3)$对应的矩阵；

(2) 求正交变换 $\boldsymbol{x}=\boldsymbol{Q}\boldsymbol{y}$，将 $f(x_1, x_2, x_3)$化为标准形；

(3) 求 $f(x_1, x_2, x_3)=0$ 的解.

分析　考察二次型矩阵及用正交变换化二次型为标准形。

解　(1)
$$
\begin{aligned}
f(x_1, x_2, x_3) &= \sum_{i=1}^{3}\sum_{j=1}^{3} ij \cdot x_i x_j \\
&= x_1^2 + 2x_1x_2 + 3x_1x_3 + 2x_2x_1 + 4x_2^2 + 6x_2x_3 + \\
&\quad 3x_3x_1 + 6x_3x_2 + 9x_3^2 \\
&= x_1^2 + 4x_2^2 + 9x_3^2 + 4x_1x_2 + 6x_1x_3 + 12x_2x_3 \\
&= (x_1, x_2, x_3)\begin{pmatrix} 1 & 2 & 3 \\ 2 & 4 & 6 \\ 3 & 6 & 9 \end{pmatrix}\begin{pmatrix} x_1 \\ x_2 \\ x_3 \end{pmatrix}
\end{aligned}
$$

故二次型矩阵为 $\boldsymbol{A}=\begin{pmatrix} 1 & 2 & 3 \\ 2 & 4 & 6 \\ 3 & 6 & 9 \end{pmatrix}$.

(2) 求其特征值：由 $|\lambda\boldsymbol{E}-\boldsymbol{A}|=\begin{vmatrix} \lambda-1 & -2 & -3 \\ -2 & \lambda-4 & -6 \\ -3 & -6 & \lambda-9 \end{vmatrix}=\lambda^2(\lambda-14)=0$ 得特征值 $\lambda_1=14$，$\lambda_2=\lambda_3=0$.

求特征向量：将 $\lambda_1=14$ 代入$(\lambda\boldsymbol{E}-\boldsymbol{A})\boldsymbol{x}=\boldsymbol{0}$，得基础解系 $\boldsymbol{\xi}_1=(1, 2, 3)^{\mathrm{T}}$；将 $\lambda_2=\lambda_3=0$ 代入$(\lambda\boldsymbol{E}-\boldsymbol{A})\boldsymbol{x}=\boldsymbol{0}$，得基础解系

$$
\boldsymbol{\xi}_2=(-2, 1, 0)^{\mathrm{T}},\ \boldsymbol{\xi}_3=(-3, 0, 1)^{\mathrm{T}}.
$$

将特征向量正交化：取 $\boldsymbol{\alpha}_1=\boldsymbol{\xi}_1$，$\boldsymbol{\alpha}_2=\boldsymbol{\xi}_2$，$\boldsymbol{\alpha}_3=\boldsymbol{\xi}_3-\dfrac{[\boldsymbol{\alpha}_2, \boldsymbol{\xi}_3]}{[\boldsymbol{\alpha}_2, \boldsymbol{\alpha}_2]}\boldsymbol{\alpha}_2$，得正交向量组

$$
\boldsymbol{\alpha}_1=(1, 2, 3)^{\mathrm{T}},\ \boldsymbol{\alpha}_2=(-2, 1, 0)^{\mathrm{T}},\ \boldsymbol{\alpha}_3=(-3, -6, 5)^{\mathrm{T}}.
$$

将其单位化得

$$\boldsymbol{\eta}_1=\begin{pmatrix}\frac{1}{\sqrt{14}}\\\frac{2}{\sqrt{14}}\\\frac{3}{\sqrt{14}}\end{pmatrix},\ \boldsymbol{\eta}_2=\begin{pmatrix}-\frac{2}{\sqrt{5}}\\\frac{1}{\sqrt{5}}\\0\end{pmatrix},\ \boldsymbol{\eta}_3=\begin{pmatrix}-\frac{3}{\sqrt{70}}\\-\frac{6}{\sqrt{70}}\\\frac{5}{\sqrt{70}}\end{pmatrix}.$$

得正交矩阵 $\boldsymbol{Q}=\begin{pmatrix}\frac{1}{\sqrt{14}}&-\frac{2}{\sqrt{5}}&-\frac{3}{\sqrt{70}}\\\frac{2}{\sqrt{14}}&\frac{1}{\sqrt{5}}&-\frac{6}{\sqrt{70}}\\\frac{3}{\sqrt{14}}&0&\frac{5}{\sqrt{70}}\end{pmatrix}$. 故所求正交变换为

$$\begin{pmatrix}x_1\\x_2\\x_3\end{pmatrix}=\begin{pmatrix}\frac{1}{\sqrt{14}}&-\frac{2}{\sqrt{5}}&-\frac{3}{\sqrt{70}}\\\frac{2}{\sqrt{14}}&\frac{1}{\sqrt{5}}&-\frac{6}{\sqrt{70}}\\\frac{3}{\sqrt{14}}&0&\frac{5}{\sqrt{70}}\end{pmatrix}\begin{pmatrix}y_1\\y_2\\y_3\end{pmatrix},$$

在此变换下原二次型化为标准形：$f(x_1,x_2,x_3)=14y_1^2$.

(3) $f(x_1,x_2,x_3)=14y_1^2=0$，得 $\begin{cases}y_1=0\\y_2=k_1\\y_3=k_2\end{cases}$（$k_1$、$k_2$ 为任意实数），则

$$\boldsymbol{x}=\boldsymbol{Q}\boldsymbol{y}=(\boldsymbol{\eta}_1,\boldsymbol{\eta}_2,\boldsymbol{\eta}_3)\begin{pmatrix}0\\k_1\\k_2\end{pmatrix}=k_1\boldsymbol{\eta}_2+k_2\boldsymbol{\eta}_3$$

$$=k_1\begin{pmatrix}-\frac{2}{\sqrt{5}}\\\frac{1}{\sqrt{5}}\\0\end{pmatrix}+k_2\begin{pmatrix}-\frac{3}{\sqrt{70}}\\-\frac{6}{\sqrt{70}}\\\frac{5}{\sqrt{70}}\end{pmatrix}=c_1\begin{pmatrix}-2\\1\\0\end{pmatrix}+c_2\begin{pmatrix}-3\\-6\\5\end{pmatrix}\text{（}c_1\text{、}c_2\text{ 为任意实数）}.$$

例 4.42（2021 年考研数一） 二次型 $f(x_1,x_2,x_3)=(x_1+x_2)^2+(x_2+x_3)^2-(x_3-x_1)^2$ 的正惯性指数与负惯性指数依次为（　　）.

A. 2，0　　　B. 1，1　　　C. 2，1　　　D. 1，2

分析 可用配方法和特征值判断.

解法 1 配方法：

$$f(x_1,x_2,x_3)=2x_2^2+2x_1x_2+2x_2x_3+2x_1x_3$$
$$=2\left(x_2+\frac{1}{2}x_1+\frac{1}{2}x_3\right)^2-\frac{1}{2}(x_1-x_3)^2$$

令$\begin{cases} y_1=x_2+\dfrac{1}{2}x_1+\dfrac{1}{2}x_3 \\ y_2=x_1-x_3 \\ y_3=x_3 \end{cases}$，可将 f 化为标准形 $f(x_1, x_2, x_3)=2y_1^2-\dfrac{1}{2}{y_2}^2$，故 $p=1$，$q=1$，故本题选 B.

解法 2　利用特征值，二次型矩阵为 $\boldsymbol{A}=\begin{pmatrix} 0 & 1 & 1 \\ 1 & 2 & 1 \\ 1 & 1 & 0 \end{pmatrix}$，由于

$$|\lambda\boldsymbol{E}-\boldsymbol{A}|=\begin{vmatrix} \lambda & -1 & -1 \\ -1 & \lambda-2 & -1 \\ -1 & -1 & \lambda \end{vmatrix}=\lambda(\lambda+1)^2(\lambda-3)=0,$$

因此特征值 $\lambda_1=3$，$\lambda_2=-1$，$\lambda_3=0$，则 $p=1$，$q=1$，故本题选 B.

例 4.43(2021 年考研数一)　已知 $\boldsymbol{A}=\begin{pmatrix} a & 1 & -1 \\ 1 & a & -1 \\ -1 & -1 & a \end{pmatrix}$，

(1) 求正交矩阵 $\boldsymbol{P}$，使得 $\boldsymbol{P}^{\mathrm{T}}\boldsymbol{AP}$ 为对角矩阵；

(2) 求正定矩阵 $\boldsymbol{C}$，使得 $\boldsymbol{C}^2=(a+3)\boldsymbol{E}-\boldsymbol{A}$.

分析　考察正交相似对角化的原理步骤.

解　(1) 求其特征值：由于

$$|\lambda\boldsymbol{E}-\boldsymbol{A}|=\begin{vmatrix} \lambda-a & -1 & 1 \\ -1 & \lambda-a & 1 \\ 1 & 1 & \lambda-a \end{vmatrix}=(\lambda-a+1)^2(\lambda-a-2)=0,$$

因此特征值 $\lambda_1=\lambda_2=a-1$，$\lambda_3=a+2$.

求特征向量：将 $\lambda_1=\lambda_2=a-1$ 代入$(\lambda\boldsymbol{E}-\boldsymbol{A})\boldsymbol{x}=\boldsymbol{0}$，得基础解系 $\boldsymbol{\alpha}_1=(-1, 1, 0)^{\mathrm{T}}$，$\boldsymbol{\alpha}_2=(1, 0, 1)^{\mathrm{T}}$，将 $\lambda_3=\boldsymbol{a}+2$ 代入$(\lambda\boldsymbol{E}-\boldsymbol{A})\boldsymbol{x}=\boldsymbol{0}$，得基础解系 $\boldsymbol{\alpha}_3=(-1, -1, 1)^{\mathrm{T}}$.

将特征向量正交化：取 $\boldsymbol{\beta}_1=\boldsymbol{\alpha}_1$，$\boldsymbol{\beta}_2=\boldsymbol{\alpha}_2-\dfrac{[\boldsymbol{\alpha}_2, \boldsymbol{\beta}_1]}{[\boldsymbol{\beta}_1, \boldsymbol{\beta}_1]}\boldsymbol{\beta}_1$，$\boldsymbol{\beta}_3=\boldsymbol{\alpha}_3$，得正交向量组：$\boldsymbol{\beta}_1=(-1, 1, 0)^{\mathrm{T}}$，$\boldsymbol{\beta}_2=\dfrac{1}{2}(1, 1, 2)^{\mathrm{T}}$，$\boldsymbol{\alpha}_3=(-1, -1, 1)^{\mathrm{T}}$. 将其单位化得

$$\boldsymbol{\eta}_1=\begin{pmatrix} -\dfrac{1}{\sqrt{2}} \\ \dfrac{1}{\sqrt{2}} \\ 0 \end{pmatrix}，\boldsymbol{\eta}_2=\begin{pmatrix} \dfrac{1}{\sqrt{6}} \\ \dfrac{1}{\sqrt{6}} \\ \dfrac{2}{\sqrt{6}} \end{pmatrix}，\boldsymbol{\eta}_3=\begin{pmatrix} -\dfrac{1}{\sqrt{3}} \\ -\dfrac{1}{\sqrt{3}} \\ \dfrac{1}{\sqrt{3}} \end{pmatrix}.$$

得正交矩阵 $\boldsymbol{P}=\begin{pmatrix}-\frac{1}{\sqrt{2}} & \frac{1}{\sqrt{6}} & -\frac{1}{\sqrt{3}}\\ \frac{1}{\sqrt{2}} & \frac{1}{\sqrt{6}} & -\frac{1}{\sqrt{3}}\\ 0 & \frac{2}{\sqrt{6}} & \frac{1}{\sqrt{3}}\end{pmatrix}$，使 $\boldsymbol{P}^{\mathrm{T}}\boldsymbol{A}\boldsymbol{P}=\boldsymbol{\Lambda}=\begin{pmatrix}a-1 & & \\ & a-2 & \\ & & a+2\end{pmatrix}$.

（2）由 $\boldsymbol{P}^{\mathrm{T}}\boldsymbol{A}\boldsymbol{P}=\boldsymbol{\Lambda}$ 可知，$\boldsymbol{A}=\boldsymbol{P}\boldsymbol{\Lambda}\boldsymbol{P}^{\mathrm{T}}$，则

$$\boldsymbol{C}^2=(a+3)\boldsymbol{E}-\boldsymbol{A}=\boldsymbol{P}[(a+3)\boldsymbol{E}-\boldsymbol{A}]\boldsymbol{P}^{\mathrm{T}}=\boldsymbol{P}\begin{pmatrix}4&0&0\\0&4&0\\0&0&1\end{pmatrix}\boldsymbol{P}^{\mathrm{T}}$$

$$=\boldsymbol{P}\begin{pmatrix}2&0&0\\0&2&0\\0&0&1\end{pmatrix}\boldsymbol{P}^{\mathrm{T}}\boldsymbol{P}\begin{pmatrix}2&0&0\\0&2&0\\0&0&1\end{pmatrix}\boldsymbol{P}^{\mathrm{T}}.$$

因为 $\boldsymbol{C}$ 是正定矩阵，则取

$$\boldsymbol{C}=\boldsymbol{P}\begin{pmatrix}2&0&0\\0&2&0\\0&0&1\end{pmatrix}\boldsymbol{P}^{\mathrm{T}}$$

$$=\begin{pmatrix}-\frac{1}{\sqrt{2}} & \frac{1}{\sqrt{6}} & -\frac{1}{\sqrt{3}}\\ \frac{1}{\sqrt{2}} & \frac{1}{\sqrt{6}} & -\frac{1}{\sqrt{3}}\\ 0 & \frac{2}{\sqrt{6}} & \frac{1}{\sqrt{3}}\end{pmatrix}\begin{pmatrix}2&0&0\\0&2&0\\0&0&1\end{pmatrix}\begin{pmatrix}-\frac{1}{\sqrt{2}} & \frac{1}{\sqrt{6}} & -\frac{1}{\sqrt{3}}\\ \frac{1}{\sqrt{2}} & \frac{1}{\sqrt{6}} & -\frac{1}{\sqrt{3}}\\ 0 & \frac{2}{\sqrt{6}} & \frac{1}{\sqrt{3}}\end{pmatrix}^{\mathrm{T}}$$

$$=\begin{pmatrix}\frac{5}{3} & -\frac{1}{3} & \frac{1}{3}\\ -\frac{1}{3} & \frac{5}{3} & \frac{1}{3}\\ \frac{1}{3} & \frac{1}{3} & \frac{5}{3}\end{pmatrix}.$$

例 4.44（2021 年考研数二、数三） 设矩阵 $\boldsymbol{A}=\begin{pmatrix}2&1&0\\1&2&0\\1&a&b\end{pmatrix}$ 仅有两个不同的特征值，若 $\boldsymbol{A}$ 相似于对角阵，求 a、b 的值，并求可逆矩阵 $\boldsymbol{P}$，使 $\boldsymbol{P}^{-1}\boldsymbol{A}\boldsymbol{P}$ 为对角矩阵.

分析 由 $\boldsymbol{A}$ 仅有两个不同的特征值，可得出 b 的值，再由 $\boldsymbol{A}$ 相似于对角阵的条件求 a.

解 由特征多项式 $|\lambda\boldsymbol{E}-\boldsymbol{A}|=\begin{vmatrix}\lambda-2 & -1 & 0\\ -1 & \lambda-2 & 0\\ -1 & -a & \lambda-b\end{vmatrix}=(\lambda-b)(\lambda-1)(\lambda-3)$，因为 $\boldsymbol{A}$ 仅有两个不同的特征值，所以 $b=1$ 或 $b=3$. 当 $b=1$ 时，$\boldsymbol{A}$ 的特征值为 1，1，3，由 $\boldsymbol{A}\sim\boldsymbol{\Lambda}$，则 $R(\boldsymbol{E}-\boldsymbol{A})=1$，因为

$$\boldsymbol{E}-\boldsymbol{A}=\begin{pmatrix}-1 & -1 & 0\\ -1 & -1 & 0\\ -1 & -a & 0\end{pmatrix}\sim\begin{pmatrix}1 & 1 & 0\\ 0 & 1-a & 0\\ 0 & 0 & 0\end{pmatrix},$$

所以 $a=1$ 且 $\lambda=1$ 的特征向量为 $\boldsymbol{\alpha}_1=(-1,1,0)^{\mathrm{T}}$，$\boldsymbol{\alpha}_2=(0,0,1)^{\mathrm{T}}$，解 $(3\boldsymbol{E}-\boldsymbol{A})\boldsymbol{x}=\boldsymbol{0}$，得 $\lambda=3$ 的特征向量为 $\boldsymbol{\alpha}_3=(1,1,1)^{\mathrm{T}}$.

令 $\boldsymbol{P}_1=(\boldsymbol{\alpha}_1,\boldsymbol{\alpha}_2,\boldsymbol{\alpha}_3)=\begin{pmatrix}-1 & 0 & 1\\ 1 & 0 & 1\\ 0 & 1 & 1\end{pmatrix}$，使 $\boldsymbol{P}_1^{-1}\boldsymbol{A}\boldsymbol{P}_1=\boldsymbol{\Lambda}=\begin{pmatrix}1 & & \\ & 1 & \\ & & 3\end{pmatrix}$.

当 $b=3$ 时，$\boldsymbol{A}$ 的特征值为 1，3，3.

由 $\boldsymbol{A}\sim\boldsymbol{\Lambda}$，得 $R(3\boldsymbol{E}-\boldsymbol{A})=1$，则

$$3\boldsymbol{E}-\boldsymbol{A}=\begin{pmatrix}1 & -1 & 0\\ -1 & 1 & 0\\ -1 & -a & 0\end{pmatrix}\sim\begin{pmatrix}1 & -1 & 0\\ 0 & a+1 & 0\\ 0 & 0 & 0\end{pmatrix},$$

所以 $a=-1$ 的特征向量为 $\boldsymbol{\beta}_1=(1,1,0)^{\mathrm{T}}$，$\boldsymbol{\beta}_2=(0,0,1)^{\mathrm{T}}$，解 $(\boldsymbol{E}-\boldsymbol{A})\boldsymbol{x}=\boldsymbol{0}$，得 $\lambda=1$ 的特征向量为 $\boldsymbol{\beta}_3=(-1,1,1)^{\mathrm{T}}$. 令 $\boldsymbol{P}_2=(\boldsymbol{\beta}_1,\boldsymbol{\beta}_2,\boldsymbol{\beta}_3)=\begin{pmatrix}1 & 0 & -1\\ 1 & 0 & 1\\ 0 & 1 & 1\end{pmatrix}$ 使 $\boldsymbol{P}_2^{-1}\boldsymbol{A}\boldsymbol{P}_2=\boldsymbol{\Lambda}=\begin{pmatrix}3 & & \\ & 3 & \\ & & 1\end{pmatrix}$.

七、自　测　题

自测题(A)

一、单项选择题

1. 下列矩阵可对角化的是(　C　).

A. $\begin{pmatrix}1 & 2 & 0\\ 0 & 1 & 0\\ 0 & 0 & 2\end{pmatrix}$　　B. $\begin{pmatrix}1 & 0 & 2\\ 0 & 2 & 0\\ 0 & 0 & 1\end{pmatrix}$　　C. $\begin{pmatrix}1 & 2 & 0\\ 0 & 2 & 0\\ 0 & 0 & 1\end{pmatrix}$　　D. $\begin{pmatrix}1 & 1 & 1\\ 0 & 1 & 0\\ 0 & 0 & 2\end{pmatrix}$

解　本题考察 n 阶矩阵 $\boldsymbol{A}$ 能(相似)对角化的充分必要条件为矩阵 $\boldsymbol{A}$ 有 n 个线性无关的特征向量.

2. 设方阵 $\boldsymbol{A}$ 与 $\boldsymbol{B}$ 相似，则(　D　).

A. $\boldsymbol{A}-\lambda\boldsymbol{E}=\boldsymbol{B}-\lambda\boldsymbol{E}$

B. $\boldsymbol{A}$ 与 $\boldsymbol{B}$ 有相同的特征值和特征向量

C. $\boldsymbol{A}$ 与 $\boldsymbol{B}$ 都相似于一个对角阵

D. 对任意常数 t，$\boldsymbol{A}-t\boldsymbol{E}$ 与 $\boldsymbol{B}-t\boldsymbol{E}$ 相似

解　A 错. 若 $\lambda\boldsymbol{E}-\boldsymbol{A}=\lambda\boldsymbol{E}-\boldsymbol{B}$，则 $\boldsymbol{A}=\boldsymbol{B}$，而由 $\boldsymbol{A}$ 与 $\boldsymbol{B}$ 相似不能得出 $\boldsymbol{A}=\boldsymbol{B}$. 所以 B

错. 若 $\boldsymbol{A}$ 与 $\boldsymbol{B}$ 相似，则 $\boldsymbol{A}$、$\boldsymbol{B}$ 有相同的特征值，但未必有相同的特征向量. 所以 C 错. 由 $\boldsymbol{A}\sim\boldsymbol{B}$ 不能得出存在对角矩阵 $\boldsymbol{\Lambda}$，使 $\boldsymbol{A}$、$\boldsymbol{B}$ 都相似于 $\boldsymbol{\Lambda}$，由 $\boldsymbol{A}$ 与 $\boldsymbol{B}$ 相似不能得出 $\boldsymbol{A}$，$\boldsymbol{B}$ 都能对角化，因此也不能保证 $\boldsymbol{A}$、$\boldsymbol{B}$ 都相似于 $\boldsymbol{\Lambda}$. 所以 D 对. 由于 $\boldsymbol{A}$ 与 $\boldsymbol{B}$ 相似，则存在可逆矩阵 $\boldsymbol{P}$，使得 $\boldsymbol{P}^{-1}\boldsymbol{A}\boldsymbol{P}=\boldsymbol{B}$，所以 $\lambda\boldsymbol{E}-\boldsymbol{B}=\lambda\boldsymbol{E}-\boldsymbol{P}^{-1}\boldsymbol{A}\boldsymbol{P}$. 所以 $\boldsymbol{P}(\lambda\boldsymbol{E}-\boldsymbol{B})\boldsymbol{P}^{-1}=\boldsymbol{P}(\lambda\boldsymbol{E}-\boldsymbol{P}^{-1}\boldsymbol{A}\boldsymbol{P})\boldsymbol{P}^{-1}$，$\boldsymbol{P}(\lambda\boldsymbol{E}-\boldsymbol{B})\boldsymbol{P}^{-1}=\lambda\boldsymbol{E}-\boldsymbol{A}$.

3. 设 $\lambda=2$ 是可逆矩阵 $\boldsymbol{A}$ 的一个特征值，则矩阵 $\left(\frac{1}{3}\boldsymbol{A}^2\right)^{-1}$ 的特征值可以等于（ B ）.

A. $\frac{4}{9}$　　B. $\frac{3}{4}$　　C. $\frac{9}{16}$　　D. $\frac{16}{9}$

解　因为 $\boldsymbol{A}\boldsymbol{x}=2\boldsymbol{x}$，所以 $\frac{1}{3}\boldsymbol{A}^2\boldsymbol{x}=\frac{4}{3}\boldsymbol{x}$，$\frac{4}{3}$ 是 $\frac{1}{3}\boldsymbol{A}^2$ 的特征值. 所以 $\frac{3}{4}$ 是 $\left(\frac{1}{3}\boldsymbol{A}^2\right)^{-1}$ 的特征值.

4. 若二次曲面的方程 $x^2+3y^2+z^2+2axy+2xz+2yz=4$ 经正交变换化为 $y_1^2+4z_1^2=4$，则 $a=$（ C ）.

A. -1　　B. 0　　C. 1　　D. 2

解　依题意可得特征值为 0，1，4，$\boldsymbol{A}=\begin{pmatrix}1 & a & 1\\ a & 3 & 1\\ 1 & 1 & 1\end{pmatrix}$，由 $|\boldsymbol{A}|=0$，得 $a=1$.

5. 设矩阵 $\boldsymbol{A}=\begin{pmatrix}2 & -1 & -1\\ -1 & 2 & -1\\ -1 & -1 & 2\end{pmatrix}$，$\boldsymbol{B}=\begin{pmatrix}1 & 0 & 0\\ 0 & 1 & 0\\ 0 & 0 & 0\end{pmatrix}$，则 $\boldsymbol{A}$ 与 $\boldsymbol{B}=$（ B ）.

A. 合同，且相似　　B. 合同，但不相似

C. 不合同，但相似　　D. 既不合同，也不相似

解　根据相似的必要条件，$\boldsymbol{A}$ 对角线上的元素之和等于 $\boldsymbol{B}$ 对角线上的元素之和，该题中 $\boldsymbol{A}$ 与 $\boldsymbol{B}$ 相似，排除选项 A 和 C. 由矩阵的合同定义，两个矩阵合同的充要条件是这两个矩阵对应的二次型有相同的正惯性指数和负惯性指数，因而可以通过求矩阵的特征值来判断这两个矩阵是否合同，可判断 $\boldsymbol{A}$ 与 $\boldsymbol{B}$ 合同.

二、填空题

1. 设三阶矩阵 $\boldsymbol{A}$ 的特征值为 $\lambda_1=-1$（二重），$\lambda_2=4$，则 $|\boldsymbol{A}|=$__________，$\mathrm{tr}(\boldsymbol{A})=$__________.

解　$|\boldsymbol{A}|=\lambda_1\lambda_1\lambda_2=4$，$\mathrm{tr}(\boldsymbol{A})=2\lambda_1+\lambda_2=2$.

2. 若 $\boldsymbol{A}=\begin{pmatrix}1 & a\\ 0 & 1\end{pmatrix}$，且 $\boldsymbol{A}^{-1}=\boldsymbol{A}^{\mathrm{T}}$，则 $a=$__________.

解　由 $\boldsymbol{A}$ 为正交矩阵可得 $a=0$.

3.（2015 年数二 14）　设三阶矩阵 $\boldsymbol{A}$ 的特征值为 2，-2，1，$\boldsymbol{B}=\boldsymbol{A}^2-\boldsymbol{A}+\boldsymbol{E}$，其中 $\boldsymbol{E}$ 为三阶单位矩阵，则行列式 $|\boldsymbol{B}|=$__________.

解　$\boldsymbol{B}$ 的特征值为 3，7，1，则 $|\boldsymbol{B}|=3\times7\times1=21$.

4. $x^2+2y^2+2xy+6yz+3$ __________ 二次型，$2x_1x_2+2x_1x_3-6x_2x_3=0$ __________ 二次型（填“是”或“不是”）.

解 不是，不是. 因为二次型必须是二次齐次函数.

5. 二次型 $f(x_1, x_2, x_3)=-x_1^2+2x_1x_2-4x_2x_3+2x_3^2$ 用矩阵记号表示为__________.

解 $f(x_1, x_2, x_3)=(x_1, x_2, x_3)\begin{pmatrix}-1 & 1 & 0\\ 1 & 0 & -2\\ 0 & -2 & 2\end{pmatrix}\begin{pmatrix}x_1\\ x_2\\ x_3\end{pmatrix}$.

三、解答题

1. 求矩阵 $\boldsymbol{A}=\begin{pmatrix}1 & -1 & 1\\ 1 & 3 & -1\\ 1 & 1 & 1\end{pmatrix}$ 的特征值与特征向量.

解 $\boldsymbol{A}$ 的特征多项式为

$$|\lambda\boldsymbol{E}-\boldsymbol{A}|=\begin{vmatrix}\lambda-1 & 1 & -1\\ -1 & \lambda-3 & 1\\ -1 & -1 & \lambda-1\end{vmatrix}\xlongequal{r_1+r_2}\begin{vmatrix}\lambda-2 & \lambda-2 & 0\\ -1 & \lambda-3 & 1\\ -1 & -1 & \lambda-1\end{vmatrix}$$

$$\xlongequal{c_2-c_1}\begin{vmatrix}\lambda-2 & 0 & 0\\ -1 & \lambda-2 & 1\\ -1 & 0 & \lambda-1\end{vmatrix}=(\lambda-2)^2(\lambda-1).$$

这个多项式的根为 $\lambda_1=1$，$\lambda_2=\lambda_3=2$，因此 $\boldsymbol{A}$ 的特征值为 1，2，2. 接下来求特征向量：

对 $\lambda_1=1$，将 $\lambda=1$ 代入 $(\lambda\boldsymbol{E}-\boldsymbol{A})\boldsymbol{x}=\boldsymbol{0}$，得

$$(\boldsymbol{E}-\boldsymbol{A})\boldsymbol{x}=\begin{pmatrix}0 & 1 & -1\\ -1 & -2 & 1\\ -1 & -1 & 0\end{pmatrix}\begin{pmatrix}x_1\\ x_2\\ x_3\end{pmatrix}=\begin{pmatrix}0\\ 0\\ 0\end{pmatrix}.$$

容易算出这个方程组的系数矩阵的秩等于 2，因此该齐次线性方程组的基础解系只有一个线性无关的向量，不难求出：

$$\boldsymbol{\eta}_1=(-1, 1, 1)^{\mathrm{T}}.$$

对 $\lambda_1=1$，特征向量为 $c_1(-1, 1, 1)^{\mathrm{T}}(c_1\neq0)$.

对 $\lambda_2=\lambda_3=2$，将 $\lambda=2$ 代入 $(\lambda\boldsymbol{E}-\boldsymbol{A})\boldsymbol{x}=\boldsymbol{0}$ 可得齐次方程组：

$$\begin{pmatrix}1 & 1 & -1\\ -1 & -1 & 1\\ -1 & -1 & 1\end{pmatrix}\begin{pmatrix}x_1\\ x_2\\ x_3\end{pmatrix}=\begin{pmatrix}0\\ 0\\ 0\end{pmatrix}.$$

求出上面齐次线性方程组的基础解系为

$$\boldsymbol{\eta}_2=(1, 0, 1)^{\mathrm{T}}, \boldsymbol{\eta}_3=(0, 1, 1)^{\mathrm{T}}.$$

对 $\lambda_2=\lambda_3=2$，特征向量为 $c_2(1, 0, 1)^{\mathrm{T}}+c_3(0, 1, 1)^{\mathrm{T}}$($c_2$、$c_3$ 不全为 0).

2. 用施密特正交化方法，将向量组正交规范化

$$\boldsymbol{\alpha}_1=(1, 1, 1, 1), \boldsymbol{\alpha}_2=(1, -1, 0, 4), \boldsymbol{\alpha}_1=(3, 5, 1, -1).$$

解 显然，$\boldsymbol{\alpha}_1$，$\boldsymbol{\alpha}_2$，$\boldsymbol{\alpha}_3$ 是线性无关的. 先正交化，取

$\boldsymbol{\beta}_1=\boldsymbol{\alpha}_1=(1, 1, 1, 1)$,

$\boldsymbol{\beta}_2=\boldsymbol{\alpha}_2-\dfrac{[\boldsymbol{\beta}_1, \boldsymbol{\alpha}_2]}{[\boldsymbol{\beta}_1, \boldsymbol{\beta}_1]}\boldsymbol{\beta}_1=(1, -1, 0, 4)-\dfrac{1-1+4}{1+1+1+1}(1, 1, 1, 1)=(0, -2, -1, 3)$,

$$\boldsymbol{\beta}_3=\boldsymbol{\alpha}_3-\frac{[\boldsymbol{\beta}_1,\boldsymbol{\alpha}_3]}{[\boldsymbol{\beta}_1,\boldsymbol{\beta}_1]}\boldsymbol{\beta}_1-\frac{[\boldsymbol{\beta}_2,\boldsymbol{\alpha}_3]}{[\boldsymbol{\beta}_2,\boldsymbol{\beta}_2]}\boldsymbol{\beta}_2$$

$$=(3,5,1,-1)-\frac{8}{4}(1,1,1,1)-\frac{-14}{14}(0,-2,-1,3)=(1,1,-2,0),$$

再单位化，得规范正交向量如下：

$$\boldsymbol{e}_1=\frac{\boldsymbol{\beta}_1}{\|\boldsymbol{\beta}_1\|}=\frac{1}{2}(1,1,1,1)=\left(\frac{1}{2},\frac{1}{2},\frac{1}{2},\frac{1}{2}\right),$$

$$\boldsymbol{e}_2=\frac{\boldsymbol{\beta}_2}{\|\boldsymbol{\beta}_2\|}=\frac{1}{\sqrt{14}}(0,-2,-1,3)=\left(0,\frac{-2}{\sqrt{14}},\frac{-1}{\sqrt{14}},\frac{3}{\sqrt{14}}\right),$$

$$\boldsymbol{e}_3=\frac{\boldsymbol{\beta}_3}{\|\boldsymbol{\beta}_3\|}=\frac{1}{\sqrt{6}}(1,1,-2,0)=\left(\frac{1}{\sqrt{6}},\frac{1}{\sqrt{6}},\frac{-2}{\sqrt{6}},0\right).$$

3. 矩阵 $\boldsymbol{A}=\begin{pmatrix}1&-1&1\\2&4&-2\\-3&-3&5\end{pmatrix}$ 是否能对角化？若可对角化，试求可逆矩阵 $\boldsymbol{P}$，使 $\boldsymbol{P}^{-1}\boldsymbol{AP}$ 为对角阵.

解 矩阵 $\boldsymbol{A}$ 的特征多项式为

$$|\lambda\boldsymbol{E}-\boldsymbol{A}|=\begin{vmatrix}\lambda-1&1&-1\\-2&\lambda-4&2\\3&3&\lambda-5\end{vmatrix}=(\lambda-2)^2(\lambda-6),$$

由 $|\lambda\boldsymbol{E}-\boldsymbol{A}|=\boldsymbol{0}$ 可得 $\boldsymbol{A}$ 的特征值 $\lambda_1=\lambda_2=2$，$\lambda_3=6$. 对于 $\lambda_1=\lambda_2=2$，解齐次线性方程组 $(2\boldsymbol{E}-\boldsymbol{A})\boldsymbol{x}=\boldsymbol{0}$，可得方程组的一个基础解系为

$$\boldsymbol{\alpha}_1=(1,-1,0)^{\mathrm{T}},\ \boldsymbol{\alpha}_2=(1,0,1)^{\mathrm{T}}.$$

对于 $\lambda_3=6$，解齐次线性方程组 $(6\boldsymbol{E}-\boldsymbol{A})\boldsymbol{x}=\boldsymbol{0}$，可得方程组的一个基础解系 $\boldsymbol{\alpha}_3=(1,-2,3)^{\mathrm{T}}$.

由于 $\boldsymbol{A}$ 有三个线性无关的特征向量，故 $\boldsymbol{A}$ 可对角化. 令

$$\boldsymbol{P}=(\boldsymbol{\alpha}_1,\boldsymbol{\alpha}_2,\boldsymbol{\alpha}_3)=\begin{pmatrix}1&1&1\\-1&0&-2\\0&1&3\end{pmatrix},$$

则 $\boldsymbol{P}^{-1}\boldsymbol{AP}=\begin{pmatrix}2&0&0\\0&2&0\\0&0&6\end{pmatrix}$.

4. 设三阶矩阵 $\boldsymbol{A}=\begin{pmatrix}2&1&1\\0&2&0\\0&-1&1\end{pmatrix}$，求 $\boldsymbol{A}^n$（n 为正整数）.

解 矩阵 $\boldsymbol{A}$ 的特征多项式为

$$|\lambda\boldsymbol{E}-\boldsymbol{A}|=\begin{vmatrix}\lambda-2&-1&-1\\0&\lambda-2&0\\0&-1&\lambda-1\end{vmatrix}=(\lambda-2)^2(\lambda-1).$$

由 $|\lambda \boldsymbol{E}-\boldsymbol{A}|=0$ 可得 $\boldsymbol{A}$ 的特征值 $\lambda_1=\lambda_2=2$，$\lambda_3=1$. 对于 $\lambda_1=\lambda_2=2$，解齐次线性方程组 $(2\boldsymbol{E}-\boldsymbol{A})\boldsymbol{x}=\boldsymbol{0}$，可得方程组的一个基础解系：

$$\boldsymbol{\alpha}_1=(1,\ 0,\ 0)^{\mathrm{T}},\ \boldsymbol{\alpha}_2=(0,\ -1,\ 1)^{\mathrm{T}}.$$

对于 $\lambda_3=1$，解齐次线性方程组 $(\boldsymbol{E}-\boldsymbol{A})\boldsymbol{x}=\boldsymbol{0}$，可得方程组的一个基础解系：$\boldsymbol{\alpha}_3=(-1,\ 0,\ 1)^{\mathrm{T}}$.

令 $\boldsymbol{P}=(\boldsymbol{\alpha}_1,\ \boldsymbol{\alpha}_2,\ \boldsymbol{\alpha}_3)=\begin{pmatrix}1 & 0 & -1\\ 0 & -1 & 0\\ 0 & 1 & 1\end{pmatrix}$，则 $\boldsymbol{P}^{-1}\boldsymbol{A}\boldsymbol{P}=\begin{pmatrix}2 & 0 & 0\\ 0 & 2 & 0\\ 0 & 0 & 1\end{pmatrix}=\boldsymbol{\Lambda}$，所以

$$\boldsymbol{\Lambda}^n=\begin{pmatrix}2 & 0 & 0\\ 0 & 2 & 0\\ 0 & 0 & 1\end{pmatrix}^n=\begin{pmatrix}2^n & 0 & 0\\ 0 & 2^n & 0\\ 0 & 0 & 1\end{pmatrix},$$

$$\boldsymbol{A}^n=\boldsymbol{P}\begin{pmatrix}2^n & 0 & 0\\ 0 & 2^n & 0\\ 0 & 0 & 1\end{pmatrix}\boldsymbol{P}^{-1}=\begin{pmatrix}1 & 0 & -1\\ 0 & -1 & 0\\ 0 & 0 & 1\end{pmatrix}\begin{pmatrix}2^n & 0 & 0\\ 0 & 2^n & 0\\ 0 & 0 & 1\end{pmatrix}\begin{pmatrix}1 & 1 & 1\\ 0 & -1 & 0\\ 0 & 1 & -1\end{pmatrix}^{-1}$$

$$=\begin{pmatrix}2^n & 2^{n+1}+1 & 2^n+1\\ 0 & 2^n & 0\\ 0 & -1 & -1\end{pmatrix}.$$

5. 已知三阶矩阵 $\boldsymbol{A}$ 的特征值为 -1，1，2，矩阵 $\boldsymbol{B}=\boldsymbol{A}-3\boldsymbol{A}^2$. 试求 $\boldsymbol{B}$ 的特征值和 $|\boldsymbol{B}|$.

解　由 λ 是 $\boldsymbol{A}$ 的特征值，则 $\varphi(\lambda)=\lambda-3\lambda^2$ 是 $\boldsymbol{B}=\varphi(\boldsymbol{A})=\boldsymbol{A}-3\boldsymbol{A}^2$ 的特征值. 因为 $\boldsymbol{A}$ 的特征值为 -1，1，2，所以 $\boldsymbol{B}$ 的特征值为 -4，-2，-10，$|\boldsymbol{B}|=(-2)\times(-4)\times(-10)=-80$.

6. 设矩阵 $\boldsymbol{A}$ 与 $\boldsymbol{B}$ 相似，其中 $\boldsymbol{A}=\begin{pmatrix}1 & -1 & 1\\ 2 & 4 & -2\\ -3 & -3 & a\end{pmatrix}$，$\boldsymbol{B}=\begin{pmatrix}2 & & \\ & 2 & \\ & & b\end{pmatrix}$，

(1) 求 a、b 的值；

(2) 求可逆矩阵 $\boldsymbol{P}$，使 $\boldsymbol{P}^{-1}\boldsymbol{A}\boldsymbol{P}=\boldsymbol{B}$.

解　(1) 矩阵 $\boldsymbol{A}$ 的特征多项式为

$$|\lambda \boldsymbol{E}-\boldsymbol{A}|=\begin{vmatrix}\lambda-1 & 1 & -1\\ -2 & \lambda-4 & 2\\ 3 & 3 & \lambda-a\end{vmatrix}$$

$$=\lambda^3-(5+a)\lambda^2+(5a+3)\lambda+6-6a,$$

又因为矩阵 $\boldsymbol{A}$ 与 $\boldsymbol{B}$ 相似，所以 $\boldsymbol{A}$、$\boldsymbol{B}$ 有相同的特征值.

所以 $\boldsymbol{A}$ 的特征值为 2，2，b，则 $\lambda=2$，b 时，$|\lambda \boldsymbol{E}-\boldsymbol{A}|=0$，由此解得 $a=5$，$b=6$.

(2) 由本题(1)知：$\boldsymbol{A}$ 的特征值为 2，2，6，对于 $\lambda_1=\lambda_2=2$，解齐次线性方程组 $(2\boldsymbol{E}-\boldsymbol{A})\boldsymbol{x}=\boldsymbol{0}$，可得方程组的一个基础解系为 $\boldsymbol{\alpha}_1=(1,\ -1,\ 0)^{\mathrm{T}}$，$\boldsymbol{\alpha}_2=(1,\ 0,\ 1)^{\mathrm{T}}$；对于 $\lambda_3=6$，解齐次线性方程组 $(6\boldsymbol{E}-\boldsymbol{A})\boldsymbol{x}=\boldsymbol{0}$，可得方程组的一个基础解系 $\boldsymbol{\alpha}_3=(1,\ -2,\ 3)^{\mathrm{T}}$.

令 $\boldsymbol{P}=(\boldsymbol{\alpha}_1,\ \boldsymbol{\alpha}_2,\ \boldsymbol{\alpha}_3)=\begin{pmatrix}1 & 1 & 1\\ -1 & 0 & -2\\ 0 & 1 & 3\end{pmatrix}$，则 $\boldsymbol{P}^{-1}\boldsymbol{A}\boldsymbol{P}=\boldsymbol{B}$.

7. 写出对称矩阵$\begin{pmatrix} 1 & -\frac{1}{2} & \frac{1}{2} \\ -\frac{1}{2} & 0 & -2 \\ \frac{1}{2} & -2 & 2 \end{pmatrix}$所对应的二次型.

解 设 $\boldsymbol{x}=(x_1, x_2, x_3)^{\mathrm{T}}$，则

$$f(x_1, x_2, x_3)=\boldsymbol{x}^{\mathrm{T}}\boldsymbol{A}\boldsymbol{x}=(x_1, x_2, x_3)\begin{pmatrix} 1 & -\frac{1}{2} & \frac{1}{2} \\ -\frac{1}{2} & 0 & -2 \\ \frac{1}{2} & -2 & 2 \end{pmatrix}$$

$$=x_1^2+2x_3^2-x_1x_2+x_1x_3-4x_2x_3.$$

8. 用配方法化二次型 $f=x_1^2+x_2^2+x_3^2+2x_1x_2+2x_2x_3+2x_1x_3$ 为标准形，并求所用的可逆线性变换.

解 $f=x_1^2+x_2^2+x_3^2+2x_1x_2+2x_2x_3+2x_1x_3=(x_1+x_2+x_3)^2$，

令

$$\begin{cases} y_1=x_1+x_2+x_3 \\ y_2=x_2 \\ y_3=x_3 \end{cases} \Rightarrow \begin{cases} x_1=y_1-y_2-y_3 \\ x_2=y_2 \\ x_3=y_3 \end{cases},$$

所以

$$\begin{pmatrix} x_1 \\ x_2 \\ x_3 \end{pmatrix}=\begin{pmatrix} 1 & -1 & -1 \\ 0 & 1 & 0 \\ 0 & 0 & 1 \end{pmatrix}\begin{pmatrix} y_1 \\ y_2 \\ y_3 \end{pmatrix},$$

$$f=x_1^2+x_2^2+x_3^2+2x_1x_2+2x_1x_3+2x_2x_3=y_1^2.$$

所用变换矩阵为

$$\boldsymbol{C}=\begin{pmatrix} 1 & -1 & -1 \\ 0 & 1 & 0 \\ 0 & 0 & 1 \end{pmatrix}(|\boldsymbol{C}|=1\neq 0).$$

9. 设 $f=2x_1x_2+2x_1x_3-2x_1x_4-2x_2x_3+2x_2x_4+2x_3x_4$，求一个正交变换 $\boldsymbol{x}=\boldsymbol{P}\boldsymbol{y}$，把该二次型化为标准形.

解 二次型的矩阵为 $\boldsymbol{A}=\begin{pmatrix} 0 & 1 & 1 & -1 \\ 1 & 0 & -1 & 1 \\ 1 & -1 & 0 & 1 \\ -1 & 1 & 1 & 0 \end{pmatrix}$，其特征多项式为

$$|A-\lambda E|=\begin{vmatrix}-\lambda & 1 & 1 & -1\\ 1 & -\lambda & -1 & 1\\ 1 & -1 & -\lambda & 1\\ -1 & 1 & 1 & -\lambda\end{vmatrix}=(-\lambda+1)\begin{vmatrix}1 & 1 & 1 & -1\\ 1 & -\lambda & -1 & 1\\ 1 & -1 & -\lambda & 1\\ 1 & 1 & 1 & -\lambda\end{vmatrix}$$

$$=(-\lambda+1)\begin{vmatrix}1 & 1 & 1 & -1\\ 0 & -\lambda-1 & -2 & 2\\ 0 & -2 & -\lambda-1 & 2\\ 0 & 0 & 0 & -\lambda+1\end{vmatrix}$$

$$=(-\lambda+1)^2\begin{vmatrix}-\lambda-1 & -2\\ -2 & -\lambda-1\end{vmatrix}$$

$$=(-\lambda+1)^2(\lambda^2+2\lambda-3)=(\lambda+3)(\lambda-1)^3.$$

故 $\boldsymbol{A}$ 的特征值为 $\lambda_1=-3$，$\lambda_2=\lambda_3=\lambda_4=1$.

当 $\lambda_1=-3$ 时，解方程 $(\boldsymbol{A}+3\boldsymbol{E})\boldsymbol{x}=\boldsymbol{0}$，得基础解系 $\boldsymbol{\xi}_1=\begin{pmatrix}1\\-1\\-1\\1\end{pmatrix}$.

当 $\lambda_2=\lambda_3=\lambda_4=1$ 时，解方程 $(\boldsymbol{A}-\boldsymbol{E})\boldsymbol{x}=\boldsymbol{0}$，可得正交的基础解系为

$$\boldsymbol{\xi}_2=\begin{pmatrix}1\\1\\0\\0\end{pmatrix},\ \boldsymbol{\xi}_3=\begin{pmatrix}0\\0\\1\\1\end{pmatrix},\ \boldsymbol{\xi}_4=\begin{pmatrix}1\\-1\\1\\-1\end{pmatrix},$$

单位化可得

$$\boldsymbol{P}_1=\frac{1}{2}\begin{pmatrix}1\\-1\\-1\\1\end{pmatrix},\ \boldsymbol{P}_2=\begin{pmatrix}\frac{1}{\sqrt{2}}\\\frac{1}{\sqrt{2}}\\0\\0\end{pmatrix},\ \boldsymbol{P}_3=\begin{pmatrix}0\\0\\\frac{1}{\sqrt{2}}\\\frac{1}{\sqrt{2}}\end{pmatrix},\ \boldsymbol{P}_4=\begin{pmatrix}\frac{1}{2}\\-\frac{1}{2}\\\frac{1}{2}\\-\frac{1}{2}\end{pmatrix}.$$

于是所求正交变换为

$$\begin{pmatrix}x_1\\x_2\\x_3\\x_4\end{pmatrix}=\begin{pmatrix}\frac{1}{2} & \frac{1}{\sqrt{2}} & 0 & \frac{1}{2}\\ -\frac{1}{2} & \frac{1}{\sqrt{2}} & 0 & -\frac{1}{2}\\ -\frac{1}{2} & 0 & \frac{1}{\sqrt{2}} & \frac{1}{2}\\ \frac{1}{2} & 0 & \frac{1}{\sqrt{2}} & -\frac{1}{2}\end{pmatrix}\begin{pmatrix}y_1\\y_2\\y_3\\y_4\end{pmatrix}.$$

在此变换下原二次型化为标准形为 $f=-3y_1^2+y_2^2+y_3^2+y_4^2$.

10. 判别下列二次型是否为正定二次型：

(1) $f(x_1, x_2, x_3)=5x_1^2+6x_2^2+4x_3^2-4x_1x_2-4x_2x_3$；

(2) $f(x_1, x_2, x_3)=10x_1^2+2x_2^2+x_3^2+8x_1x_2+24x_1x_3-28x_2x_3$.

解 (1) 二次型 $f(x_1, x_2, x_3)$的矩阵为

$$\boldsymbol{A}=\begin{pmatrix}5 & -2 & 0\\ -2 & 6 & -2\\ 0 & -2 & 4\end{pmatrix}.$$

由于 $5>0$，$\begin{vmatrix}5 & -2\\ -2 & 6\end{vmatrix}=26>0$，$\begin{vmatrix}5 & -2 & 0\\ -2 & 6 & -2\\ 0 & -2 & 4\end{vmatrix}=84>0$，即 $\boldsymbol{A}$ 的各阶顺序主子式都大于零，故此二次型是正定的.

(2) 二次型 $f(x_1, x_2, x_3)$的矩阵为

$$\boldsymbol{A}=\begin{pmatrix}10 & 4 & 12\\ 4 & 2 & -14\\ 12 & -14 & 1\end{pmatrix}.$$

由于

$$|\boldsymbol{A}|=\begin{vmatrix}10 & 4 & 12\\ 4 & 2 & -14\\ 12 & -14 & 1\end{vmatrix}=-3588<0,$$

故此二次型不是正定的.

11. 设 $\boldsymbol{A}$、$\boldsymbol{B}$ 是两个实对称矩阵，试证明存在正交矩阵 $\boldsymbol{Q}$，使 $\boldsymbol{Q}^{-1}\boldsymbol{AQ}=\boldsymbol{B}$ 的充分必要条件是 $\boldsymbol{A}$、$\boldsymbol{B}$ 有相同的特征值.

证明 充分性：设实对称矩阵 $\boldsymbol{A}$、$\boldsymbol{B}$ 有相同的特征值 $\lambda_1, \lambda_2, \cdots, \lambda_n$，则存在正交矩阵 $\boldsymbol{Q}_1$、$\boldsymbol{Q}_2$ 使得

$$\boldsymbol{Q}_1^{-1}\boldsymbol{AQ}_1=\begin{pmatrix}\lambda_1 & & & \\ & \lambda_2 & & \\ & & \ddots & \\ & & & \lambda_n\end{pmatrix},\quad \boldsymbol{Q}_2^{-1}\boldsymbol{BQ}_2=\begin{pmatrix}\lambda_1 & & & \\ & \lambda_2 & & \\ & & \ddots & \\ & & & \lambda_n\end{pmatrix},$$

于是 $\boldsymbol{Q}_1^{-1}\boldsymbol{AQ}_1=\boldsymbol{Q}_2^{-1}\boldsymbol{BQ}_2$，又 $\boldsymbol{Q}_2^{-1}$ 存在，所以有 $\boldsymbol{Q}_2\boldsymbol{Q}_1^{-1}\boldsymbol{AQ}_1\boldsymbol{Q}_2^{-1}=\boldsymbol{B}$，即 $\boldsymbol{Q}^{-1}\boldsymbol{AQ}=\boldsymbol{B}$ $(\boldsymbol{Q}=\boldsymbol{Q}_1\boldsymbol{Q}_2^{-1})$.

必要性：设有 $\boldsymbol{Q}^{-1}\boldsymbol{AQ}=\boldsymbol{B}$，即 $\boldsymbol{A}$、$\boldsymbol{B}$ 相似，从而 $\boldsymbol{A}$、$\boldsymbol{B}$ 有相同的特征值.

12. 如果 $\boldsymbol{A}$、$\boldsymbol{B}$ 为 n 阶正定矩阵，则 $\boldsymbol{A}+\boldsymbol{B}$ 也为正定矩阵.

证明 由于 $\boldsymbol{A}$、$\boldsymbol{B}$ 是正定矩阵，故 $\boldsymbol{A}$、$\boldsymbol{B}$ 为实对称矩阵. 从而 $\boldsymbol{A}+\boldsymbol{B}$ 也为实对称矩阵，而且

$$f=\boldsymbol{x}^{\mathrm{T}}\boldsymbol{Ax},\ g=\boldsymbol{x}^{\mathrm{T}}\boldsymbol{Bx},$$

为正定二次型. 于是对不全为零的实数 $x_1, x_2, \cdots, x_n$，有

$$\boldsymbol{x}^{\mathrm{T}}\boldsymbol{Ax}>0,\ \boldsymbol{x}^{\mathrm{T}}\boldsymbol{Bx}>0.$$

故

$$h=\boldsymbol{x}^{\mathrm{T}}(\boldsymbol{A}+\boldsymbol{B})\boldsymbol{x}=\boldsymbol{x}^{\mathrm{T}}\boldsymbol{Ax}+\boldsymbol{x}^{\mathrm{T}}\boldsymbol{Bx}>0,$$

即二次型 $h=\boldsymbol{x}^{\mathrm{T}}(\boldsymbol{A}+\boldsymbol{B})\boldsymbol{x}$ 为正定的，故 $\boldsymbol{A}+\boldsymbol{B}$ 为正定矩阵.

13. 设 $\boldsymbol{A}$ 是一个实对称矩阵，试证明对于实数 t，当 t 充分大时，$t\boldsymbol{E}+\boldsymbol{A}$ 为正定矩阵.

证明　设 $\boldsymbol{A}$ 的特征值为 $\lambda_1,\lambda_2,\cdots,\lambda_n$ 且 λ_i 为实数，取 $t>\max\limits_{1\leqslant i\leqslant n}\{|\lambda_i|\}$，则 $t\boldsymbol{E}+\boldsymbol{A}$ 的特征值为 $\lambda_1+t,\lambda_2+t,\cdots,\lambda_n+t$ 全部大于零. 因此，当 $t>\max\limits_{1\leqslant i\leqslant n}\{|\lambda_i|\}$时，$t\boldsymbol{E}+\boldsymbol{A}$ 为正定矩阵.

自测题(B)

一、单项选择题

1. 设 $\boldsymbol{A}$、$\boldsymbol{B}$ 均为 n 阶矩阵，且 $\boldsymbol{A}$ 与 $\boldsymbol{B}$ 合同，下列选项中正确的是(　D　).

A. $\boldsymbol{A}$ 与 $\boldsymbol{B}$ 相似　　B. $|\boldsymbol{A}|=|\boldsymbol{B}|$

C. $\boldsymbol{A}$ 与 $\boldsymbol{B}$ 有相同的特征值　　D. $R(\boldsymbol{A})=R(\boldsymbol{B})$

解　若 $\boldsymbol{A}$ 与 $\boldsymbol{B}$ 合同，则存在可逆矩阵 $\boldsymbol{C}$，使得 $\boldsymbol{C}^{\mathrm{T}}\boldsymbol{AC}=\boldsymbol{B}$. 因此 $R(\boldsymbol{A})=R(\boldsymbol{B})$，故 D 正确. 但 $\boldsymbol{C}^{\mathrm{T}}$ 不一定等于 $\boldsymbol{C}^{-1}$，故 $\boldsymbol{A}$ 与 $\boldsymbol{B}$ 未必相似，也未必有相同的特征值，故 A、C 均不正确. 由 $\boldsymbol{C}^{\mathrm{T}}\boldsymbol{AC}=\boldsymbol{B}$ 有 $|\boldsymbol{C}^{\mathrm{T}}\boldsymbol{AC}|=|\boldsymbol{C}^{\mathrm{T}}||\boldsymbol{A}||\boldsymbol{C}|=|\boldsymbol{C}|^2\cdot|\boldsymbol{A}|=|\boldsymbol{B}|$，因为 $|\boldsymbol{C}|$ 不一定等于 1，所以一般 $|\boldsymbol{A}|\neq|\boldsymbol{B}|$，故 B 不正确.

2. 如果 $\boldsymbol{A}$ 是正定矩阵，则(　C　).

A. $\boldsymbol{A}^{\mathrm{T}}$ 和 $\boldsymbol{A}^{-1}$ 也正定，但 $\boldsymbol{A}^*$ 不一定

B. $\boldsymbol{A}^{-1}$ 和 $\boldsymbol{A}^*$ 也正定，但 $\boldsymbol{A}^{\mathrm{T}}$ 不一定

C. $\boldsymbol{A}^{\mathrm{T}}$，$\boldsymbol{A}^{-1}$，$\boldsymbol{A}^*$ 都正定矩阵

D. 无法确定

解　根据矩阵正定的充要条件进行判断.

3. 二次型 $\boldsymbol{x}^{\mathrm{T}}\boldsymbol{Ax}$ 正定的充要条件是(　C　).

A. 负惯性指数为零

B. 存在可逆阵 $\boldsymbol{P}$，都有 $\boldsymbol{P}^{-1}\boldsymbol{AP}=\boldsymbol{E}$

C. A 的特征值全大于零

D. 存在 n 阶矩阵 $\boldsymbol{C}$，使 $\boldsymbol{A}=\boldsymbol{C}^{\mathrm{T}}\boldsymbol{C}$

解　根据矩阵正定的充分必要条件.

4. 二次型 $f(x_1,x_2,x_3)=(x_1+ax_2-2x_3)^2+(2x_2+3x_3)^2+(x_1+3x_2+ax_3)^2$ 是正定二次型的充要条件是(　C　).

A. $a>1$　　B. $a<1$　　C. $a\neq1$　　D. $a=1$

解　因为 $f(x_1,x_2,x_3)=(x_1+ax_2-2x_3)^2+(2x_2+3x_3)^2+(x_1+3x_2+ax_3)^2$ 对任意 $x=(x_1,x_2,x_3)$都有 $f(x_1,x_2,x_3)\geqslant0$，当且仅当 $\begin{cases}x_1+ax_2-2x_3=0\\2x_2+3x_3=0\\x_1+3x_2+ax_3=0\end{cases}$ 系数行列式的值不等于零即 $a\neq1$ 时，二次型是正定的.

5. (2016 年数二 8)　设二次型 $f(x_1,x_2,x_3)=a(x_1^2+x_2^2+x_3^2)+2x_1x_2+2x_2x_3+2x_1x_3$ 的正、负惯性指数分别为 1，2，则(　C　).

A. $a>1$　　B. $a<-2$　　C. $-2<a<1$　　D. $a=1$ 与 $a=-2$

解　求出 $\boldsymbol{A}$ 的特征值，根据正负惯性指数个数得 $-2<a<1$.

二、填空题

1. 设 n 阶矩阵 $\boldsymbol{A}$ 的元素全为 1，则 $\boldsymbol{A}$ 的 n 个特征值为________.

解　0($n-1$ 重)，n，因矩阵 $\boldsymbol{A}$ 的秩为 1，故其最多有 1 个非 0 特征值，又矩阵 $\boldsymbol{A}$ 的对角线元素之和为 n，所以它还有一个特征值为 n. 此题还可以用直接法计算。

2. 设阶矩阵 $\boldsymbol{A}$ 为正交阵，则 $|\boldsymbol{A}|=$____________.

解　±1. 由 $|\boldsymbol{A}|^2=1$. 可得 $|\boldsymbol{A}|=\pm1$.

3. 二次型 $f(x_1, x_2, x_3)=2x_1^2+x_2^2+x_3^2+2x_1x_2+tx_2x_3$ 是正定的，则 t 的取值范围是____________.

解　$-\sqrt{2}<t<\sqrt{2}$，由 $\boldsymbol{A}$ 的顺序主子式全部大于零得出.

4. 如果 $\boldsymbol{A}=\begin{pmatrix}1 & 2 & 3\\ 2 & x & 6\\ 3 & 6 & x\end{pmatrix}$正定，则 x 取值范围是____________.

解　$x>9$. 由 $\boldsymbol{A}$ 的顺序主子式全部大于零得出.

5. 二次型 $f(x_1, x_2)=20x_1^2+14x_1x_2-10x_2^2$ 对应的矩阵是____________.

解　$\boldsymbol{A}=\begin{pmatrix}20 & 7\\ 7 & -10\end{pmatrix}$，$\boldsymbol{A}$ 为对称阵.

三、解答题

1. 求 n 阶数量矩阵 $\boldsymbol{A}=\begin{pmatrix}a & 0 & \cdots & 0\\ 0 & a & \cdots & 0\\ \vdots & \vdots & & \vdots\\ 0 & 0 & \cdots & a\end{pmatrix}$的特征值与特征向量.

解　$|\lambda\boldsymbol{E}-\boldsymbol{A}|=\begin{vmatrix}\lambda-a & 0 & \cdots & 0\\ 0 & \lambda-a & \cdots & 0\\ \vdots & \vdots & & \vdots\\ 0 & 0 & \cdots & \lambda-a\end{vmatrix}=(\lambda-a)^n=0$，

故 $\boldsymbol{A}$ 的特征值为 $\lambda_1=\lambda_2=\cdots=\lambda_n=a$.

把 $\lambda=a$ 代入 $(\lambda\boldsymbol{E}-\boldsymbol{A})\boldsymbol{x}=\boldsymbol{0}$ 得 $0\cdot x_1=0$，$0\cdot x_2=0$，…，$0\cdot x_n=0$. 这个方程组的系数矩阵是零矩阵，所以任意 n 个 n 维线性无关的向量都是它的基础解系，取单位向量组

$$\boldsymbol{\varepsilon}_1=\begin{pmatrix}1\\0\\ \vdots\\0\end{pmatrix},\quad \boldsymbol{\varepsilon}_2=\begin{pmatrix}0\\1\\ \vdots\\0\end{pmatrix},\quad \cdots,\quad \boldsymbol{\varepsilon}_n=\begin{pmatrix}0\\0\\ \vdots\\1\end{pmatrix}$$

作为基础解系，于是 $\boldsymbol{A}$ 的全部特征向量为

$$c_1\boldsymbol{\varepsilon}_1+c_2\boldsymbol{\varepsilon}_2+\cdots+c_n\boldsymbol{\varepsilon}_n\quad (c_1, c_2, \cdots, c_n \text{ 不全为零}).$$

2. 设有对称矩阵 $\boldsymbol{A}=\begin{pmatrix}4&0&0\\0&3&1\\0&1&3\end{pmatrix}$，试求出正交矩阵 $\boldsymbol{P}$，使 $\boldsymbol{P}^{-1}\boldsymbol{AP}$ 为对角阵.

解　$|\lambda\boldsymbol{E}-\boldsymbol{A}|=\begin{vmatrix}\lambda-4&0&0\\0&\lambda-3&-1\\0&-1&\lambda-3\end{vmatrix}=(\lambda-2)(4-\lambda)^2$，则 $\lambda_1=2$，$\lambda_2=\lambda_3=4$.

对 $\lambda_1=2$，由 $(2\boldsymbol{E}-\boldsymbol{A})\boldsymbol{x}=\boldsymbol{0}$，基础解系 $\boldsymbol{p}_1=\begin{pmatrix}0\\1\\-1\end{pmatrix}$；

对 $\lambda_2=\lambda_3=4$，由 $(4\boldsymbol{E}-\boldsymbol{A})\boldsymbol{x}=\boldsymbol{0}$，基础解系 $\boldsymbol{p}_2=\begin{pmatrix}1\\0\\0\end{pmatrix}$，$\boldsymbol{p}_3=\begin{pmatrix}0\\1\\1\end{pmatrix}$.

$\boldsymbol{p}_2$ 与 $\boldsymbol{p}_3$ 恰好正交，则 $\boldsymbol{p}_1$，$\boldsymbol{p}_2$，$\boldsymbol{p}_3$ 两两正交. 再将 $\boldsymbol{p}_1$，$\boldsymbol{p}_2$，$\boldsymbol{p}_3$ 单位化，令 $\boldsymbol{\eta}_i=\dfrac{\boldsymbol{p}_i}{\|\boldsymbol{p}_i\|}$ $(i=1，2，3)$，得

$$\boldsymbol{\eta}_1=\begin{pmatrix}0\\\frac{1}{\sqrt{2}}\\-\frac{1}{\sqrt{2}}\end{pmatrix}，\boldsymbol{\eta}_2=\begin{pmatrix}1\\0\\0\end{pmatrix}，\boldsymbol{\eta}_3=\begin{pmatrix}0\\\frac{1}{\sqrt{2}}\\\frac{1}{\sqrt{2}}\end{pmatrix}.$$

故所求正交矩阵.

3. 证明如果正交矩阵有实特征根，则该特征根只能是 1 和 −1.

$$\boldsymbol{P}=(\boldsymbol{\eta}_1，\boldsymbol{\eta}_2，\boldsymbol{\eta}_3)=\begin{pmatrix}0&1&0\\\frac{1}{\sqrt{2}}&0&\frac{1}{\sqrt{2}}\\-\frac{1}{\sqrt{2}}&0&\frac{1}{\sqrt{2}}\end{pmatrix}\text{ 且 }\boldsymbol{P}^{-1}\boldsymbol{AP}=\begin{pmatrix}2&0&0\\0&4&0\\0&0&4\end{pmatrix}.$$

证明　设 $\boldsymbol{\alpha}$ 是 $\boldsymbol{A}$ 的属于 λ_0 的特征向量，则 $\boldsymbol{A\alpha}=\lambda_0\boldsymbol{\alpha}$，$\boldsymbol{A}^{\mathrm{T}}\boldsymbol{\alpha}=\lambda_0\boldsymbol{\alpha}$. 所以 $\boldsymbol{A}^{\mathrm{T}}\boldsymbol{A\alpha}=\lambda_0\boldsymbol{A}^{\mathrm{T}}\boldsymbol{\alpha}$，又 $\boldsymbol{A}^{\mathrm{T}}\boldsymbol{A}=\boldsymbol{E}$，则 $\boldsymbol{\alpha}=\lambda_0^2\boldsymbol{\alpha}$，即 $\lambda_0=1$ 或 -1.

所以，如果正交矩阵有实特征根，则该特征根只能是 1 和 −1.

4. $\boldsymbol{A}$ 为三阶矩阵，$\boldsymbol{A}$ 的特征值为 1，3，5. 试求行列式 $|\boldsymbol{A}^*-2\boldsymbol{E}|$ 的值.

解　因为 $|\boldsymbol{A}|=1\times3\times5=15$，又 $\boldsymbol{A}^*=|\boldsymbol{A}|\boldsymbol{A}^{-1}$，所以 $\boldsymbol{A}^*$ 对应的特征值为 $\boldsymbol{\eta}_1=\dfrac{|\boldsymbol{A}|}{\lambda_1}=15$，$\boldsymbol{\eta}_2=\dfrac{|\boldsymbol{A}|}{\lambda_2}=5$，$\boldsymbol{\eta}_3=\dfrac{|\boldsymbol{A}|}{\lambda_3}=3$. 而矩阵 $\boldsymbol{A}^*-2\boldsymbol{E}$ 对应的特征值为 $\boldsymbol{\eta}_1-2=13$，$\boldsymbol{\eta}_2-2=3$，$\boldsymbol{\eta}_3-2=1$，所以 $|\boldsymbol{A}^*-2\boldsymbol{E}|=13\times3\times1=39$.

5. 写出二次型 $f(x，y，z)=3x^2+2xy+\sqrt{2}xz-y^2-4yz+5z^2$ 相应的对称阵.

解　$f(x，y，z)=3x^2+xy+\dfrac{\sqrt{2}}{2}xz+xy-y^2-2xy+\dfrac{\sqrt{2}}{2}xz-2yz+5z^2$

相应的实对称阵为$\begin{pmatrix} 3 & 1 & \frac{\sqrt{2}}{2} \\ 1 & -1 & -2 \\ \frac{\sqrt{2}}{2} & -2 & 5 \end{pmatrix}$.

6. 用正交变换法将二次型 $f(x_1, x_2, x_3)=2x_1^2+x_2^2-4x_1x_2-4x_2x_3$ 化为标准形，并写出所作的线性变换.

解 二次型 $f(x_1, x_2, x_3)$的矩阵为

$$\boldsymbol{A}=\begin{pmatrix} 2 & -2 & 0 \\ -2 & 1 & -2 \\ 0 & -2 & 0 \end{pmatrix}.$$

$\boldsymbol{A}$ 的特征方程为

$$|\lambda \boldsymbol{E}-\boldsymbol{A}|=\begin{vmatrix} \lambda-2 & 2 & 0 \\ 2 & \lambda-1 & 2 \\ 0 & 2 & \lambda \end{vmatrix}=(\lambda+2)(\lambda^2-5\lambda+4)=0,$$

由此得到 $\boldsymbol{A}$ 的特征值$\lambda_1=-2$，$\lambda_2=1$，$\lambda_3=4$.

对于$\lambda_1=-2$，求其线性方程组$(-2\boldsymbol{E}-\boldsymbol{A})\boldsymbol{x}=\boldsymbol{0}$，可解得基础解系为$\boldsymbol{\alpha}_1=(1, 2, 2)^{\mathrm{T}}$；

对于$\lambda_2=1$，求其线性方程组$(\boldsymbol{E}-\boldsymbol{A})\boldsymbol{x}=\boldsymbol{0}$，可解得基础解系为$\boldsymbol{\alpha}_2=(2, 1, -2)^{\mathrm{T}}$；

对于$\lambda_3=4$，求其线性方程组$(4\boldsymbol{E}-\boldsymbol{A})\boldsymbol{x}=\boldsymbol{0}$，可解得基础解系为$\boldsymbol{\alpha}_3=(2, -2, 1)^{\mathrm{T}}$.

将$\boldsymbol{\alpha}_1$，$\boldsymbol{\alpha}_2$，$\boldsymbol{\alpha}_3$单位化，得

$$\boldsymbol{\gamma}_1=\frac{1}{\|\boldsymbol{\alpha}_1\|}\boldsymbol{\alpha}_1=\left(\frac{1}{3}, \frac{2}{3}, \frac{2}{3}\right)^{\mathrm{T}},$$

$$\boldsymbol{\gamma}_2=\frac{1}{\|\boldsymbol{\alpha}_2\|}\boldsymbol{\alpha}_2=\left(\frac{2}{3}, \frac{1}{3}, -\frac{2}{3}\right)^{\mathrm{T}},$$

$$\boldsymbol{\gamma}_3=\frac{1}{\|\boldsymbol{\alpha}_3\|}\boldsymbol{\alpha}_3=\left(\frac{2}{3}, -\frac{2}{3}, \frac{1}{3}\right)^{\mathrm{T}}.$$

令

$$\boldsymbol{P}=(\boldsymbol{\gamma}_1, \boldsymbol{\gamma}_2, \boldsymbol{\gamma}_3)=\begin{pmatrix} \frac{1}{3} & \frac{2}{3} & \frac{2}{3} \\ \frac{2}{3} & \frac{1}{3} & -\frac{2}{3} \\ \frac{2}{3} & -\frac{2}{3} & \frac{1}{3} \end{pmatrix},$$

则

$$\boldsymbol{P}^{\mathrm{T}}\boldsymbol{A}\boldsymbol{P}=\mathrm{diag}(-2, 1, 4)=\begin{pmatrix} -2 & 0 & 0 \\ 0 & 1 & 0 \\ 0 & 0 & 4 \end{pmatrix}.$$

作正交替换 $\boldsymbol{x}=\boldsymbol{P}\boldsymbol{y}$，即

$$\begin{cases} x_1=\frac{1}{3}y_1+\frac{2}{3}y_2+\frac{2}{3}y_3 \\ x_2=\frac{2}{3}y_1+\frac{1}{3}y_2-\frac{2}{3}y_3, \\ x_3=\frac{2}{3}y_1-\frac{2}{3}y_2+\frac{1}{3}y_3 \end{cases}$$

二次型 $f(x_1, x_2, x_3)$可化为标准形为

$$-2y_1^2+y_2^2+4y_3^2.$$

7. 求把二次型

$$f(x_1, x_2, x_3)=2x_1^2+9x_2^2+3x_3^2+8x_1x_2-4x_1x_3-10x_2x_3$$

化为 $g(y_1, y_2, y_3)=2y_1^2+3y_2^2+6y_3^2-4y_1y_2-4y_1y_3+8y_2y_3$ 的可逆线性变换.

解　二次型 $f(x_1, x_2, x_3)$的矩阵为

$$\boldsymbol{A}=\begin{pmatrix} 2 & 4 & -2 \\ 4 & 9 & -5 \\ -2 & -5 & 3 \end{pmatrix}$$

由初等变换法可得经过可逆线性变换 $\boldsymbol{x}=\boldsymbol{C}_1\boldsymbol{y}$，使得 $\boldsymbol{C}_1^{\mathrm{T}}\boldsymbol{x}\boldsymbol{C}_1=\mathrm{diag}(2, 1, 0)$，其中：

$$\boldsymbol{C}_1=\begin{pmatrix} 1 & -2 & -1 \\ 0 & 1 & 1 \\ 0 & 0 & 1 \end{pmatrix}$$

二次型 $g(y_1, y_2, y_3)$的矩阵为

$$\boldsymbol{B}=\begin{pmatrix} 2 & -2 & -2 \\ -2 & 3 & 4 \\ -2 & 4 & 6 \end{pmatrix}$$

存在可逆线性变换 $\boldsymbol{y}=\boldsymbol{C}_2\boldsymbol{x}$，使得 $\boldsymbol{C}_2^{\mathrm{T}}\boldsymbol{y}\boldsymbol{C}_2=\mathrm{diag}(2, 1, 0)$，其中：

$$\boldsymbol{C}_2=\begin{pmatrix} 1 & 1 & -1 \\ 0 & 1 & -1 \\ 0 & 0 & 1 \end{pmatrix},$$

所以，存在可逆线性变换 $\boldsymbol{x}=(\boldsymbol{C}_2^{-1}\boldsymbol{C}_1)\boldsymbol{y}$，使得 $f(x_1, x_2, x_3)$化为 $g(y_1, y_2, y_3)$，

$$\boldsymbol{C}_2^{-1}\boldsymbol{C}_1=\begin{pmatrix} 1 & -3 & -2 \\ 0 & 1 & 2 \\ 0 & 0 & 1 \end{pmatrix}.$$

8. 当 t 为何值时，二次型 $f(x_1, x_2, x_3)=x_1^2+x_2^2+5x_3^2+2tx_1x_2-2x_1x_3+4x_2x_3$ 为正定二次型？

解　二次型 $f(x_1, x_2, x_3)$的矩阵为

$$\boldsymbol{A}=\begin{pmatrix} 1 & t & -1 \\ t & 1 & 2 \\ -1 & 2 & 5 \end{pmatrix},$$

此二次型正定的充要条件为

$$1>0, \quad \begin{vmatrix} 1 & t \\ t & 1 \end{vmatrix}=1-t^2>0, \quad |\boldsymbol{A}|=-5t^2-4t>0,$$

由此解得 $-\frac{4}{5}<t<0$.

9. 设 $\boldsymbol{A}$、$\boldsymbol{B}$ 为 n 阶正定矩阵，证明 $\boldsymbol{BAB}$ 也是正定矩阵.

证明 由于 $\boldsymbol{A}$、$\boldsymbol{B}$ 是正定矩阵，故 $\boldsymbol{A}$、$\boldsymbol{B}$ 为实对称矩阵. 因此 $(\boldsymbol{BAB})^{\mathrm{T}}=\boldsymbol{B}^{\mathrm{T}}\boldsymbol{A}^{\mathrm{T}}\boldsymbol{B}^{\mathrm{T}}=\boldsymbol{BAB}$，即 $\boldsymbol{BAB}$ 也为实对称矩阵.

由于 $\boldsymbol{A}$、$\boldsymbol{B}$ 为正定矩阵，则存在可逆矩阵 $\boldsymbol{C}_1$、$\boldsymbol{C}_2$，有

$$\boldsymbol{A}=\boldsymbol{C}_1^{\mathrm{T}}\boldsymbol{C}_1,\ \boldsymbol{B}=\boldsymbol{C}_2^{\mathrm{T}}\boldsymbol{C}_2,$$

所以 $\boldsymbol{BAB}=\boldsymbol{C}_2^{\mathrm{T}}\boldsymbol{C}_2\boldsymbol{C}_1^{\mathrm{T}}\boldsymbol{C}_1\boldsymbol{C}_2^{\mathrm{T}}\boldsymbol{C}_2=(\boldsymbol{C}_1\boldsymbol{C}_2^{\mathrm{T}}\boldsymbol{C}_2)^{\mathrm{T}}(\boldsymbol{C}_1\boldsymbol{C}_2^{\mathrm{T}}\boldsymbol{C}_2)$，即 $\boldsymbol{BAB}$ 也是正定矩阵.

10.（2019 年数二 23） 已知矩阵 $\boldsymbol{A}=\begin{pmatrix}-2&-2&1\\2&x&-2\\0&0&-2\end{pmatrix}$ 与 $\boldsymbol{B}=\begin{pmatrix}2&1&0\\0&-1&0\\0&0&y\end{pmatrix}$ 相似.

(1) 求 x、y；

(2) 求可逆矩阵 $\boldsymbol{P}$，使得 $\boldsymbol{P}^{-1}\boldsymbol{AP}=\boldsymbol{B}$.

解 (1) 因为 $\boldsymbol{A}$ 与 $\boldsymbol{B}$ 相似，所以 $\mathrm{tr}(\boldsymbol{A})=\mathrm{tr}(\boldsymbol{B})$，$|\boldsymbol{A}|=|\boldsymbol{B}|$，则 $\begin{cases}x-4=y+1\\4x-8=-2y\end{cases}$，解得 $\begin{cases}x=3\\y=-2\end{cases}$.

(2) 因为 $\boldsymbol{B}$ 是上三角矩阵，容易解得它的特征值为 2，−1，−2，它们对应的特征向量分别为

$$\boldsymbol{\xi}_1=\begin{pmatrix}1\\0\\0\end{pmatrix},\ \boldsymbol{\xi}_2=\begin{pmatrix}1\\-3\\0\end{pmatrix},\ \boldsymbol{\xi}_3=\begin{pmatrix}0\\0\\1\end{pmatrix},$$

所以存在 $\boldsymbol{P}_2=(\boldsymbol{\xi}_1,\boldsymbol{\xi}_2,\boldsymbol{\xi}_3)$，使得

$$\boldsymbol{P}_2^{-1}\boldsymbol{BP}_2=\boldsymbol{\Lambda}=\begin{pmatrix}2&&\\&-1&\\&&-2\end{pmatrix}.$$

因为 $\boldsymbol{A}$ 与 $\boldsymbol{B}$ 相似，所以 $\boldsymbol{A}$ 的特征值也是 2，−1，−2，它们对应的特征向量分别为

$$\boldsymbol{\alpha}_1=\begin{pmatrix}1\\-2\\0\end{pmatrix},\ \boldsymbol{\alpha}_2=\begin{pmatrix}-2\\1\\0\end{pmatrix},\ \boldsymbol{\alpha}_3=\begin{pmatrix}-1\\2\\4\end{pmatrix},$$

所以存在 $\boldsymbol{P}_1=(\boldsymbol{\alpha}_1,\boldsymbol{\alpha}_2,\boldsymbol{\alpha}_3)$，使得

$$\boldsymbol{P}_1^{-1}\boldsymbol{AP}_1=\boldsymbol{\Lambda}=\begin{pmatrix}2&&\\&-1&\\&&-2\end{pmatrix}.$$

从而有 $\boldsymbol{P}_1^{-1}\boldsymbol{AP}_1=\boldsymbol{P}_2^{-1}\boldsymbol{BP}_2$，则 $\boldsymbol{B}=\boldsymbol{P}_2\boldsymbol{P}_1^{-1}\boldsymbol{AP}_1\boldsymbol{P}_2^{-1}$，即 $\boldsymbol{P}=\boldsymbol{P}_1\boldsymbol{P}_2^{-1}$.

$$\boldsymbol{P}_2^{-1}=\begin{pmatrix}1&\frac{1}{3}&0\\0&\frac{1}{3}&0\\0&0&1\end{pmatrix},\Rightarrow\boldsymbol{P}=\boldsymbol{P}_1\boldsymbol{P}_2^{-1}=\begin{pmatrix}1&-\frac{1}{3}&-1\\-2&-\frac{1}{3}&2\\0&0&4\end{pmatrix}.$$

答案：(1) $\begin{cases}x=3\\ y=-2\end{cases}$；　(2) $\boldsymbol{P}=\begin{pmatrix}1 & -\frac{1}{3} & -1\\ -2 & -\frac{1}{3} & 2\\ 0 & 0 & 4\end{pmatrix}$.

11. 证明正定矩阵主对角线上的元素都是正的.

证明　设矩阵 $\boldsymbol{A}$ 为正定矩阵，因此 $f=\boldsymbol{x}^{\mathrm{T}}\boldsymbol{A}\boldsymbol{x}$ 为正定二次型. 于是对不全为零的实数 x_1，x_2，…，x_n，有

$$\boldsymbol{x}^{\mathrm{T}}\boldsymbol{A}\boldsymbol{x}>0,$$

取 $\boldsymbol{x}=\boldsymbol{\varepsilon}_i=(0,\cdots,0,1,0,\cdots,0)^{\mathrm{T}}(i=1,2,\cdots,n)$，则 $\boldsymbol{\varepsilon}_i^{\mathrm{T}}\boldsymbol{A}\boldsymbol{\varepsilon}_i=a_{ii}>0\ (i=1,2,\cdots,n)$，即主对角线上的元素都是正的.

12. 试证明二次 $f(x_1,x_2,\cdots,x_n)=2\sum\limits_{i=1}^{n}x_i^2+2\sum\limits_{1\leqslant i<j\leqslant n}x_ix_j$ 为正定二次型.

证明　此二次型的矩阵为

$$\boldsymbol{A}=\begin{pmatrix}2 & 1 & \cdots & 1 & 1\\ 1 & 2 & \cdots & 1 & 1\\ \vdots & \vdots & & \vdots & \vdots\\ 1 & 1 & \cdots & 2 & 1\\ 1 & 1 & \cdots & 1 & 2\end{pmatrix},$$

显然

$$A_1=2>0,\ A_2=\begin{vmatrix}2 & 1\\ 1 & 2\end{vmatrix}=3>0,$$

$$A_n=\begin{vmatrix}2 & 1 & \cdots & 1 & 1\\ 1 & 2 & \cdots & 1 & 1\\ \vdots & \vdots & & \vdots & \vdots\\ 1 & 1 & \cdots & 2 & 1\\ 1 & 1 & \cdots & 1 & 2\end{vmatrix}=(n+1)\begin{vmatrix}1 & 1 & \cdots & 1 & 1\\ 1 & 2 & \cdots & 1 & 1\\ \vdots & \vdots & & \vdots & \vdots\\ 1 & 1 & \cdots & 2 & 1\\ 1 & 1 & \cdots & 1 & 2\end{vmatrix}$$

$$=(n+1)\begin{vmatrix}1 & 1 & \cdots & 1 & 1\\ 0 & 1 & \cdots & 0 & 0\\ \vdots & \vdots & & \vdots & \vdots\\ 0 & 0 & \cdots & 1 & 0\\ 0 & 0 & \cdots & 0 & 1\end{vmatrix}=n+1>0,$$

因此，此二次型为正定二次型.